Sachsenmeier (Hrsg.) · Ergebnisorientiert moderieren

Mit Kommunikation zum Erfolg · Band 5

Ergebnisorientiert moderieren

Besprechungen, Versammlungen und Großgruppen

Herausgegeben von Ingeborg Sachsenmeier

Mit Beiträgen von
Martin Hartmann, Michael Rieger, Rüdiger Funk;
Ralf Besser, Hans-Jürgen Frank und Carole Maleh

Beltz Verlag · Weinheim und Basel

Die Herausgeberin:
Ingeborg Sachsenmeier, Jg. 1957, M.A., Philosophie und Slawistik,
betreut seit 1991 beim Beltz Verlag den Programmbereich Weiterbildung.

Bildnachweis:
S. 17–86, 176–209: Ulrike Rath
S. 94–128: Hans-Jürgen Frank
S. 132–165: Ralf Besser

**Eine Gemeinschaftsaktion von der Handelsblatt GmbH
und dem Beltz Verlag**

www.beltz.de
Herstellung: Klaus Kaltenberg
Satz: Druckhaus »Thomas Müntzer«, Bad Langensalza
Druck: Druck Partner Rübelmann, Hemsbach
Umschlaggestaltung: grey worldwide GmbH, Düsseldorf
Printed in Germany

ISBN 978-3-407-36484-5

Inhaltsverzeichnis

Open Space: Methode, Grundsätze, Tipps

Vorwort

Das Beherrschen von Moderationsmethoden gehört heute eigentlich zum Standardrepertoire im Beruf. Denn Moderationsmethoden werden sehr vielfältig eingesetzt: in Besprechungen und Versammlungen, im Projektmanagement und in der Teamarbeit, bei Kongressen und Tagungen, in Workshops und Seminaren. Dabei geht es darum, die Kreativität der Teilnehmer zu fördern, alle an der Arbeit zu beteiligen, die verschiedenen Ideen und Meinungen gleichberechtigt aufzunehmen und schließlich sollen Ergebnisse erzielt und Entscheidungen getroffen werden, die von allen mitgetragen werden.

Die Beiträge in diesem Buch helfen allen, die sich auf Ihre nächste Moderation sorgfältig vorbereiten möchten. Denn die Aufgaben eines Moderators, einer Moderatorin sind vielfältig: sie gehen vom Klären der Formalien – Themen, Vorgehensweisen, Zeitplan –, über Regeln vereinbaren, Gespräche anstoßen, nachfragen, alle mit in die Arbeit einbeziehen, Kreativität der Teilnehmenden mobilisieren, bis dahin Prozesse transparent zu machen und tragfähige Ergebnisse zu erzielen. Ein Moderator soll sowohl für ein angenehmes Gesprächsklima sorgen als auch bei Störungen intervenieren und in Konflikten vermitteln. Sie lernen ein Verfahren kennen, das bei kreativer und konsequenter Anwendung vieles lösbar macht, was zunächst sehr schwierig scheint.

Das Wort »moderat« heißt gemäßigt. Wenn Sie als Moderatorin oder als Moderator ein Gespräch, eine Sitzung, eine Diskussion oder eine Veranstaltung leiten müssen, so nehmen Sie ebenfalls eine moderate, gemäßigte, neutrale Haltung ein. Neutral sein, bedeutet: nicht Partei ergreifen, Beiträge weder werten noch kommentieren, alle Teilnehmenden gleichermaßen zu Wort kommen lassen. Dass sich diese Neutralität nicht immer durchhalten lässt und dass sich hier ein Wandel der Moderationspraxis in den letzten Jahren vollzogen hat, zeigen Martin Hartmann, Michael Rieger und Rüdiger Funk in ihrem Beitrag »Auf dem Weg zur modernen Moderation«. Von Ihnen erfahren die Leserinnen und Leser auch, wie sich Moderationen vorbereiten lassen, wie der Ablauf geplant wird und welche Methoden zum Einsatz kommen. Das umfassende Methodenrepertoire lässt sich durch die klare Beschreibung problemlos in den beruflichen Alltag integrieren.

Ein weiteres Tool, das hilft Dialoge zu moderieren und die Zusammenarbeit erfolgreicher und schneller zu machen, ist das Visualisieren. Der Zeichenbaukasten von Hans-Jürgen Frank zeigt wie Visualisierungen professioneller eingesetzt werden können. Durch Visualisierung können wir eine gemeinschaftliche »Dialogarchitektur« schaffen, in der wir sichtbar machen, was uns und anderen wichtig ist. Denn während wir in einfacher Weise die Aussagen anderer skizzieren, können wir sehr schnell erkennen, ob wir richtig verstanden haben. Wenn wir eigene Ideen zeichnen, werden sie oft klarer für uns selbst und auch für die anderen. Durch Bilder, die wir im Gespräch zeichnen, gelingt ein intensiver Dialog und Austausch. So lassen sich Brücken schlagen zwischen unterschiedlichen Fachsprachen, Hierarchieebenen und Sichtweisen und ebenso zwischen verschiedenen Kulturen.

Wie Versammlungen mit einer gekonnten Moderation gelingen, das zeigt der Transferexperte Ralf Besser, der sich in den letzten Jahren intensiv mit der Durchführung von Betriebsversammlungen beschäftigt hat. Er zeigt, wie Betriebsversammlungen zu einer gelungenen Veranstaltung werden. Die drei in diesem Buch ausgewählten Methoden World Café, Zirkeldiskussion und Perspektivwechsel lassen sich in jede Art von Versammlung integrieren. Ziel ist es, mit neuen Ansätzen den gewohnten Versammlungsablauf bewusst zu unterbrechen, um neue kreative Ideen freizusetzen, oder um in festgefahrenen Situationen einen Ausweg zu entwickeln, und um zu herausragenden Ergebnissen zu gelangen. Ralf Besser hat die Methoden klar verständlich beschrieben. Besonders wertvoll sind die genauen Ablaufbeschreibungen und die vielen Hinweise auf die wichtigen Details. Auch die Tipps zur Raumgestaltung, Moderation und Tagesordnung unterstützen eine erfolgreiche Umsetzung.

Schließlich stellt Carole Maleh in ihrem Beitrag »Open Space. Methode, Grundsätze, Tipps« die Großgruppenmethode Open Space vor, die seit Jahren auch immer häufiger in Deutschland zum Einsatz kommt. Sie schildert die Grundlagen der Methode und zeigt, wie sie in Unternehmen eingesetzt wird und was sie bewirken kann. Open Space ist interessant für alle, die nach neuen Arbeitsmethoden suchen, um Beteiligte erfolgreich zu motivieren, Veränderungen voranzutreiben und langfristig Ergebnisse zu erzielen.

Wer sich noch intensiver mit den einzelnen Themenbereichen beschäftigen möchte, dem seien die Bücher empfohlen:

- »Zielgerichtet moderieren« von Martin Hartmann, Michael Rieger, Rüdiger Funk
- »Ideen zeichnen« von Hans-Jürgen Frank
- »Betriebsversammlungen, die etwas bewegen« von Ralf Besser
- »Open Space: Effektiv arbeiten mit großen Gruppen« von Carole Maleh

Ich wünsche Ihnen viel Spaß beim Lesen dieses Buches und wünsche Ihnen viel Erfolg bei Ihrer nächsten Moderation.

Weinheim, September 2008 *Ingeborg Sachsenmeier*

Martin Hartmann, Michael Rieger, Rüdiger Funk

Auf dem Weg zur modernen Moderation

Aus: Zielgerichtet moderieren

Vom Pünktchenkleben zum Beratungs-Tool

Sie war einmal sehr modern und wahrscheinlich auch ziemlich cool – die Moderationsmethode. In den 1990er-Jahren gefeiert und intensiv verbreitet, gab es Moderationsmessen und Moderationsgurus der ersten und dann auch der zweiten Generation. Es gab aufregende Debatten über die inhaltliche Neutralität des Moderators, über die Anonymität beim Kartenschreiben oder die richtige Anzahl der Punkte bei der Bewertung mehrerer Alternativen. Und es wurde das hohe Lied von der Souveränität der Gruppe gesungen, die allein über das inhaltliche Ge- oder Misslingen einer Sitzung zu entscheiden habe. Wehe der Moderatorin oder dem Moderator, die oder der sich an diese Postulate nicht halten wollte. Viel von »Mehr Demokratie wagen« und der »Emanzipation der Mitarbeiter in Organisationen« schwang da mit.

Zu Beginn des 21. Jahrhunderts ist die Moderationsmethode immer noch aktuell und mittlerweile unaufgeregter Teil des betrieblichen Alltags geworden. Sie hat sich weiterentwickelt und sich dabei mit den Anforderungen eines veränderten Alltags auseinandersetzen müssen.

Das gilt vor allem dort, wo es um Veränderungen in Unternehmen und Organisationen geht. Das Aufkommen von *Change*projekten, kontinuierlichen Verbesserungsprozessen (KVP), Process-Re-engineering, um nur einige der in Mode gekommenen Begriffe zu nennen, hat die Moderationsmethode zum unverzichtbaren Handwerkszeug all derer gemacht, die zusammen mit kleineren oder größeren Arbeitsgruppen praxisnahe und tragfähige Ergebnisse erarbeiten müssen.

Wie lässt sich nun die Praxis einer »modernen Moderation« im Vergleich zur Moderation der Anfangsjahre beschreiben? Und welche Konsequenzen hat dies für die Kompetenzen eines Moderators heute?

Veränderte Rahmenbedingungen und ihre Folgen

Natürlich gibt es auch heute noch die Situation, in der sich eine Gruppe trifft, um an einem gemeinsamen Thema zu arbeiten. Die Gruppe hat das Problem definiert, während der Vorbereitung erste Ziele für einen Workshop überlegt, möglichst einen ganzen Tag für die Arbeit reserviert und einen externen Moderator gebeten, ganz im Sinne der klassischen Moderation diesen Workshop zu moderieren. Ein sinnvolles und lohnendes Unterfangen.

Sehr viele Situationen, in denen heute moderiert werden soll, sehen jedoch anders aus: Eine Arbeitsgruppe, beispielsweise aus Vertretern unterschiedlicher Abteilungen, hat den Auftrag bekommen, in mehreren zweistündigen Sitzungen – *»action-team-meetings«* – die Durchlaufzeit bei einem wichtigen Arbeitsprozess um mindestens zehn Prozent zu reduzieren, um ein erhöhtes Arbeitsaufkommen mit den bestehenden Mitarbeitern bei gleicher Qualität bewältigen zu können. Eine weitere Vorgabe könnte sein, dass diese Prozessbeschleunigung innerhalb von acht Wochen umzusetzen ist. Begleitet und moderiert wird der Gruppenprozess von einem externen oder unternehmensinternen Moderator, der auch Teil des beratenden Projektteams sein kann. An verschiedenen Aspekten wollen wir die Veränderungen beziehungsweise die Weiterentwicklung in der Moderationspraxis deutlich machen.

Die Teilnehmer der moderierten Sitzungen – früher und heute. Für viele der an die klassische Besprechung mit dominierenden Vorgesetzten gewöhnten Mitarbeiter hatte die Teilnahme an einer moderierten Gruppenarbeitssitzung gelegentlich etwas Revolutionäres, zumindest Ungewohntes. Der vom Moderator initiierte und auf Hierarchiefreiheit, gleiche Beteiligung aller, Konfliktsensibilisierung und offene Kommunikation ausgerichtete Gruppenprozess wirkte für sie ungewohnt. Er stand im Gegensatz zur Einwegkommunikation eines eher rigiden Arbeitsalltags. Viele taten sich schwer mit der Forderung nach aktiver Mitarbeit in den Sitzungen. Das roch häufig nach »Psychokram« und »Mitbestimmungsgedöns«. Entsprechend lange konnte es dauern, bis wirklich mit dem qualifizierten Arbeiten losgelegt werden konnte.

Das hat sich geändert. Heute kann beobachtet werden, dass viele Mitarbeiter in den Unternehmen schon früh an ersten moderierten Workshops teilnehmen und sich schnell an diese Arbeitsform gewöhnen. Die Moderationsmethode ist nur noch wenigen wirklich fremd. Sie ist zum selbstverständlichen Bestandteil des Arbeitsalltags geworden. Die Teilnehmer einer Sitzung lassen sich meist schnell auf den Arbeitsprozess ein. In weniger optimalen Fällen kennen sie sich zumindest mit den klassischen Moderationsverfahren aus und wissen, wie man mit Stiften auf Karten schreibt. Der zügige Einstieg in das inhaltliche Arbeiten ist in den Vordergrund gerückt.

Souverän des Arbeitsprozesses. Früher galt: »Die Gruppe ist der Souverän des Arbeitsprozesses und bestimmt eigenständig über Wohl und Wehe dessen, was in der Sitzung geschieht. Der Moderator nimmt dabei eine dienende Haltung ein.« Natürlich kann auch heute nicht gegen die Gruppe gearbeitet werden. Wenn sie absolut nicht will, dann geht nicht viel, und wenn die Gruppe sich begeistert an einem Nebenthema festbeißt (beispielsweise am beliebten »Wir sollten uns erst einmal darüber unterhalten, was IT in den letzten Jahren versäumt hat!«), ist es für den Moderator nicht leicht, sie davon wegzubringen. Nur: Wurden früher moderierte Sitzungen hin und wieder dafür genutzt, Gruppen zu eigenverantwortlichem Handeln zu »erziehen« oder das Mitbestimmungspotenzial von Gruppenteilnehmern zu fördern, so geht es heute darum, in mehreren Treffen beispielsweise eine Prozessverbesserung zu erzielen. Sollte die Gruppe das anders sehen, wird schnell ein Fall für die Auftraggeber oder die Unternehmensleitung daraus.

Die Gruppensouveränität ist deutlich auf das qualifizierte Bearbeiten der gestellten Aufgabe konzentriert. Der Gruppe wird zugemutet, von Beginn der Sitzung an intensiv und konstruktiv am Thema zu arbeiten. Ihr Handlungs- und Entscheidungsspielraum ist in vielen Fällen eindeutig enger und bestimmter geworden.

Ziele der Sitzung. Während in den Anfangsjahren der Moderationsmethode nicht für jede Sitzung eindeutige Ziele festgelegt wurden und sich eine gemeinsame Zielfindung und -formulierung in der Gruppe oft zäh und langwierig gestaltete, fühlt sich der moderne Moderator heute bereits vor Beginn der Sitzung für eine umfangreiche Zielklärung verantwortlich. Dazu werden die Zielvorstellungen des Auftraggebers in ein realistisches und in der vorgegebenen Zeit auch zu erreichendes Ziel ausformuliert. Für dieses Ziel muss der Moderator gelegentlich engagiert werben, zumindest muss er es vertreten und in der Sitzung auch erreichen. Dafür wird er bezahlt.

Inhaltlich unparteiisch I. In der klassischen Moderation bildet die inhaltliche Unparteilichkeit, manche sprechen dabei auch von »inhaltlicher Neutralität«, einen Grundpfeiler der Methode. Der Moderator verhält sich in der Moderation absolut inhaltlich unparteiisch. Er hält sich bei sämtlichen Bewertungen oder sonstigen inhaltlichen Betrachtungen heraus. Dies führte nicht selten dazu, dass Moderatoren sich in dem gerade behandelten Thema überhaupt nicht auskannten. Ja, es wurde sogar inhaltliches Nichtwissen als Vorteil für das Durchführen korrekter Moderationen angesehen, denn nur so konnte angeblich gesichert werden, dass sich ein Moderator auf keinen Fall zu einer wie auch immer gearteten inhaltlichen Eingabe verleiten ließ.

Die Praxis heute? Inhaltliches Nichtwissen ist für einen Moderator von Nachteil. Gefordert wird, dass der Moderator sich in dem Thema auskennt, das behandelt wird. Dazu muss er kein ausgewiesener Experte sein. Er sollte jedoch wenigstens in der Lage sein, die komplexen Anforderungen der Themenstellung zu begreifen und sie in realistisch zu bearbeitende Arbeitsschritte umzusetzen. Nicht jede Moderationsmethode eignet sich für jedes Thema, aber jedes Thema benötigt eine maßgeschneiderte Vorgehensweise für seine Bearbeitung. Dazu benötigt der Moderator Fachwissen.

Um die Gruppe auf ihrem Weg zum vereinbarten Ziel zu unterstützen, muss der Moderator zudem in jeder Phase des Arbeitsprozesses beurteilen können, wann Nebenthemen erörtert werden oder wann der rote Faden der Sitzung verlassen wird. In einer zweistündigen Sitzung kann nicht jedes Hobbythema in der Gruppe breit ausgewälzt werden. Auch hier ist inhaltliche Kompetenz des Moderators gefragt, um vor Irrwegen in der Diskussion zu bewahren.

Und ein drittes Argument für Fachwissen des Moderators wird zunehmend wichtig: Vor allem moderierende Berater, firmeninterne wie auch externe, sind in Projekten nicht nur dafür verantwortlich, dass eine Arbeitsgruppe in einer vorgegebenen Zeit ein Ergebnis erarbeitet, sie sind auch dafür verantwortlich, dass dieses Ergebnis »Spitzenqualität« besitzt. So lässt sich eine Prozessbeschleunigung von zehn Prozent, realisierbar in acht Wochen, möglicherweise auf verschiedene Arten und Weisen bewerkstelligen, jede mit anderen Vor- und Nachteilen.

Zeichnet sich im Arbeitsprozess der Gruppe ab, dass diese auf eine zweitklassige Lösung hinarbeitet, obwohl es in der Gruppendiskussion auch schon bessere Möglichkeiten gegeben hat, kann dies vom Moderator nicht ignoriert werden. Er muss während des Arbeitsprozesses also auch die Qualität der Diskussion beurteilen können und gegebenenfalls eingreifen.

Ein so »fachlich mitdenkender« Moderator begleitet den Arbeitsprozess wesentlich präziser, als dies früher der Fall war. Zudem haben die Teilnehmer nicht ständig das Gefühl, dem »fachlich unbedarften« Moderator etwas erklären zu müssen – was bei skeptischen Moderationsteilnehmern oft zur Abwertung der Moderatorenleistung an sich geführt hatte.

Eine Folge dieser Entwicklung ist: Die Ansprüche an die Fachkompetenz des Moderators sind deutlich gestiegen, er muss immer auf »Ballhöhe« bei der Diskussion fachlicher Fragen sein.

Inhaltlich unparteiisch II. Ist der Moderator dann aber noch Moderator, wenn er inhaltlich eingreift? In diesem Augenblick natürlich nicht – er wechselt seine Rolle. Guten Beratern/Moderatoren gelingt dieser Wechsel von der moderierenden in die teilnehmende Rolle. Sie können der Gruppe glaubhaft und authentisch vermitteln, warum und wann sie zeitweise inhaltlich eingreifen, ohne damit das Engagement der Experten zu behindern.

Problematisch wird es in der Praxis immer dann, wenn das inhaltliche Einmischen »elegant und manipulativ« erfolgt: »Haben Sie vielleicht einmal darüber nachgedacht, in Richtung … zu arbeiten?« Gruppen spüren den Versuch, die wahre Absicht zu verschleiern, und reagieren in der Regel mit Misstrauen und Zurücknahme.

Dennoch … Auch wenn ein »moderner Moderator« inhaltlich bis zu einem gewissen Maß mitreden können und während der Sitzung gelegentlich auch inhaltlich Stellung beziehen muss, ist und bleibt Grundlage für sein erfolgreiches Handeln die Fähigkeit, einen Gruppenarbeitsprozess inhaltlich unparteiisch begleiten zu können. Dies hat viel mit einer inneren Haltung zu tun, die darauf ausgerichtet ist, Menschen zu aktivieren, sie zum Mitmachen zu motivieren, ihnen die Freude am Mitgestalten zu vermitteln. Dabei hilft in erster Linie eine aktive und offene Fragetechnik sowie das Aufnehmen und Veröffentlichen/Visualisieren von Meinungen und Ansichten, die in der Gruppe diskutiert werden. Dazu gehört auch das professionelle Beherrschen möglichst vieler Moderationsverfahren.

Die Kompetenz, einen Arbeitsprozess konsequent inhaltlich unparteiisch begleiten zu können, bleibt also auch künftig für einen Moderator unverzichtbar. Und diese Forderung kann nicht ernst genug genommen werden: Inhaltlich mitmischen, eigene Interessen vertreten oder mit geschlossenen Fragen andere Menschen in eine bestimmte Richtung lenken, das alles ist den meisten Berufstätigen vertraut – angefangen im Sandkasten, trainiert in der Schule und perfektioniert im Berufsleben. Dagegen ist die Kompetenz, Menschen in ihren Problemlösungsversuchen wirklungsvoll zu begleiten und nicht zu bevormunden, für viele Neuland, und für die Profis unter den zukünftigen Moderatoren stellt dies eine spannende Herausforderung dar. Und nur wer über diese Kompetenz verfügt, wird in der Praxis überzeugend auch inhaltlich in einen Arbeitsprozess eingreifen können. Es ist wie im richtigen Leben: »Der Meister zerbricht die Form, der Anfänger zerdeppert lediglich das Geschirr.«

Personenbezogene Neutralität. Hier hat sich im Laufe der Entwicklung überhaupt nichts verändert: Der Moderator verhält sich allen Teilnehmern der Sitzung gegenüber in gleicher Weise wertschätzend. Er bevorzugt oder benachteiligt niemanden. Vielleicht hat diese Forderung heute sogar noch an Bedeutung zugenommen: Vor allem in Veränderungsprojekten herrscht ein hohes Maß an Betroffenheit der einzelnen Personen, gelegentlich kommt es auch zu Verunsicherung bis hin zu Befürchtungen, was die eigene Rolle und die langfristigen Perspektiven im Unternehmen angeht. Vor diesem Hintergrund wirkt ein Moderator, der nicht allen gegenüber gleichermaßen wertschätzend auftritt, unprofessionell und kontraproduktiv.

Durch die zunehmende Zielklärung zwischen Moderator und Auftraggeber bereits im Vorfeld einer Moderation, stellt diese personenbezogene Neutralität immer dann eine besondere Herausforderung dar, wenn der Auftraggeber mit in der Gruppe sitzt und sich Fronten – auch gegen ihn – bilden.

Zeit. Die Moderationsmethode hat den Ruf, besonders zeitintensiv zu sein. Häufig wurde den langwierigen Diskussionen und zähen Konsensfindungsprozessen mehr Aufmerksamkeit geschenkt als dem Erreichen eines inhaltlichen Ziels in einer vorgegebenen Zeit.

Nun hat auch in der Moderation die »moderne Hetze« Einzug gehalten: In Veränderungsprojekten steht für moderierte Arbeitssitzungen nicht beliebig viel Zeit zur Verfügung. Moderator und Gruppe sind gehalten, den vorgegebenen Zeitrahmen einzuhalten. Das bedeutet für den Moderator, dass er das Arbeitsziel so formuliert (beziehungsweise im Vorfeld mit dem Auftraggeber und zu Beginn mit den Teilnehmern abstimmt), dass es in der zur Verfügung stehenden Zeit auch erreicht werden kann. Realistische Zeitplanungen stellen eine immer wichtiger gewordene Anforderung an

Moderatoren dar. So muss der Moderator natürlich auch dafür Sorge tragen, dass er Arbeitsschritte und -methoden wählt, die diese zügige Zielerreichung unterstützen.

Beispielsweise kann das berühmte Clustern im Anschluss an das Karten-Antwort-Verfahren entweder zeitaufwendig (alle entscheiden mit) oder sehr zeitsparend (zwei bis drei Teilnehmer arbeiten vor) gestaltet werden. Auf die Zeit zu achten bedeutet für den Moderator aber auch, dass er die Gruppe durch Fragen etwas mehr »vorantreibt«, als dies noch vor einigen Jahren »schicklich« gewesen wäre.

Bei aller modernen Zeitökonomie gilt jedoch auch heute: Eine moderierte Sitzung, bei der sich alle Teilnehmer intensiv beteiligen, braucht etwas Zeit, um anspruchsvolle Ergebnisse zu erzielen. »Zäh und zeitfressend« muss jedoch nicht mehr sein.

»Kleben Sie doch bitte einen Punkt!« In einem in die Jahre gekommenen Moderationsfilm kann man erleben, wie der Moderator die Gruppe zu Beginn der moderierten Besprechung auf einer Befindlichkeitsskala einen Punkt kleben lässt, frei nach der Frage: »Wie geht es mir heute Morgen?« Zwei Teilnehmer dürfen dann noch das Gruppenergebnis kommentieren, bevor der Moderator ohne weiteren Bezug zu dieser »Punkterei« mit dem nächsten Arbeitsschritt weitermacht. Der Kommentar aus dem Off: »So einfach geht das …«

Die Spätfolgen eines derart oberflächlichen und fahrlässigen Umgangs mit Stimmungsabfragen kann man heute noch bei so manchen Kollegen erleben: Sie alle haben schon einmal Punkte kleben müssen, ohne das Ziel dieser Übung mitgeteilt bekommen und die Konsequenzen daraus erlebt zu haben. Unzählige Moderatoren kleben Stimmungspunkte, weil sie zwar das Punktekleben technisch beherrschen, nicht aber erläutern (können), welchen Zweck eine Stimmungsabfrage im Arbeitsprozess sowohl für die Gruppe als auch für den Moderator hat. Und selten werden auch die direkten Konsequenzen einer geklebten Punktelandschaft vermittelt, geschweige denn, dass das Kleben der Punkte anonym geschähe, was vor unangenehmer Beeinflussung durch dominante Meinungsführer schützte. So verkommt dieses Verfahren zur bloßen Technik und verärgert die Anwesenden.

Da viele Teilnehmer schon mit einer gehörigen Portion Widerwillen gegen das Punktekleben in eine Arbeitssitzung kommen, überlegen viele Moderatoren heute gründlich, ob und wie sie dieses Verfahren als wichtigen Teil des gesamten Prozesses einsetzen. Hat ein Moderator die Zeit dazu (was in kurzen Workshops eher selten der Fall ist) und kann er die Gruppe davon überzeugen, dass eine Stimmungsabfrage für den Arbeitsprozess und das Erreichen eines qualitativ hochwertigen Ziels notwendig ist, dann sollte er dieses Verfahren einfühlsam und überzeugend durchführen. Ansonsten sollte er auf jegliche Formen von Stimmungsabfrage verzichten.

Visualisierungen. Während zu jeder ordentlichen Moderationsausbildung eine einführende »Schreibausbildung« mit richtiger Handhaltung der Stifte gehörte, wird dem heute (leider) nicht mehr so viel Aufmerksamkeit zuteil. Dabei wirkt eine einigermaßen leserliche Schrift nach wie vor professioneller als die schnell hingeschmierten Hieroglyphen von Leuten, die nur noch per SMS kommunizieren und das Schreiben mit der Hand verlernt haben. Auch heute noch fallen Moderatoren auf, die nicht nur leserlich schreiben, sondern auch ansprechend visualisieren können. Ob man dazu gleich einen *Visual Facilitator* braucht, der während der Moderation die diskutierten Inhalte in anschauliche Bilder übersetzt, sei dem Geldbeutel des auftraggebenden Unternehmens überlassen. Visualisieren lässt sich lernen.

Einfach ist heute jedoch die Weiterverarbeitung der Ergebnisse: Abfotografieren, abspeichern, verschicken.

Zur Ausbildung. Die Autoren hatten vor fast 20 Jahren die Möglichkeit, an der Erstellung und Erprobung eines Moderationscurriculums für ein großes deutsches Unternehmen mitzuwirken. Konzipiert wurde ein mehrteiliges, insgesamt neuntägiges Seminar, das mit viel Begeisterung von den zukünftigen unternehmensinternen Moderatoren besucht wurde. Für die Ausbildung professionell arbeitender Moderatoren scheinen uns neun Tage nicht zu viel. Nur lassen sich so lange Seminare heute nicht mehr realisieren. Denn auch das hat sich im Laufe der Zeit geändert: Zwar sind die Anforderungen an einen modernen Moderator gestiegen, die für seine Ausbildung zur Verfügung stehende Zeit hat sich jedoch verkürzt. Zweitägige Moderationstrainings sind für viele Unternehmen, vor allem für Consulting-Firmen, die Regel. Natürlich lässt sich bei intensiver Vorbereitung vor dem Training sowie mit einem intelligenten Seminarkonzept auch in zwei Tagen eine Menge Moderation trainieren, die erfahrungsgestützte Professionalität muss dann jedoch *on the job* erworben werden, im günstigen Fall unter Begleitung eines Coaches und erfahrener Kolleginnen und Kollegen.

Moderation und Leitung einer Arbeitsgruppe: Die wichtigsten Unterschiede

»Das klingt bisher alles recht gut. Moderation versucht also etwas anders vorzugehen als die klassische Bersprechungsleitung, wie ich sie in meiner Praxis bisher kennengelernt habe. Wo liegen denn nun die zentralen Unterschiede? Ist es nicht damit getan, dass der Moderator inhaltlich zurückhaltender auftritt als der Leiter?«

»Ganz und gar nicht! Das ist nur ein Merkmal, das sich in den Debatten um die Moderation jedoch sehr in den Vordergrund gedrängt hat. Wir werden noch öfter auf diesen Punkt eingehen. Jetzt erst einmal ein Überblick: In der Darstellung auf der folgenden Seite finden Sie idealtypisch die wichtigsten Unterschiede zwischen dem Leiten und dem Moderieren am Beispiel einer Besprechung gegenübergestellt. Diese Gegenüberstellung ist bewusst extrem ausformuliert, um die Besonderheiten, die in beiden Möglichkeiten liegen, herauszustellen.«

Arbeitsgruppen leiten	Arbeitsgruppen moderieren
Als Leiter einer Besprechung bin ich immer auch **inhaltlich beteiligt**, beispielsweise nehme ich Stellung, bewerte die Aussagen anderer und verstärke bestimmte Beiträge.	Als Moderator einer Arbeitssitzung bin ich **inhaltlich unparteiisch** und trage dazu bei, dass alle Aussagen gleichrangig Beachtung finden.
Als Leiter werde ich bei der Vorbereitung und Durchführung der Besprechung **weniger Konzentration auf die Auswahl bestimmter Methoden und Verfahrensweisen** verwenden; mein Hauptaugenmerk liegt auf dem Inhalt.	Als Moderator liegt der Schwerpunkt meiner **Konzentration auf der Auswahl und Anwendung von Methoden und Verfahren**. Ein Teil der Konzentration liegt auf dem Inhalt, für den aber die Gruppe die ausschlaggebende Verantwortung trägt.
Als Leiter ist häufig **meine Willensdurchsetzung** gefragt. Ich vertrete Vorgaben und Ziele des Unternehmens, objektive Rahmenbedingungen oder Sachzwänge, und ich lasse meine Prioritäten auch deutlich erkennen.	Als Moderator bin ich für den **Willensbildungsprozess der Gruppe** verantwortlich, unter Beachtung des Prinzips der Gleichwertigkeit aller Teilnehmer und Beiträge. Meine inhaltlichen Prioritäten gebe ich in der Regel nicht zu erkennen.
Als Leiter **gebe** ich gewöhnlich die **konkreten Arbeitsziele vor.**	Als Moderator **fördere** ich **die Gruppe** dabei, wie sie die **Ziele erarbeitet**. Werden Ziele vorgegeben, soll die Gruppe Einverständnis über die Ziele herstellen.
Als Leiter werde ich **Störungen**, beispielsweise Rivalitäten oder persönliche Angriffe **vermeiden, ignorieren, tadeln** oder die Parteien **zur Sachlichkeit ermahnen**.	Als Moderator werde ich personenbezogen neutral der Gruppe meine Wahrnehmungen über die Gruppenarbeit störende Entwicklungen mitteilen, also **spiegeln**. Ich frage die Gruppe, wie sie mit dem Geschilderten umgehen will. Ich kann **methodische Hilfen** für die Weiterarbeit anbieten.
Als Leiter arbeite ich mit den **ungeschriebenen Regeln der Leitungskunst** (beispielsweise: »Kein Beitrag länger als 30 Sekunden!«).	Als Moderator unterstütze ich die Teilnehmer dabei, Regeln für den Umgang miteinander zu formulieren. Ich kann der Gruppe auch Vorschläge für solche Regeln machen.
Als Leiter **delegiere** ich in der Regel die **Protokollierung** der Sitzung oder erledige die Aufgabe nebenbei und mache mir Notizen, damit im Nachhinein ein Protokoll erstellt werden kann.	Als Moderator ist es für mich eine wichtige Aufgabe, Vereinbarungen, Arbeitsschritte und Ergebnisse **offen** (für alle sichtbar) und **simultan** (möglichst zeitgleich zum Arbeitsprozess) darzustellen, zu **visualisieren**.
Als Leiter bin ich meist auch der **hierarchisch Höhergestellte**; meine Aussagen besitzen damit von vornherein ein besonderes Gewicht.	Als Moderator besitze ich besondere **methodische Verantwortung** für den Arbeitsprozess. Dafür habe ich besondere Kompetenzen. Ansonsten spielt weder meine noch die Position der Teilnehmer in der Unternehmenshierarchie während der Arbeitssitzung eine Rolle.

»Aber die Praxis?!«

Betrachtet man Arbeitssitzungen in der betrieblichen Praxis genau, so lässt sich die hier aufgeführte, um der Klarheit willen scharf gezeichnete Trennung zwischen Leitung und Moderation nicht immer aufrechterhalten. Manche Leiter verhalten sich inhaltlich neutral, und manche fühlen sich stark für die Methoden und Arbeitsweisen verantwortlich, setzen gelegentlich sogar einige Moderationsverfahren wie das Karten-Antwort-Verfahren ein. Auf der anderen Seite gibt es Moderatoren, die konsequent im Sinne der hier dargestellten Übersicht vorgehen, aber gelegentlich doch inhaltliche Einschübe machen, um den Arbeitsprozess in eine bestimmte, inhaltliche Richtung voranzutreiben. In diese Situation kommen beispielsweise interne und externe Berater, die eine Kundengruppe bei der Lösung eines Problems begleiten sollen, gleichzeitig aber unter dem Druck stehen, eine qualitativ hochwertige Lösung erarbeiten zu lassen.

All das kommt täglich vor – und spricht weder gegen die Leistungen einer »reinen« Leitung noch gegen die einer »reinen« Moderation. Mischformen können sogar sinnvoll sein. Sie können der von allen gewünschten Zielerreichung dienen oder der Intensivierung von Mitarbeit an Besprechungen. Nicht zuletzt durch die Erfolge der Moderation hat auch die klassische Besprechungsleitung viele Impulse für eine Weiterentwicklung erhalten.

Im Falle der Moderation jedoch führt das »heimliche« Aufweichen der zentralen Arbeitsprinzipien erfahrungsgemäß immer wieder dazu, dass sich die Teilnehmer nicht ernst genommen und manchmal sogar regelrecht manipuliert vorkommen. So behauptet der Moderator zwar, inhaltlich unparteiisch zu sein, verfolgt aber beispielsweise durch die Art seiner geschlossenen und vielleicht auch suggestiven Fragen – »Haben Sie auch schon einmal daran gedacht, den Prozess in Richtung ... zu verändern?« – ein bestimmtes inhaltliches Interesse, das er jedoch an keiner Stelle der Sitzung offen artikuliert. Ein schlechter Moderator merkt leider häufig selbst nicht, was er da macht – ein weniger schlechter glaubt, die Gruppe würde es nicht merken. Nun sind Menschen jedoch außerordentlich sensibel, wenn mit ihnen nicht »ehrlich« umgegangen wird. Die Reaktion: »Es hieß zwar, dass wir für die Ergebnisse verantwortlich sind, der da vorne will uns letztlich aber doch in eine Richtung lenken, sagt das aber nicht deutlich. Dann soll er doch gleich die ganze Arbeit machen!«

Resultat und Ratschläge für die Praxis

- Wir plädieren für »offene Karten«: Wenn Leitung, dann Leitung. Und wenn Moderation, dann Moderation – so exakt und konsequent, wie die Situation dies zulässt.
- Im Übrigen: Abweichungen immer wieder bewusst thematisieren und begründen. Das bedeutet: Wenn der Moderator unbedingt einmal inhaltlich

Stellung nehmen will, dann sollte er der Gruppe verständlich machen, warum er dies tut, dies dann auch tun und anschließend vor aller Augen wieder zur inhaltlich unparteiischen Rolle des Moderators zurückkehren.

- In der Praxis »saubere« Erfahrungen sammeln, um dadurch die Leistungskraft der Moderation zu erleben und zu nutzen. Das bedeutet etwas pathetisch ausgedrückt: Versuchen Sie es zur Meisterschaft im Anwenden der klassischen Moderationsmethode zu bringen. Denn nur der Meister zerbricht die Form! Alle anderen laufen Gefahr, in der Gruppenarbeit inhaltliches Chaos und Unzufriedenheit zu erzeugen!
- Die Moderation als ganz normales, zusätzliches Methodenangebot anwenden, statt sie als neues Wundermittel und Zauberformel anzupreisen und einzuführen.

Eine erste praktische Übung für das Moderieren

Zunächst möchten wir Ihnen, liebe Leserin oder lieber Leser, ein einfaches, aber wirkungsvolles Moderationsverfahren vorzustellen. Es handelt sich um die *Ein-Punkt-Abfrage.* Sie soll Ihnen helfen, sich über Ihre Motivation beim Lesen dieses Buches klar zu werden. Gleichzeitig lernen Sie ein Verfahren kennen, das besonders zu Beginn von Arbeitsgruppen geeignet ist, Stimmungsbilder in der Gruppe transparent zu machen. Für die Ein-Punkt-Abfrage haben wir uns zwei Fragen überlegt:

- »Wie groß ist mein Wissen über Moderation?«
- »Wie groß ist in diesem Augenblick meine Lust, das vorliegende Buch durchzuarbeiten?«

Machen Sie bitte mit Bleistift ein Kreuz an die Stelle auf der Pinnwand, an der Sie sich im Augenblick »positionieren« würden. (Lassen Sie sich dabei aber von den Beispielen der Autoren – A, B, C oder D – nicht beeinflussen!)

Sie wissen jetzt, wo Sie zu Beginn der Lektüre stehen. Sie könnten sich überlegen, was Sie schon wissen und was Sie noch lernen wollen. Sie könnten konkrete Fragen oder auch Erwartungen an dieses Buch formulieren. Sollten Sie beispielsweise bei Leselust »gering« angekreuzt haben, könnten Sie überlegen, was Sie jetzt tun müssen, um mit mehr Laune die kommenden Seiten anzugehen.

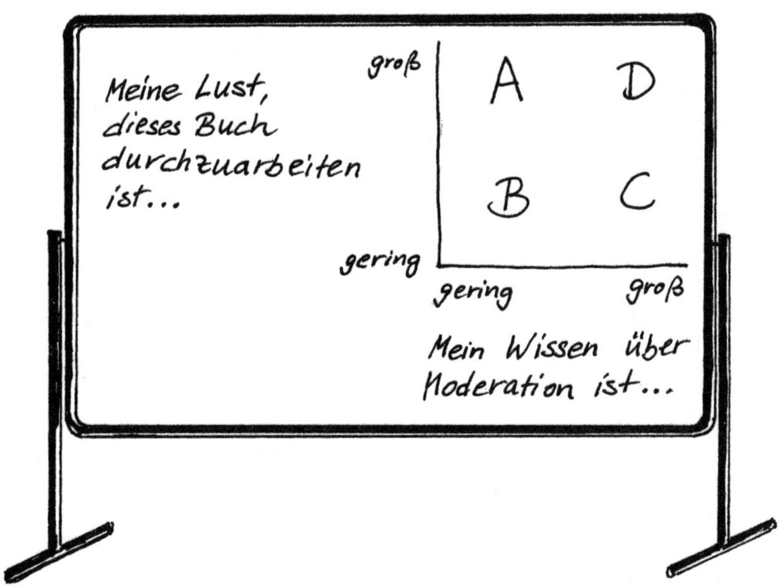

Als Autoren dieses Buches haben wir je nach Position Ihres Kreuzes folgende Empfehlungen für Sie überlegt:

A Ihr Kreuz bei »A« könnte bedeuten, dass Sie wenig über Moderation wissen, aber große Lust haben, dieses Buch durchzuarbeiten. Also: Lesen Sie einfach los, auf einen Zug. Viel Spaß dabei.

B Ihr Kreuz bei »B«: Sie wissen wenig über Moderation, haben zudem wenig Lust, im Augenblick darüber etwas zu lesen. Muten Sie sich dieses Buch wirklich nur zu, wenn Sie unbedingt müssen. Andererseits: Der Appetit kommt manchmal mit dem Lesen. Und wenn nicht? Dann verschenken Sie einfach das Buch an jemanden, die oder den das Thema interessieren könnte. Vergessen Sie aber nicht, vorher Ihr Kreuz auf der Pinnwand auszuradieren.

C Ihr Kreuz bei »C« könnte bedeuten: Sie wissen schon viel über Moderation, Ihre Lektürelust ist eher »gedämpft«. Beschränken Sie sich daher eher auf diejenigen Stellen, für die das Inhaltsverzeichnis Ihnen Neues verspricht.

D Ihr Kreuz bei »D«: Betrachten Sie das Buch als einen Spiegel für die eigenen Erfahrungen. Bei viel Vorwissen und hoher Lernmotivation bringen schon die kleinen Perspektivwechsel auf den folgenden Seiten Überraschungen, die Spaß machen.

In einer moderierten Arbeitssitzung würde eine ähnliche Auswertung durch die gesamte Gruppe vorgenommen: Sie hätte somit ein Bild über die eigene Ausgangssituation zu Beginn einer Sitzung erstellt. Anschließend würde der Moderator gemeinsam mit der Gruppe überlegen, welche Konsequenzen sich aus der Punkteverteilung für den nun folgenden Arbeitsprozess ergeben. Möchte die Gruppe gleich »loslegen« oder gibt es vorher noch etwas zu besprechen und zu regeln. Das könnten beispielsweise Störungen sein, die einen schnellen Einstieg behindern und besser vorher geklärt werden sollten: beispielsweise äußere Bedingungen wie Raumtemperatur, Pausenzeiten; oder mehr sachliche wie die Zielvorgabe der Sitzung, die den Teilnehmern zu anspruchsvoll oder zu restriktiv vorkommen kann; oder mehr »innere« Umstände wie persönlicher Ärger, Missmut oder Unlust.

Arbeitsfragen, die der Moderator zu Beginn der Auswertung stellen wird, sind: »Mit welchen Worten lässt sich das durch Ihre Punkte entstandene Gesamtbild beschreiben?« Und daran anschließend: »Was folgt für Sie daraus für die weitere Arbeit heute?«

Bei der Moderation handelt es sich um eine Methode, mit der Arbeitsgruppen unterstützt werden können, ein Thema, ein Problem oder eine Aufgabe

- auf die Inhalte konzentriert, zielgerichtet und effizient,
- eigenverantwortlich,
- im Umgang miteinander zufriedenstellend und möglichst störungsfrei sowie
- an der Umsetzung in die alltägliche Praxis orientiert

zu bearbeiten.

Was bedeutet Moderation?

Den meisten Menschen ist der Begriff »Moderation« vermutlich aus Funk und Fernsehen bekannt. Moderatorinnen oder Moderatoren führen durch das Programm, durch eine Sendung. Sie sollen im rechten Maß durch das Geschehen lenken. Sie koordinieren alle Teilnehmer einer Sendung, verbinden verschiedene Teile und Phasen, leiten über, überwinden Pausen, erteilen das Wort, unterbrechen Vielredner, animieren oder provozieren schon einmal Schweiger, kurz: Sie behalten die Zügel der Sendung und die knappe Zeit mehr oder minder unauffällig in der Hand. Sie sind also für das Geschehen maßgebend. Im betrieblichen Alltag spricht man von Moderation in Verbindung mit dem Leiten von Arbeitsgruppen. Häufig wird heute der Begriff dabei unspezifisch als Synonym für jede Art der Lenkung oder Leitung verwendet.

Die »Erfinder« der Moderationsmethode in den 1960er- und 1970er-Jahren in Deutschland – beispielsweise Eberhard Schnelle, Karin Klebert oder Einhard Schrader – hatten dagegen eine an den Strömungen der damaligen Zeit orientierte, vor allem gesellschaftspolitische Intention. Es ging ihnen darum, Gruppenmitglieder zu befähigen und zu ermutigen, ihren eigenen Willen zu artikulieren und ihr eigenes Wissen, ihre eigenen Interessen in Entscheidungsprozesse einzubringen. Die Erfahrung dieser Moderatoren der ersten Tage: Gruppen, die geschoben und gezogen, im schlimmsten Fall sogar durch einen Leiter manipuliert werden, entwickeln vielfältige Widerstände sowohl beim Bearbeiten inhaltlicher Fragestellungen als auch bei der Umsetzung von Maßnahmen in der betrieblichen Praxis.

Die Lösung aus der Sicht dieser Moderationsbegründer lautete: Der Leiter gibt seine Macht- und Allwissenheitsrolle auf und bietet sich als methoden- und verfahrenskompetenter Begleiter für den Arbeitsprozess an, dessen Ziele und Inhalte die Gruppe grundsätzlich selbst verantwortet.

Eine erfolgreiche Moderation ruht also auf zwei Pfeilern: zum einen auf einer Gruppe, die als »Souverän« des gesamten Arbeitsprozesses inhaltlich verantwortlich an einem Thema arbeiten will; zum anderen auf einem Moderator, der die Gruppe darin unterstützt. Dieses Verständnis von Moderation ist mit einer bestimmten *Haltung* und einem bestimmten *Auftreten des Moderators* verknüpft – eine Haltung, die etwas von dem rechten Maß und der Selbstkontrolle hat, die in der ursprünglichen lateinischen Bedeutung von »moderatio« liegt. Wichtigste Bestandteile dabei sind:

- die inhaltliche Unparteilichkeit und
- die personenbezogene Neutralität sowie
- die Verantwortungsübernahme für die methodische Unterstützung des Arbeitsprozesses der Gruppe.

Die Stärken der Methode: Vier Erfahrungen

Die Kompetenz, das Wissen und die Kreativität möglichst aller Teilnehmer der Arbeitssitzung werden genutzt. Allen Gruppenmitgliedern wird die aktive Teilnahme ermöglicht. Die Synergie erhöht die Qualität des Ergebnisses. Dazu werden Arbeitsverfahren eingesetzt, die alle Teilnehmer mit ihren subjektiven Voraussetzungen gleichermaßen aktivieren und einen lebendigen Arbeitsprozess ermöglichen, beispielsweise durch das Karten-Antwort-Verfahren oder durch Kreativitätstechniken wie das Brainstorming. Die Gleichbehandlung aller Gruppenmitglieder durch den Moderator ist dabei eine wichtige Voraussetzung.

Der moderierte Arbeitsprozess lässt ein hierarchiefreies Klima entstehen. Die Teilnehmer arbeiten gerne mit; die Wahrscheinlichkeit, dass sie mit dem Verlauf und vor allem mit dem Ergebnis zufrieden sind, steigt. Die Rolle des Moderators und die Regeln der Moderationsverfahren sind darauf ausgerichtet, in der Gruppe niemanden zu bevorzugen oder zu benachteiligen. Alle erhalten grundsätzlich die gleichen Möglichkeiten zur Teilnahme am Arbeitsprozess.

Störungen und Konfliktsituationen während der Arbeitsprozesse werden bearbeitet und versachlicht, um die volle inhaltliche Leistungsfähigkeit der Gruppe zu erhalten oder wiederherzustellen. Der Moderator wird der Gruppe Störungen und Konflikte, die das zielgerichtete Arbeiten am Thema beeinträchtigen, mitteilen und zur Behandlung anbieten. Er versucht so, wieder zur sachlichen Arbeit zu ermutigen. Er stellt sicher, dass die inhaltliche Aufgabe im Vordergrund steht und deren Bearbeitung möglichst nicht durch unterschwellige Konflikte beeinträchtigt wird.

Die erarbeiteten Ergebnisse einer moderierten Sitzung finden bei den Teilnehmern hohe Akzeptanz. Dadurch steigt ihre Realisierungs- und Umsetzungschance nach Beendigung des Arbeitsprozesses. In einem moderierten Arbeitsprozess sind alle Teilnehmer aktiv beteiligt und gemeinsam für das inhaltliche Ergebnis verantwortlich. Ein solches Gesamtergebnis wird im Idealfall von allen Gruppenmitgliedern gleichermaßen getragen. Der Moderator unterstützt deshalb ein konsensorientiertes Vorgehen schon während des Arbeitsprozesses.

Der Moderator: Was zeichnet ihn aus

Ein Moderator wird nur dann erfolgreich arbeiten, wenn er von der nicht-leitenden und nicht-bevormundenden Moderationsphilosophie überzeugt ist und dies auch in seinem Moderationsverhalten zum Ausdruck bringt. Noch so gute Kärtchenverfahren und andere Techniken können allein keine effiziente Kooperation in der Gruppe bewirken. Daraus folgt die Frage: Was muss ein Moderator mitbringen und wie muss er sich verhalten, um erfolgreich im Sinne der hier vorgestellten Moderationsmethode arbeiten zu können? Wir wollen den Moderator mit zwei prall gefüllten Koffern ausstatten, mit denen er über ein taugliches Arsenal an Hilfsmitteln verfügt.

Im *Werkzeugkoffer* finden sich die verschiedenen Arbeitsverfahren, die klassischen Moderationsverfahren (beispielsweise das Karten-Antwort-Verfahren) oder andere Gruppenarbeitsverfahren, die in einer Moderation verwendet werden können (beispielsweise das Brainstorming). Diese Verfahren helfen bei der Sammlung, Strukturierung, Gewichtung und weiteren Bearbeitung von Inhalten einer Gruppenarbeit. In diesen Koffer gehören auch die Visualisierungstechniken, um während des gesamten Arbeitsprozesses (Zwischen-)Ergebnisse, wichtige Arbeitsschritte oder Ideen transparent zu machen. Dies kann mit Hilfe von Flipchart, Pinnwand, Tafel oder, wo sinnvoll, mit Laptop und Beamer erfolgen.

Verfahren und Techniken für die Gruppenarbeit reichen jedoch nicht aus, um eine Arbeitssitzung zielgerichtet zu moderieren. Was der Moderator benötigt, um den Arbeits*prozess* der Gruppe methodisch zu begleiten und zu unterstützen, haben wir in den *Prozesskoffer* gepackt. Dazu gehört beispielsweise die Art, wie er mit Fragen arbeitet, wie er auf Zielverfolgung achtet, das Ziel und den Weg dorthin transparent macht.

Beide Koffer nutzen wenig, wenn der Moderator nicht auf einem stabilen Fundament steht, das wir als seine *Moderatorenhaltung* beschreiben. Sie ist gekennzeichnet durch *inhaltliche Unparteilichkeit* und *personenbezogene Neutralität.*

Das Fundament I: Inhaltliche Unparteilichkeit

Aus der inhaltlichen Debatte eines Themas hält sich der Moderator während seiner Moderation bewusst heraus. Er vermeidet bewertende Stellungnahmen für oder gegen eine Idee, einen Vorschlag, eine Behauptung oder Aussage. Seine eigene Meinung zum Thema behält er für sich. Er verhält sich also inhaltlich unparteiisch oder neutral. Es gibt für ihn kein »richtig« oder »falsch«. Der Moderator akzeptiert die jeweiligen Wahrheiten und Wirklichkeiten der Gruppenmitglieder und hilft dabei, dass die Meinungsvielfalt akzeptiert und gegenseitiges Verstehen möglich wird. Damit macht er deutlich, dass er sich nicht auf irgendeine Seite ziehen lässt. Seine Akzeptanz sucht er ausschließlich als *methodisch Verantwortlicher für den Arbeitsprozess.*

Aus der Forderung nach inhaltlicher Unparteilichkeit folgt für die Moderationspraxis beispielsweise, dass sich Vorgesetzte von anwesenden Gruppenteilnehmern als Moderatoren schwertun, da sie selbst dezidiert inhaltliche Interessen verfolgen. Natürlich bleibt es ihnen unbenommen, Gruppenprozesse zu leiten; eine Moderation mit allen Vorteilen und Chancen werden sie aber nur mit Einschränkungen gestalten können.

Dagegen zeigt die Moderationspraxis, dass sich auch Personen durchaus als Moderatoren eignen, die keine ausgewiesenen Fachleute in dem zu bearbeitenden Thema sind, die also nur über wenig inhaltliches Wissen über das Thema der Gruppe verfügen. Ihnen fällt es häufig leichter, inhaltlich unparteiisch und neutral zu bleiben. Sie können sich mit ganzer Aufmerksamkeit auf den Arbeitsprozess konzentrieren.

> *»Das scheint mir nun doch etwas zu praxisfremd. Wenn ich eine Sitzung einberufe, dann habe ich auch ein Ziel. Um dieses Ziel zu erreichen, muss ich als Leiter der Gruppe auch Vorgaben machen, sonst ufert die Diskussion doch völlig aus. Das haben wir ja heute Morgen gesehen.«*

Das Fundament II: Personenbezogene Neutralität

Mit personenbezogener Neutralität ist keine gefühllose Haltung oder gar Gefühlskälte des Moderators gemeint, sondern eine möglichst gleiche Wertschätzung allen Beteiligten gegenüber. Der Moderator lebt das Prinzip »Gleichberechtigung aller Gruppenmitglieder« vor. Niemand wird bevorzugt oder benachteiligt, die Meinungen, Haltungen und Einstellungen in der Gruppe sind für den Moderator grundsätzlich gleich wichtig. Es ist seine Aufgabe, auch Minderheiten Gehör zu verschaffen und damit das gesamte Meinungsspektrum in der Gruppe offenzulegen.

Diese Forderung stellt vielleicht für manche Leserinnen und Leser eine Selbstverständlichkeit dar. Sie glauben, zumindest äußerlich allen Teilnehmern einer Sitzung das gleiche Maß an Wertschätzung entgegenbringen zu können, und sie bemühen sich redlich. Aber in der Praxis ist doch häufig genug zu beobachten, dass gerade inhaltlich engagierte Leiter unbewusst manche Teilnehmer bevorzugen, andere dagegen benachteiligen. In unserem Arbeitsalltag finden die schnelle, pragmatische Lösung, der rasche Einfall oft mehr Beifall als das Bemühen um alternative Lösungen. Unsere gewohnten Denk- und Verhaltensmuster verhindern meistens die nachhaltige Suche nach dem Neuen, dem Ungewöhnlichen. Die Ausbildung betont das Urteilen in »richtig« und »falsch«. Wir bemühen uns häufig nicht genügend, andere, abweichende Aussagen auf ihre Tragfähigkeit hin zu prüfen und ihr Lösungspotenzial zu ergründen. Dem widersteht ein erfahrener Moderator. Er geht von der grundsätzlichen Gleichwertigkeit subjektiver Wirklichkeitskonstruktionen aus. So kann er die Gruppe davor bewahren, vorschnell auf geäußerte Ideen zu verzichten, die erstbeste Lösung aufzugreifen, den »Querdenker« zu blockieren oder die »Leisen« zu überhören.

Die personenbezogene Neutralität ist ein sinnvolles, subjektiv anwendbares Prüfkriterium vor der Annahme einer Moderatorenrolle. Wer nicht bereit ist, diese Haltung auch konsequent durchzuhalten, wird sich schwertun, eine unterstützende Moderation zu gestalten.

Die Betreuung des Arbeitsprozesses: »Gegenstände« aus dem Prozesskoffer

Die beiden Bedingungen einer erfolgreichen Moderation – inhaltliche Unparteilichkeit und personenbezogene Neutralität – erweitern die Reaktions- und Handlungsmöglichkeiten des Moderators im Vergleich zu einem inhaltlich engagierten und weitgehend festgelegten Besprechungsleiter. Durch die Unparteilichkeit und Neutralität erhält der Moderator den notwendigen Freiraum für seine eigentliche Aufgabe: Er ist zuständig für den **Arbeitsprozess** der Gruppe.

Der Moderator achtet darauf, dass der gesamte Arbeitsprozess strukturiert verläuft. Dazu gehört sowohl der Einstieg in den Arbeitsprozess, beispielsweise mit Begrüßung, Stimmungsabfrage und Zielklärung, als auch der Ausstieg beispielsweise mit Maßnahmenplan oder Erwartungsabgleich. Dazu gehört aber auch die Gestaltung des Hauptteils, indem beispielsweise Teilziele vereinbart oder unterschiedliche Arbeitsschritte angeboten werden.

Der Moderator achtet darauf, dass für den Arbeitsprozess Ziele vereinbart und im Auge behalten werden. Jede Besprechung, jede Problemlösungssitzung oder jeder Arbeitsprozess hat ein bestimmtes Ziel. Dieses Ziel kann von einem Auftraggeber der Sitzung, beispielsweise die Geschäftsleitung des Unternehmens, vorgegeben, es kann aber auch von der Gruppe gemeinsam erarbeitet werden. Das Ziel wird zu Beginn des moderierten Arbeitsprozesses für alle in der Gruppe eindeutig geklärt und ausformuliert. An diesem Ziel orientiert sich auch der Moderator in seiner methodischen Verantwortung für den Arbeitsprozess. Er wird alles tun, um die Gruppe auf dem Weg zu diesem Ziel zu unterstützen.

»Ich hatte heute Morgen so etwas wie ein Ziel vorgeschlagen: Das Problem einmal in einer ersten Runde anzugehen, hatte ich gesagt. Das ist natürlich grob formuliert.«

»Für eine erste moderierte Sitzung hätten Sie als Ziel vorschlagen und mit der Gruppe abklären können: ›Sammeln von offenen Fragen in der aktuellen Zusammenarbeit zwischen Meistern und Ingenieuren‹ sowie ›Erstellung eines Maßnahmenplans für das weitere Vorgehen bis zum nächsten Treffen‹.«

Sich um die Zielverfolgung kümmern bedeutet dann, dass der Moderator der Gruppe mitteilt, an welcher Stelle auf dem Weg zum Ziel sie gerade steht. Er hilft, Zwischenergebnisse transparent zu machen und diese zu visualisieren. Gleichzeitig macht er die Gruppe darauf aufmerksam, wenn sie vom Weg zum Ziel abweicht, auf Nebenschauplätzen arbeitet oder dabei ist, geplante Arbeitsschritte unbesprochen zu überspringen. Er teilt der Gruppe also mit, was sie gerade tut, und fragt sie, ob sie das, was sie tut, auch wirklich tun will. Es ist dann die Aufgabe der Gruppe zu entscheiden, wie sie weiterarbeiten möchte; ob der Nebenschauplatz zum – zeitlich begrenzten – Hauptthema werden soll, ob er »vertagt« werden kann und später wieder aufgegriffen werden soll.

Der Moderator wiederholt dabei hauptsächlich mit eigenen Worten die gemachten Äußerungen, er schafft so Übersicht, sorgt für einen gleichen Diskussionsstand bei allen Anwesenden, weist auf den Unterschied zwischen Verfahrensfragen und inhaltlichem Vorgehen hin. Und er arbeitet mit unterstützenden Fragen. Beispielsweise: »Was wollen Sie damit weiter tun?« »Was bedeutet diese Aussage für Ihr weiteres Vorgehen?« »Was heißt das für die soeben getroffene Entscheidung?« »Es wurden soeben zwei alternative Verfahrensvorschläge gemacht, nämlich ... Die darauf folgenden Äußerungen führen bereits den ersten Vorschlag weiter. Ich empfehle Ihnen, zuerst das weitere Vorgehen zu entscheiden und dann die zugehörigen Fragen zu diskutieren.«

Der Moderator achtet darauf, dass er situativ sinnvolle Arbeitsverfahren anbietet, ihre Regeln erläutert und deren Einhaltung überwacht. Der Moderator unterbreitet immer wieder Vorschläge, welche konkreten Verfahren möglich und nach seiner Erfahrung zum jeweiligen Zeitpunkt des Geschehens sinnvoll sind, um das gesetzte Ziel zu erreichen. Beispielsweise kann er das Sammeln von Themenvorschlägen durch das Karten-Antwort-Verfahren oder durch ein Brainstorming vorschlagen. Er kann empfehlen, die Reihenfolge für die Themenbearbeitung durch das Gewichtungsverfahren festzulegen, einzelne Themen durch sorgfältig vorbereitete Kleingruppenarbeit oder durch eine moderierte Diskussion zu bearbeiten. Er stellt das spezifische Ziel und die Leistungsfähigkeit des jeweiligen Verfahrens vor, beschreibt den Ablauf und erläutert die spezifischen Regeln für die Durchführung.

Der Moderator achtet darauf, dass er im gesamten Arbeitsprozess immer wieder unterstützende Regeln anbietet oder die Gruppe anregt, Regeln selbst zu formulieren. Spielregeln können die Kooperation der Gruppenmitglieder während einer Arbeitssitzung erleichtern, fördern oder positiv vorantreiben. Das ist immer dann der Fall, wenn diese Regeln für die Zusammenarbeit auf die anwesenden Teilnehmer maßgeschneidert sind und zur konkreten Situation passen. Derartige Spielregeln sind also weder »Knebel« (Verbote) für Vielredner noch »Antreiber« (Gebote) für Wenigredner oder Desinteressierte. Sie sollen ein zielgerichtetes und effizientes Zusammenwirken in der Gruppe bewirken und unterstützen.

Die einfache, immer wieder anzutreffende Regel »Jeder darf nur eine Minute (oder ähnlich) lang reden« beispielsweise bremst vielleicht den einen oder anderen Vielredner, ist aber häufig der nur einzige Versuch von Gruppen, die Zusammenarbeit in den Griff zu bekommen. Es gibt jedoch eine Vielzahl von praxiserprobten Regeln. Und es gibt für Gruppen kaum Grenzen, immer wieder hilfreiche, den Umgang der Gruppenmitglieder miteinander unterstützende Regeln selbst zu formulieren.

Erfahrene Moderatoren entwickeln die Spielregeln für konkrete Situationen während des Arbeitsprozesses oftmals mit der Gruppe gemeinsam.

Unabhängig von diesem Vorgehen überlegt sich der Moderator vor der Moderation, welche Spielregeln für die jeweils konkrete Gruppe vermutlich von Anfang an geeignet sind und welche er aus seiner Erfahrung heraus anbieten möchte.

Der Moderator achtet darauf, dass der Kontakt zwischen den Teilnehmern auf einer tragfähigen Beziehungsbrücke verläuft. Erfolgreiches inhaltliches Arbeiten (auf der

Einige Beispiele für Spielregeln in moderierten Gruppenarbeiten

- Ich begründe jede geäußerte Meinung knapp und auf das Wesentliche reduziert. Damit ermöglichen wir, dass sachlicher, differenzierter und ergiebiger über Standpunkte und Hintergründe diskutiert wird, die Beweggründe der Einzelnen werden transparenter.
- Ich begründe Fragen an andere Teilnehmer kurz (»Ich frage aus folgendem Grund ...«). Damit vermeiden wir, dass sich der Gegenüber ausgefragt fühlt, vorgeführt oder kontrolliert vorkommt oder dass er meint, ihm sollten Fehler nachgewiesen werden.
- Ich spreche möglichst mit »ich« statt mit »man«, um meine Meinung eindeutig als solche zu kennzeichnen, um »Flagge zu zeigen«. Dadurch fällt es den anderen Gruppenmitgliedern auch leichter, über den Inhalt einer persönlichen Meinung sachlich zu sprechen, statt gegen eine generalisierende Behauptung angehen zu müssen.
- Ich lasse die persönlichen Erfahrungen des Gesprächspartners als seine subjektive Perspektive (seine subjektive Wirklichkeit) gelten. Dadurch zeige ich meine Wertschätzung der Person des anderen gegenüber und erhalte so die gleiche Wertschätzung/Aufmerksamkeit für meine Erfahrungen.
- Bevor ich jemandem widerspreche, wiederhole ich mit meinen eigenen Worten, was ich von ihm verstanden habe. Damit vermeiden wir ein Aneinandervorbeireden bei kontroversen Diskussionen.
- Wenn ich einer anderen Meinung widerspreche, stelle ich das Weiterführende an meiner Idee heraus. Damit treiben wir den Erkenntnisprozess voran und vermeiden, immer wieder auf alte Positionen zurückzukommen.
- Erst wenn wir unterschiedliche Meinungen visualisiert haben, diskutieren wir sie vergleichend. Damit stellen wir die gleiche Ausgangslage für alle Teilnehmer her.
- Störungen, die das sachliche Weiterarbeiten in der Gruppe massiv beeinträchtigen, bearbeiten wir vorrangig. Damit stellen wir sicher, dass Störungen die Zielerreichung nicht behindern und die Gruppe rasch zur inhaltlichen Weiterarbeit zurückfindet.
- Wir bemühen uns, jeden Redebeitrag auf maximal eine Minute zu beschränken. Damit erreichen wir, dass möglichst viele in der Gruppe zu Wort kommen.
- Wir erarbeiten unsere Ergebnisse konsensorientiert – und möglichst nicht auf der Grundlage von Mehrheitsabstimmungen. Damit versuchen wir »Winner-Looser«-Situationen zu vermeiden und »Winner-Winner«-Gelegenheiten zu schaffen.

Sachebene) ist nur möglich, wenn die Beziehungen zwischen den Gruppenmitgliedern, die Art und Weise ihres Umgangs miteinander, einigermaßen intakt sind. Störungen auf der Beziehungsebene, also beispielsweise ungeklärte Missverständnisse, Rivalität, Neid, ausgesprochene Vorurteile, können das Arbeiten in der Sache erschweren, manchmal sogar völlig blockieren.

Der Moderator als Kommunikationsfachmann muss daher auf problematische Interaktionen zwischen den Teilnehmern achten – beispielsweise wenn sie aneinander vorbeireden, wenn bestimmte Beiträge nicht ernst genommen werden, wenn Meinungsunterschiede zu persönlichen Angriffen führen. Bei Störungen, die den Arbeitsprozess einer Gruppe *offensichtlich stark behindern oder sogar zu blockieren drohen*, teilt der Moderator seine Wahrnehmung der Gruppe mit, lenkt ihre Aufmerksamkeit auf die Situation, sodass die Gruppe prüfen kann, ob, wie und wann sie darauf reagieren will.

Viele in einer solchen Situation auftretende Probleme kann der Moderator nicht alleine lösen. Dies ist auch nicht seine Aufgabe. Schließlich soll er die Gruppe dabei begleiten, ein inhaltlich ansprechendes Ergebnis zu erarbeiten. Er kann aber bei Störungen, die die Zielerreichung verzögern oder gar gefährden, die Teilnehmer darauf aufmerksam machen, wann beispielsweise von der inhaltlichen Diskussion abgewichen wird (indem immer wieder Verfahrensfragen oder -anträge gestellt werden) oder wenn Beiträge nur noch von ein und demselben Teilnehmer kommen und die anderen sich nur noch zu langweilen scheinen. Der Moderator teilt der Gruppe mit, was er wahrnimmt. Für das weitere Vorgehen könnte er an vereinbarte Spielregeln erinnern, neue anregen und mit der Gruppe vereinbaren, damit alle weiter an den Inhalten arbeiten können (s. auch Kasten unten).

Darüber hinaus kann der Moderator der Gruppe alternative Vorschläge machen, wie mit einer gravierenden Störung umgegangen werden kann: Sie könnte angesprochen und formuliert, bei großem Interesse und Spielraum im Arbeitsprozess vielleicht sogar an Ort und Stelle angegangen werden. Ihre Behandlung könnte aber auch aus Gründen der Zeit und Zielerreichung von allen Beteiligten zurückgestellt und auf einen späteren Termin gelegt werden. Wichtig dabei ist, dass die Gruppe die Chance erhält, mit einer klaren Entscheidung ihre Arbeitsfähigkeit wieder selbst herzustellen. So kann der Moderator dazu beitragen, dass kleinere Störungen sofort aus der Welt geschaffen werden, größere zumindest nicht mehr unmittelbar in den aktuellen Arbeitsprozess »hineinfunken«. Und sollte die Gruppe auf größere Probleme stoßen, kann er das Bewusstsein dafür schärfen, sich damit demnächst zielgerichtet im Unternehmen mit den Beteiligten, vielleicht in einer moderierten Sitzung, zu beschäftigen.

Der Moderator nimmt eine fragende Haltung ein. Der Moderator unterstützt den Prozess der Gruppe häufig mit Fragen. Er nimmt eine fragende Haltung ein. Er regt alle Teilnehmer an, sich für das Geschehen in der Gruppe zu interessieren und sich mit unterschiedlichen Meinungen und Anregungen auseinanderzusetzen. Die fragende Haltung ist ein wesentliches Hilfsmittel für den Moderator, um beispielsweise

- die Meinungsvielfalt in der Gruppe transparent zu machen,
- den Gedankenaustausch zwischen den Anwesenden anzuregen und im Fluss zu halten,
- sämtliche Teilnehmer am Arbeitsprozess zu beteiligen,

> Eine Regel, die sich in Situationen bewährt hat, in denen die Teilnehmer mit dem »Bohren in alten Wunden« und Schuldzuweisungen für Fehler in der Vergangenheit den Arbeitsprozess behindern, lautet: »Wir schauen nicht mehr darauf, was in der Vergangenheit wie und warum passiert ist, sondern arbeiten ausschließlich auf die Zukunft hin. Es interessieren also nur noch Fragen danach, wie wir etwas in der Zukunft machen wollen!« Oder auch: »Wir diskutieren in den nächsten 30 Minuten ausschließlich die Frage ›Wie wollen wir das Problem in den Griff bekommen?‹ Unzulässig ist die Frage ›Warum ist die Sache schlecht gelaufen, wer ist schuld?‹«

- Zielklarheit herzustellen,
- auf Zielabweichungen aufmerksam zu machen,
- Störungen im Arbeitsprozess bewusst zu machen,
- die Gruppe zu einer Entscheidung über das weitere Vorgehen zu bringen.

Dazu helfen ihm besonders die offenen Fragen, die sogenannten »*W-Fragen*«. Sie beinhalten in der Regel keine gedanklichen Vorgaben für eine Antwort (inhaltliche Unparteilichkeit!) und erlauben es den Antwortenden, möglichst viele Informationen untereinander auszutauschen. Beispielsweise:

- »**W**ie müsste die Zielformulierung ergänzt oder verändert werden, um in den nächsten zwei Stunden mit ihr arbeiten zu können?«
- »**W**elche Meinungen stehen noch im Raum?«
- »**W**as sagen die anderen zu diesem Vorschlag?«
- »**W**ie wollen Sie als Gruppe weiter verfahren, nachdem auf das erste Thema drei Viertel der geplanten Zeit verwandt wurde?«

Der Moderator achtet darauf, dass er das Geschehen in der Gruppe mit einer gewissen Regelmäßigkeit mit eigenen Worten wiederholt und zusammenfasst. Der Moderator teilt der Gruppe immer wieder mit, was nach seiner Wahrnehmung gerade geschieht oder in den letzten Minuten geschehen ist. Diese Rückmeldung gibt dem Arbeitsprozess Struktur, vermittelt den Teilnehmern eine bessere Übersicht über das Geschehen und erleichtert/stärkt die Orientierung der Arbeit am Ziel/auf das Ziel hin. Wenn in einer angeregten Diskussion mehrere Meinungen geäußert werden, werden diese vom Moderator wiederholt. So hilft er allen Teilnehmern dabei, sich ein gemeinsames Bild über den Stand des Arbeitsprozesses zu machen. »In den letzten fünf Minuten wurden von der Gruppe vier Gründe für die aufgetretenen Produktionsmängel genannt. Ich habe die Meinungen mitgeschrieben und möchte diese Gründe noch einmal darstellen. Erstens ..., zweitens ... Mit welchem Punkt wollen Sie sich in den restlichen zehn Minuten vor der Pause zuerst beschäftigen?«

Der Moderator beschreibt also mit eigenen Worten und zusammenfassend das, was er wahrnimmt – beispielsweise die verschiedenen Meinungen, die vielfältigen Vorschläge zum Vorgehen oder die kontroversen Standpunkte, über die – vielleicht unstrukturiert – diskutiert wurde. Wichtig dabei ist, dass der Moderator nicht jede einzelne Teilnehmeräußerung »gleich an sich reißt« und sie wiederholt. Das wäre eher das Verhalten eines Leiters, der jede Bemerkung fest im Griff behalten will und das ganze Geschehen auf sich konzentriert. Vielmehr wartet der Moderator ab, bis die Gruppe mehrere (also etwa drei) verschiedene Überlegungen angestellt hat. Eine gelungene moderierte Gruppenarbeit zeichnet sich gerade dadurch aus, dass die Gruppenteilnehmer miteinander diskutieren, streiten, argumentieren und sich dabei auch »in die Augen schauen«. Sie sollen gerade nicht jede Äußerung mit Blick auf den Moderator machen, der dadurch nur in die Rolle eines »heimlichen« Diskussionsleiters gedrängt würde. Der Moderator greift dann ein, wenn zu viele Meinungen unstrukturiert im Raum stehen oder wenn zu viele Vorgehensvorschläge gemacht werden, die sich keiner merken kann.

Angemessenes Wiederholen bedeutet auch, dass der Moderator versucht, nur das wiederzugeben, was er wahrnimmt. Das trennt er deutlich von seinen persönlichen Wertungen, Ideen oder Kritikpunkten, die er für sich behält. Es geht also um den – in der Praxis nicht einfach einzulösenden – Versuch, so etwas wie eine »nicht-bewertende« Rückmeldung zu geben.

Elf Verhaltensweisheiten für einen pfiffigen Moderator

- Der Moderator stellt seine eigenen Ziele, Wertungen und Meinungen zurück. Er bewertet weder Meinungsäußerungen noch Verhaltensweisen. Es gibt für ihn inhaltlich kein »richtig« oder »falsch«. Er konkurriert nicht mit den Teilnehmern um Sachfragen.
- Er nimmt alle Teilnehmer ernst, zeigt allen gegenüber die gleiche Wertschätzung, bevorzugt oder benachteiligt niemanden.
- Er achtet darauf, dass alle ihre Meinungen, Ideen und Ansichten vertreten können.
- Er sorgt dafür, dass auch die Ruhigen und eher Schweigsamen Gelegenheit bekommen, am Arbeitsprozess aktiv teilzunehmen.
- Er hat ständig das Ziel der Sitzung oder einzelner Phasen im Auge und signalisiert der Gruppe Abweichungen vom Weg zur Zielerreichung.
- Er ermutigt die Gruppe, Regeln für einen fruchtbaren Umgang miteinander zu vereinbaren.
- Er versucht, der Gruppe das eigene Verhalten bewusst zu machen, sodass die Mitglieder mit Störungen und Konflikten angemessen umgehen können.
- Er nimmt eine fragende Haltung ein und keine behauptende. Durch Fragen öffnet und aktiviert er die Gruppe für den Gedankenaustausch untereinander.
- Er hört überwiegend zu und spricht selbst wenig. Er versucht, den Austausch und die Diskussion zwischen den Gruppenteilnehmern zu unterstützen. Aber: Nicht er steht im Mittelpunkt, sondern die Kompetenz der Teilnehmer, das Thema und das Ziel.
- Er wiederholt für die Teilnehmer das, was gerade an Äußerungen, Themen, Meinungen in der Gruppe existiert, immer dann, wenn er dadurch den Arbeitsprozess erleichtern, transparent machen oder vorantreiben kann.
- Er visualisiert, visualisiert, visualisiert.

Und worauf sollte ein erfahrener Moderator noch achten?

- Der Moderator bereitet sich intensiv auf die moderierte Arbeitssitzung vor.
- Der Moderator bietet für die gesamte Arbeitssitzung eine Struktur an, nach der von der Einleitung bis zum Abschluss gearbeitet werden kann.
- Der Moderator bietet konkrete Arbeitsschritte und dazugehörige Arbeitsverfahren an, mit denen beispielsweise Informationen gesammelt, sortiert, bewertet und weiter genutzt werden können.

»Aber die Praxis«

Versucht ein – besonders ein junger – Moderator die hier dargelegten Ideen konsequent in seiner Moderationspraxis anzuwenden, so sieht er sich häufig einem Dilemma ausgesetzt, das so manche Gewissensbisse verursachen, zumindest jedoch einiges an Kopfschmerzen bereiten kann.

Auf der einen Seite besteht die Philosophie der Moderation – treffend mit dem Schlagwort »Hilfe zur Selbsthilfe« benannt – darin, dass die Gruppe als Souverän des gesamten Arbeitsprozesses für alle Entscheidungen die Verantwortung übernimmt und sie der Moderator darin lediglich, aber entscheidend unterstützt. Der Moderator nimmt mit seiner Methodenkompetenz dabei ausschließlich eine »dienende Haltung« ein. Er bietet beispielsweise ein Arbeitsverfahren an, begründet dieses Angebot so, dass die Gruppe mit gutem Gewissen entscheiden kann, ob sie so vorgehen will oder ob sie mit einem anderen Angebot weiterarbeiten möchte.

So weit der Idealzustand einer moderierten Gruppenarbeit, die auf dem Grundgedanken der konsequent geachteten Gruppensouveränität basiert.

Das Problem des Moderators beginnt dann, wenn Gruppen nur begrenzt fähig sind, als Souverän eines gemeinsamen Arbeitsprozesses zu fungieren. Beispielsweise ist dies der Fall, wenn, wie in unserem Beispiel, Teilnehmer zusammenkommen, die unterschiedliche oder widerstreitende Interessen vertreten und die eine gleichberechtigte, alle beteiligende Form der Auseinandersetzung im Unternehmensalltag bisher noch nicht kennengelernt haben. Gleiches gilt auch dann, wenn Gruppen zusammenkommen, deren Mitglieder sich nicht kennen und die dennoch in möglichst kurzer Zeit ein qualitativ möglichst hochwertiges Ergebnis erarbeiten sollen.

Was heißt das nun für einen Moderator, dessen Interesse darin besteht, dass die Moderation erfolgreich im Sinne der geschilderten Philosophie verläuft? Er müsste ein Zweifaches leisten: Er müsste nicht nur im Sinne der »reinen Lehre« zu moderieren versuchen, trotz aller Schwierigkeiten, die eine Gruppe bereitet, für die die Rolle des Souveräns im besten Falle ungewohnt, im schlechtesten Falle sogar unangenehm ist. (Typische Reaktionen aus der Gruppe: »Machen Sie das doch mal, Sie wissen schon, was da am besten passt!« »Sorgen Sie doch dafür, dass wir mit der Zeit hinkommen und schnell fertig werden!« »Sie als Berater werden doch dafür bezahlt, mit uns zu arbeiten. Und außerdem sind Sie Experte. Sagen Sie doch mal, in welche Richtung die Geschäftsleitung das Problem lösen will?«) Gleichzeitig müsste er als Trainer auftreten, der diese Gruppe in Hintergründe, Philosophie, Besonderheiten und Ablauf dieser neuen Methode unterrichtet, sie darin schult, was es heißt, als Souverän zu agieren, und sie dann noch für das Mitmachen begeistert.

Das Spannende in der Praxis ist, dass gelegentlich beides zusammen mehr oder weniger gelingt. Viele Gruppenmitglieder lernen den Umgang, das Arbeiten mit der Moderation durch das konkrete Tun und Erleben. Sie entwickeln eine erste methodische Kompetenz, die sie dann wieder in anderen Gruppen gewinnbringend anwenden.

Das Problematische in der Praxis ist allerdings auch, dass viele Moderatoren, besonders Neulinge, mit dieser Doppelfunktion noch überfordert sind. Bei »schwierigen« Gruppen (beispielsweise mit widerstreitenden Interessen) und besonderen Umständen (beispielsweise Zeitdruck, hohe qualitative Anforderung an das Ergebnis) fallen sie leicht in die Rolle der klassischen Leitung zurück und bewegen die Gruppe mehr oder weniger verdeckt in eine bestimmte Richtung. Dies scheint allemal – auf das Sachergebnis bezogen – Erfolg versprechend.

Und so manchen, auch und gerade den guten Moderator plagt nach einer erfolgten Sitzung anschließend das schlechte Gewissen. Er meint, doch zu sehr inhaltlich eingegriffen, zu sehr gelenkt, zu sehr Einzelne bevorzugt zu haben, weil sie ja auch die besten Ideen klar und verständlich vorgetragen hatten, während die anderen mühsam nur schwer verständliche und wenig konstruktive »Ergüsse« eingebracht hatten.

Und so mancher Gruppenteilnehmer ist anschließend vielleicht etwas unzufrieden mit dieser Sitzung, bei der mal wieder nur die bekannten Gesichter zur Geltung kamen, bei der aber immerhin etwas herausgekommen ist, was wahrscheinlich der bunten Kartenmethode des externen »Leiters« zu verdanken ist.

Und jetzt? Uns, den Autoren dieses Buches, geht es nicht anders. Auch wir empfinden immer wieder diese Zwickmühle und erleben uns auch immer wieder woanders auf dem Kontinuum zwischen direkter Leitung und unterstützender Begleitung.

Dem Moderationsneuling raten wir daher: Nutzen Sie die Überlegungen und Hilfen dieses Buches (beispielsweise Aufbau einer moderierten Sitzung, Vorschläge für die Spielregeln) und setzen Sie sie ein, werben Sie dafür in Ihrer Gruppe. Kommunizieren Sie eindeutig die Rollenverteilung, die Aufgaben der Gruppe sowie die eigenen Aufgaben als Moderator. Vielleicht werden Sie am Anfang stärker in den Prozess eingreifen, als dies ein *»alter Moderationshase«* tun würde. Auf der anderen Seite versuchen Sie, so unparteiisch und neutral wie nur möglich zu sein. Prüfen Sie anschließend immer wieder, was Sie noch besser machen könnten, um Gruppen effizient darin zu unterstützen, die Rolle des Souveräns einzunehmen. Solange Sie die Sensibilität bewahren und spüren, wo Sie immer noch eine Spur zu sehr leiten und bestimmen, werden Sie Ihre persönliche Methodenkompetenz weiter verbessern.

Dazu vielleicht noch ein letzter Tipp: Gelegentlich werden moderierte Arbeitsitzungen von zwei Moderatoren begleitet. Dies besonders bei größeren Gruppen und komplexen Aufgabenstellungen. Nutzen Sie diese Situation. Tauschen Sie sich mit der Kollegin oder dem Kollegen aus, geben Sie sich Rückmeldung zum Verhalten in der Moderation, fragen Sie danach, was Sie gut gemacht haben und was Sie auf jeden Fall verbessern sollten. Eine bessere Lernsituation als die Praxis gibt es nicht.

Martin Hartmann, Michael Rieger, Rüdiger Funk

Moderationen vorbereiten, den Ablauf planen, Methoden einsetzen

Aus: Zielgerichtet moderieren

Vorbereitung einer moderierten Sitzung

Das Ziel der moderierten Sitzung

Jede Arbeitssitzung braucht ein klar formuliertes, allen bekanntes und für alle nachvollziehbares Ziel. Fehlt ein solches Ziel, handelt es sich nicht um eine Arbeitssitzung, sondern eher um eine lockere Freizeitveranstaltung – wogegen natürlich nichts einzuwenden ist, wenn dies von der Firmenleitung so gewollt wäre.

Dass im betrieblichen Alltag viele Sitzungen scheitern, unabhängig davon, ob sie geleitet oder moderiert werden, liegt häufig daran, dass

- es überhaupt kein Ziel gibt,
- das Ziel den Teilnehmern nicht bekannt ist,
- das Ziel nur ungenau oder nebulös formuliert wurde,
- das Ziel so unrealistisch formuliert ist, dass man in einer relativ kurzen Sitzung damit wenig anfangen kann: »Verbesserung der Kommunikation in unserer Konzernzentrale unter Einbeziehung aller in- und ausländischen Niederlassungen«.

In seiner Vorbereitung klärt der Moderator das Ziel für die Sitzung, die er moderieren soll. Dies geschieht in Vorgesprächen mit dem Auftraggeber oder – wenn irgend möglich – mit der Gruppe selbst. Im Mittelpunkt stehen dabei Fragen wie:

- Was soll/will die Gruppe am Ende der Arbeitssitzung in Bezug auf das Thema der Sitzung erreicht haben?
- Wenn die Gruppe nach Beendigung der Sitzung auseinandergeht, wie soll das Ergebnis aussehen, das bis dahin erreicht werden soll?
- Angenommen, die Arbeitssitzung kommt zu einem für die Gruppe und/oder den Auftraggeber erfolgreichen Abschluss, welche Art des Ergebnisses wird als Erfolg eingestuft?

Es geht dabei nicht um eine inhaltliche Vorwegnahme, sondern um die Art der Ergebnisse, die erzielt werden sollen. Sollen in der Sitzung beispielsweise

- Informationen, Ideen, Vorschläge nur *gesammelt* werden,
- sollen bestimmte Informationen, Gedanken oder Ideen schon in einer bestimmten Form *bearbeitet* werden und, wenn ja, in welcher,
- sollen *Lösungsvorschläge und/oder Vorgehensweisen entwickelt* werden,

- sollen Handlungen und/oder Prozesse koordiniert und aufeinander abgestimmt werden,
- sollen Maßnahmen verbindlich vereinbart werden oder
- sollen in der Sitzung sogar schon konkrete *Entscheidungen gefällt* werden?

Wird das Ziel der Sitzung vom Auftraggeber der Moderation oder vom Veranstalter des Treffens vorgegeben – wie in unserem Beispiel – bemüht sich der Moderator während der Vorgespräche um eine möglichst klare Zielformulierung. Er überlegt, wie realistisch die Zielerreichung in der für die Moderation vorgesehenen Zeit ist und diskutiert eventuelle Bedenken mit dem Auftraggeber. Zu Beginn der Sitzung sorgt er dann dafür, dass allen Teilnehmern das Ziel oder die Ziele klar und verständlich sind. Vor Beginn der Sacharbeit sollte auf jeden Fall Einverständnis über das zu erreichende Ziel herrschen.

Es gibt aber auch die Möglichkeit, dass die Gruppe das Ziel ihrer Sitzung erst zu Beginn der Veranstaltung bestimmen und formulieren will. Dann wird der Moderator diesen ersten Arbeitsschritt begleiten. Das Ergebnis sollte eine für alle akzeptierbare und verständlich formulierte Zielsetzung für den anschließenden Arbeitsprozess sein.

Die Teilnehmerinnen und Teilnehmer der moderierten Sitzung

Wie auch bei Präsentationen, Verkaufs- und Beratungsgesprächen besteht in der Moderation ein zentraler Vorbereitungsschritt in der *Analyse der Zielgruppe.*

Wenn der Moderator weiß, mit wem er es zu tun hat, fällt es ihm auf Grund seiner Erfahrung leichter,

- die für die Teilnehmer angemessenen Arbeitsschritte und Gruppenarbeits- beziehungsweise Moderationsverfahren auszuwählen,
- für den Einstieg in den Arbeitsprozess erste hilfreiche Regeln für den Umgang miteinander zu formulieren,
- eine angemessene Einführung in die gesamte Gruppensitzung zu formulieren, die offene Fragen bereits aufnimmt und möglichst beantwortet,
- die Rahmenbedingungen der Veranstaltung passend zu planen und zu organisieren.

Bei der Teilnehmeranalyse hilft die Bearbeitung einiger Fragen. Auch wenn der Moderator oder die Moderatorin zu manchen Fragen keine ausreichenden Informationen erhält – beispielsweise über die Interessen der Teilnehmenden –, führt die systematische Beschäftigung mit der Gruppe zu einem Bild, das Sicherheit bei der weiteren Vorbereitung gibt.

Fragen zur Teilnehmeranalyse

Wer sind die Teilnehmer der Sitzung?

- Wie viele Personen werden an der Sitzung teilnehmen?
- Wie heißen die einzelnen Teilnehmer?
- Welche Funktion im Unternehmen haben sie?
- Welche Stellung haben sie in der Hierarchie?
- Welche Aufgaben bearbeiten sie zurzeit?
- Welche Entscheidungskompetenz haben sie?
- Wie sehen die Beziehungen der Teilnehmer zueinander aus?

Wie sehen die unterschiedlichen Interessen und die Einstellungen der Teilnehmer der Sitzung aus?

- Welche Interessen vertreten sie?
- Welche Einstellungen zum Thema herrschen vor?
- Welche Erwartungen haben sie?
- Welche Konflikte können auftreten?

Wie vertraut ist den Teilnehmern die Moderationsmethode?

- Wie ist ihre Einstellung zur Moderationsmethode?
- Wie viel Erfahrung aus moderierten Arbeitsgruppen bringen sie mit?

Die Vorgehensplanung für die moderierte Sitzung

Zum Beispiel kennt die Moderatorin bereits Teile der Vorgeschichte und einige Hintergründe der zu moderierenden Sitzung. Sie hat vom Auftraggeber eine klare Zielstellung erhalten, weiß daher, dass in einer sechsstündigen Veranstaltung zwei Ziele erreicht werden sollten. Darüber hinaus hat sie sich über die unterschiedlichen Teilnehmer informiert, möglicherweise kurz mit einzelnen Ingenieuren und Meistern gesprochen. So ist ihr beispielsweise bekannt, dass fast alle bisher noch keine Erfahrungen mit moderierten Besprechungen haben und dass einige etwas verunsichert darüber sind, an einer firmeninternen Besprechung mit externer »Leitung« teilnehmen zu sollen.

Ihr ist aber auch zu Ohren gekommen, dass das Thema alle außerordentlich interessiert und die Erwartung besteht, dass doch endlich mal vonseiten des Chefs etwas geschehen solle.

Mit diesem Hintergrundwissen überlegt sich die Moderatorin einen groben Fahrplan für die sechs Stunden. Sie weiß natürlich, dass es in einer moderierten Sitzung in erster Linie von der Gruppe abhängt, wie zügig und effizient auf das Ziel hingearbeitet wird. Sie weiß aber auch, wie wichtig ein von ihr sorgfältig geplanter Einstieg in die Sitzung ist, um alle auf eine zielgerichtete und im Umgang miteinander zufriedenstellende Arbeit einzustimmen. Und aus ihrer Erfahrung weiß sie auch, dass sie umso fle-

xibler auf die Interessen der Gruppe und die Entwicklungen während des Arbeitsprozesses reagieren kann, je genauer sie für einzelne Phasen der Sitzung konkrete Arbeitsverfahren vorbereitet hat.

Bei der Erarbeitung ihres Fahrplans hilft der Moderatorin ein umfangreicher Fragenkatalog. Dieser enthält das »Maximalprogramm« für eine moderierte Arbeitssitzung.

Nicht jede dieser Fragen wird in einen gesonderten Arbeitsschritt umgesetzt werden. Je nach konkreter Situation findet jeder Punkt mal mehr oder weniger ausgeprägt Eingang in die Sitzung. Die Moderatorin weiß aber, dass sie nichts vergessen wird, wenn sie Frage für Frage sorgfältig durchgeht.

Die Moderatorin überlegt also bereits vorher, wie die konkrete Situation, ihr Auftrag, die Gruppe oder die Rahmenbedingungen die Durchführung der einzelnen Punkte beeinflussen könnten.

Das Ergebnis dieses Vorbereitungsschrittes ist ein schriftlicher Fahrplan für die Durchführung der moderierten Arbeitssitzung. Neben den einzelnen Arbeitsschritten enthält er die geplanten Zeiten, Formulierungsvorschläge für die Arbeitsfragen, Hinweise für die Anfertigung von Visualisierungen sowie persönliche Regieanweisungen.

Für die Vorbereitung der einzelnen Schritte des Hauptteils hat sich in der Praxis folgendes (S. 43) Arbeitsblatt bewährt:

Fragen zur Vorbereitung der Einleitung

- Wie begrüße ich die Teilnehmer?
- Wie stelle ich Anlass und Hintergrund der Sitzung dar? Wird dies vielleicht sogar der Auftraggeber tun? Wie bereite ich ihn dann dafür vor?
- Wie erläutere ich den Teilnehmern die Besonderheiten einer moderierten Sitzung?
- Wie erkläre ich den Teilnehmern die Besonderheiten meiner Rolle als Moderatorin?
- Wie stelle ich das Ziel (oder die einzelnen Teilziele) der Sitzung dar? *Oder*
- Wie unterstütze ich die Gruppe bei der Zielfindung und -formulierung?
- Wie erfasse ich die Erwartungen der Teilnehmer an die moderierte Sitzung und gleiche sie mit dem Ziel der Veranstaltung ab?
- Wie erfasse ich die Stimmungen in der Arbeitsgruppe und erreiche, dass mögliche Störungen vor dem Einstieg in die Arbeit geäußert, bearbeitet oder geparkt werden?
- Welche Spielregeln für den Umgang miteinander möchte ich anbieten und mit der Gruppe vereinbaren?
- Wie stelle ich den von mir Ablauf und den Zeitrahmen der gesamten Sitzung vor?
- Wie viel Zeit will ich mir für die Einleitung insgesamt nehmen?

Fragen zur Vorbereitung des Hauptteils

- Welche Arbeitsschritte biete ich der Gruppe zur Bearbeitung des ersten Teilziels an?
- Welche Moderationsverfahren schlage ich der Gruppe für die Bearbeitung der einzelnen Arbeitsschritte vor?
- Wie lauten die konkreten Arbeitsfragen und spezifischen Ziele für die einzelnen Arbeitsschritte, die ich anbieten werde?
- Wie visualisiere ich Ziele, Spielregeln und Arbeitsfragen der verschiedenen Moderationsverfahren?
- Wie organisiere ich die Ergebnissicherung der einzelnen Arbeitsschritte?
- Wie viel Zeit benötigt die Gruppe erfahrungsgemäß für die einzelnen Schritte?

Fragen zur Gestaltung des Abschlusses der Sitzung

- Wie gestalte ich den Aktionsplan/Maßnahmenplan für das weitere Vorgehen im Anschluss an die Sitzung? ·
- Welche Methoden kann ich der Gruppe anbieten, damit vereinbarte Maßnahmen in der Praxis möglichst hohe Realisierungschancen haben und nicht schon nach wenigen Tagen als Luftblasen zerplatzen?
- Wie viel Zeit wird die Bearbeitung des Arbeitsspeichers voraussichtlich in Anspruch nehmen?
- Mit welchem Verfahren und welcher Fragestellung biete ich der Gruppe eine mögliche Stimmungsabfrage nach Beendigung der inhaltlichen Arbeit an?
- Wie gestalte ich den Abgleich der Erwartungen, die die Teilnehmer zu Beginn der Sitzung geäußert haben, mit den erzielten Ergebnissen?
- Für den Fall, dass es ein Folgetreffen geben wird: Was kann am Ende der Sitzung schon für die Vorbereitung der Folgesitzung getan werden?
- Welche Fragestellung biete ich der Gruppe für die Rückmelderunde zur moderierten Sitzung und zu meiner Tätigkeit als Moderatorin an?
- Wie verabschiede ich mich von der Gruppe?
- Wie viel Zeit plane ich für den gesamten Abschluss der Sitzung ein?

Vorbereitungsblatt für Moderationen

Thema:

....

....

....

Wie lautet das konkrete Ziel für das Thema?

....

....

....

....

Welches Verfahren erscheint mir für das Thema am geeignetsten? Mit welchen Arbeitsschritten soll die Gruppe das Thema bearbeiten?

....

....

....

....

....

....

Wie lauten die Arbeitsfragen, die ich zu Beginn eines jeden Arbeitsschrittes stellen möchte?

....

....

....

....

....

....

....

Geplanter Zeitbedarf:

....

Die Planung der Rahmenbedingungen

Der Ort, der Raum. Welcher Raum für die moderierte Sitzung in Frage kommt, hängt ab von den Gegebenheiten vor Ort, den Kosten und den technischen Möglichkeiten. Es macht in der Regel wenig Sinn, für wöchentlich durchgeführte ein- bis zweistündige moderierte Besprechungen in ein abgelegenes, technisch perfekt ausgestattetes Tagungshotel auszuweichen. Trifft sich dagegen eine Gruppe zu einer moderierten, ein- bis zweitägigen Klausurtagung, dann bietet sich ein solcher Ort an. Dort kann dann, von der Alltagshektik ungestört, bis spät in die Nacht hinein gearbeitet werden. Im Übrigen sollte der Raum folgende Bedingungen erfüllen:

- ausreichende Größe, als Faustregel gilt: rund fünf bis sieben Quadratmeter pro Teilnehmer;
- Möglichkeit zu ungestörtem Arbeiten, also beispielsweise keine Störungen durch Telefon (Verbannung aller Handys!), Kollegen, Kunden;
- ausreichende Visualisierungsmöglichkeiten (Flipchart, Tafel, mehrere Pinnwände).

Die Arbeitsmittel. Die Moderationsmethode erfordert natürlich auch eine umfangreiche Ausrüstung, allgemein Moderationskoffer genannt, um für alle Pinn- und Klebe-Eventualitäten gewappnet zu sein. Mehrere Anbieter stellen zur Verfügung, was das Moderatorenherz begehrt. Beispielsweise die Oberschwäbischen Werkstätten für Behinderte in Sigmaringen oder die Firmen Neuland, Nitor, Ultradex, Franken und Printus. Die meisten von ihnen bieten auch elegante Moderationskoffer an, fertig gefüllt mit unterschiedlichen Karten, Stiften, Klebern etc., alles in passenden Fächern. Wem diese maßgefertigte Moderationskollektion zu teuer ist, der sollte sich mit Karten und Stiften nach seinen eigenen Bedürfnissen ausrüsten und gelegentlich einmal nach einem stabilen Fotokoffer aus dem Sonderangebot eines großen Warenhauses Ausschau halten.

Das Einladungsschreiben. Die Gruppenmitglieder sollten möglichst frühzeitig über die moderierte Arbeitssitzung informiert werden. Die Einladung kann vom Auftraggeber und/ oder vom Moderator verfasst sein. Eine vollständige Einladung enthält:

- Zeiten: Anfangszeit, Dauer,
- Ort, Raum,
- Hintergrund/Anlass,
- Ziel und Teilziele,
- Ablauf/Tagesordnung soweit schon bekannt,
- Beteiligte,
- Durchführende, also kurze Nennung/Vorstellung von Moderatorin oder Moderator.

Zur persönlichen Orientierung:
Die Grundausrüstung für eine Moderation

- Verschiedenfarbige Pinnwandkarten oder Karteikarten als Rechtecke, Quadrate, große oder kleine Kreise, Ovale in ausreichender Menge;
- Filzschreiber für Textformulierungen in unterschiedlichen Farben (mitteldick, zum Beispiel Edding Nr. 1 oder 500, Faber Castell), pro Teilnehmer mindestens ein Stift;
- dicke Filzschreiber für Überschriften in rot, blau, schwarz und grün (zum Beispiel Edding 800);
- Tesakreppband, um Plakate an den Wänden zu befestigen;
- Klebematerial als Stifte oder Roller, fest haftend oder löslich, um die Karten an den Pinnwänden zu befestigen;
- alternativ einen ungiftigen und FCKW-freien Sprühkleber;
- alternativ dazu Pinn-Nadeln (mehrere Schachteln);
- Klebepunkte (zwei Farben reichen aus);
- Papierschere;
- Digitalkamera;
- je nach technischer Ausstattung der Räume: Overhead-Folien und Folienstifte, Laptop, Beamer.

Der Ablauf einer moderierten Arbeitssitzung

In der Praxis lassen sich viele Möglichkeiten beobachten, eine moderierte Sitzung zu eröffnen, durchzuführen und zu beenden. Die meisten Moderatoren entwickeln im Laufe der Zeit ihre eigene Vorgehensweise, mit der sie erfolgreich arbeiten.

Wir wollen Ihnen ein sehr ausführliches Phasenmodell für den Einstieg, den Hauptteil und den Schlussteil einer moderierten Arbeitssitzung anbieten. Es kann als Vorlage für die eigene Praxis dienen und sollte auf jeden Fall situations- und gruppenabhängig verändert und angepasst werden.

In der folgenden Darstellung wird in die verschiedenen Moderations- beziehungsweise Gruppenarbeitsverfahren, wie zum Beispiel das »Karten-Antwort-Verfahren«, jeweils nur knapp eingeführt, um den Lesefluss nicht zu beeinträchtigen.

Einleitungsteil

Übersicht über die einzelnen Schritte

- Begrüßung, persönliche Vorstellung;
- Anlass und Hintergrund der Gruppenarbeit/Sitzung;
- Kurzdarstellung der Moderationsmethode und der Rolle des Moderators;
- Bereitschaft der Gruppe abklären, sich auf die Moderationsmethode und die Person des Moderators einzulassen;
- das zu Beginn der Sitzung vorliegende Ziel für die moderierte Sitzung vorstellen und mit der Gruppe abklären beziehungsweise das Ziel der Sitzung durch die Gruppe erarbeiten und formulieren lassen;
- Stimmungen und Einstellungen der Teilnehmer abfragen;
- Erwartungen der Teilnehmer an die Sitzung abfragen;
- Spielregeln für den Umgang der Teilnehmer miteinander vereinbaren;
- Fragenspeicher vorstellen;
- Ablauf der Sitzung und Zeitrahmen klären.

Begrüßung und persönliche Vorstellung. Eine freundliche Begrüßung ist der erste Schritt zu einem offenen und konstruktiven Arbeitsklima. Ist der Moderator den Teilnehmern der Sitzung nicht bekannt, empfiehlt sich an dieser Stelle eine kurze persönliche Vorstellung.

Anlass und Hintergrund der Sitzung. Es kommt immer wieder vor, dass den Teilnehmern Anlass und Hintergrund der Veranstaltung nicht ausreichend bekannt sind. Bevor sie sich aktiv auf einen Arbeitsprozess einlassen können, wollen sie aber wissen, warum die Sitzung einberufen wurde, was vorher geschehen ist und was in dieser Veranstaltung alles erreicht werden soll. Dieser Informationsteil kann vom Moderator, von geladenen Experten, Gruppenmitgliedern selbst oder vom Auftraggeber übernommen werden.

Methode und Moderator. Viele kennen die klassische Besprechungsleitung. Wenig vertraut sind sie jedoch mit einem Vorgehen, in dem der Moderator sich bewusst inhaltlich unparteiisch und personenbezogen neutral verhält und die Gruppe »lediglich« methodisch unterstützt. Fremd ist vielen der Teilnehmenden oft auch ein Vorgehen, bei dem sie selbst die Verantwortung für die Inhalte tragen und sich dabei nicht hinter einem Leiter »verstecken« können.

Für Gruppen ohne Moderationserfahrung ist es daher notwendig, sowohl die Methode an sich als auch die Rollenaufteilung zwischen Moderator und Gruppe zu erläutern. An dieser Stelle kann der Moderator erläutern, unter welchen Bedingungen er auch einmal inhaltlich Stellung bezieht und wie er diesen Rollenwechsel vornehmen wird. Damit können Irritationen während des Arbeitsprozesses vermieden werden. Diese Vorstellung kann je nach Länge der gesamten Arbeitssitzung sehr kurz –

zwei bis drei Minuten – oder bei längeren Workshops, wie in unserem Beispiel, auch ausführlich und daher etwas länger erfolgen.

In *unserem Beispiel* hat die Moderatorin für die Teilnehmer zwei Visualisierungen vorbereitet: ein Textblatt und eine kleine Grafik. Textblatt und Diagramm beinhalten folgende Punkte:

Als **Arbeitsgruppe** sind Sie

- verantwortlich für die Qualität des inhaltlichen Ergebnisses,
- mitverantwortlich für die Zielverfolgung, das Einhalten der vereinbarten Regeln und des vereinbarten Zeitplans,
- mit verantwortlich für das Arbeitsklima in der Sitzung.

Als **Moderatorin**

- bin ich inhaltlich unparteiisch und personenbezogen neutral,
- bin ich verantwortlich für das Angebot an Arbeitsverfahren und deren regelgerechte Durchführung,
- mache ich Ihnen Vorschläge für Regeln, die den Umgang untereinander während der Arbeitssitzung unterstützen, und helfe Ihnen dabei, derartige Regeln bei Bedarf selbst zu formulieren und zu vereinbaren,
- schlage ich Ihnen einen Zeitplan für Ihre Sitzung vor,
- unterstütze ich Sie bei der Zielverfolgung und weise Sie bei Abweichungen auf dem Weg zum Ziel darauf hin,
- teile ich Ihnen die Situationen mit, bei denen ich den Eindruck habe, dass Störungen die Zielerreichung gefährden. So können Sie entscheiden, wie Sie weiter fortfahren wollen. Dazu werde ich Ihnen auch Vorschläge machen.

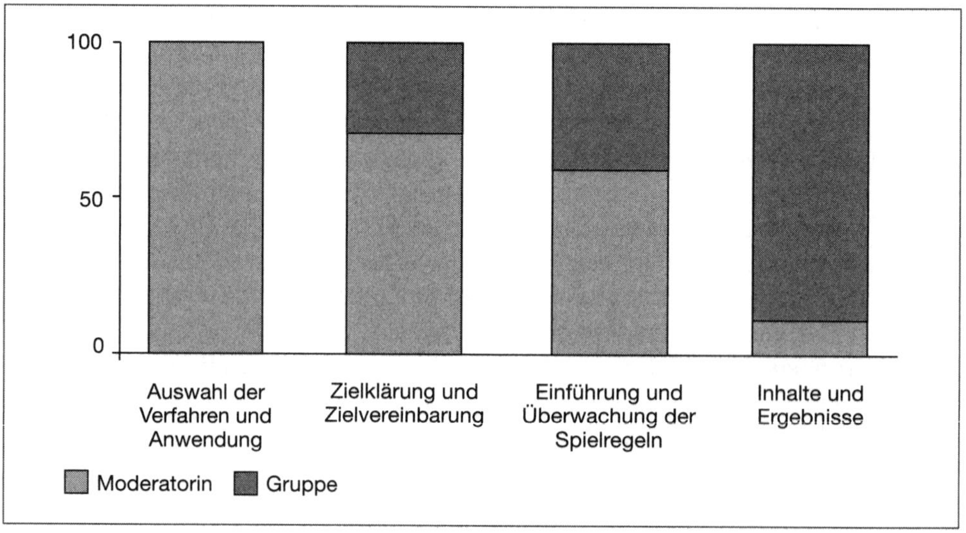

Gruppen, deren Mitglieder noch nie mit der Moderation in Berührung gekommen sind, entfachen an dieser Stelle in der Praxis häufig Diskussionen über Sinn, Effizienz und Praxisangemessenheit eines solchen Vorgehens beziehungsweise dieser Rollenverteilung. Erfahrene Moderatoren nehmen sich an dieser Stelle Zeit und begründen die Hintergründe und die Chancen der Methode. Bei Unklarheiten bieten sie weitere Informationen an, beantworten offene Fragen und gehen auf mögliche Einwände und Befürchtungen ein. Gleichzeitig werben sie in der Gruppe dafür, sich auf diese Praxiserfahrung einzulassen. Sollten die Widerstände – was in der Praxis jedoch immer seltener vorkommt – gegen eine Moderation zu groß sein, kann sie nicht stattfinden. Der Moderator wird dann sein Angebot, die Gruppe zu begleiten, zurücknehmen müssen.

Eine Moderation kann auch dann nicht gelingen, wenn – aus welchen Gründen auch immer – der Moderator selbst keine Akzeptanz bei den Teilnehmern findet. Daher klären Moderatoren – unabhängig von ihren Vorgesprächen während der Vorbereitung – zu Beginn der ersten Sitzung kurz mit der Gruppe ab, ob und welche möglichen Bedenken es gegen die Person des Moderators in der Gruppe gibt. Dies kann mit einer direkten Frage erfolgen »Wo sehen Sie Bedenken in unserer Zusammenarbeit?« oder mit einer indirekten »Welche Informationen benötigen Sie noch über mich, bevor wir weitermachen?«. Auch hier geben sie auf Nachfrage zusätzliche Informationen und beantworten anstehende Fragen.

Zielvorstellung und Zielvereinbarung. Auch wenn den Teilnehmern das Ziel der Sitzung aus der Einladung bekannt sein sollte oder wenn es bei der Diskussion von Hintergrund und Anlass der Veranstaltung schon kurz thematisiert wurde, so ist es vor Beginn der eigentlichen inhaltlichen Arbeit unverzichtbar, über das genaue Ziel der Veranstaltung in der Gruppe Einverständnis herzustellen. Dies geschieht möglichst schriftlich auf dem Flipchart oder einer Tafel. Der Moderator klärt dann mit den Teilnehmern, ob diese Zielstellung von allen verstanden wird und wo noch Fragen sind.

Für den Fall, dass ein vorgegebenes Ziel in der Gruppe nicht akzeptiert wird, kann eine Um- oder Neuformulierung vereinbart werden. Dabei wird auch zur Sprache kommen, unter welchen Bedingungen eine solche Zielveränderung überhaupt »in der Macht« der Gruppe liegt. In der Praxis kann ein von einem Auftraggeber vorgegebenes Ziel nicht beliebig verändert werden. Veränderungen, die im Sinne des Auftrags sind, können jedoch vorgenommen werden. Hier gilt es für den Moderator, die Gruppe eindringlich auf die Bedeutung einer Zielveränderung hinzuweisen. Hat die Gruppe gegen das Ziel Bedenken, will es jedoch nicht verändern, sollte sie Klarheit darüber herstellen, wie mit dem vorgegebenen Ziel dennoch produktiv gearbeitet werden kann.

Dieses Vorgehen mag auf den ersten Blick umständlich und sogar kleinlich erscheinen. Wir werben jedoch eindringlich dafür, die Zielbestimmung und -vereinbarung so sorgfältig wie möglich zu gestalten. Denn aus Erfahrung wissen wir, wie chaotisch und ergebnislos Sitzungen verlaufen können, in denen entweder das Ziel für alle Gruppenmitglieder nicht gleichermaßen verständlich war oder von einigen Teilnehmern nicht akzeptiert wurde.

Die endgültige Zielformulierung bleibt während des gesamten Arbeitsprozesses für alle sichtbar visualisiert. Dies erleichtert der Gruppe und dem Moderator die Arbeit erheblich.

Das Ziel erarbeitet die Gruppe. In den Fällen, in denen das Ziel einer Arbeitssitzung von der Gruppe selbst formuliert werden kann, wird der Moderator diesen Prozess unterstützen. Beispielsweise sammelt er erste Formulierungsvorschläge, die in der Gruppe diskutiert werden und die er auf dem Flipchart mitschreibt. Die Gruppe verständigt sich auf eine abschließende Formulierung. Das erarbeitete Ziel sollte drei Mindestforderungen genügen:

- Es sollte von allen Gruppenteilnehmern gleichermaßen verstanden werden. Es muss also eindeutig formuliert und für alle sichtbar visualisiert werden.
- Es sollte von allen Teilnehmern der Sitzung akzeptiert, zumindest jedoch nicht konterkariert werden. Es erschwert die Arbeit, wenn Personen in einer Gruppe mitarbeiten sollen, die an einer bestimmten Zielerreichung überhaupt nicht interessiert sind.
- Es sollte in der zur Verfügung stehenden Zeit wirklich realistisch zu bearbeiten sein.

Stimmungen und Einstellungen der Teilnehmer. In *unserem Beispiel* weiß die Moderatorin von ihrem Auftraggeber, dass die erste Sitzung mit den Meistern und Ingenieuren relativ problematisch verlief. Sie vermutet, dass die Teilnehmer der heutigen Sitzung eher mit gemischten Gefühlen an die Arbeit gehen und vielleicht sogar mit Vorurteilen dem Treffen gegenüberstehen. Deshalb hat sie sich entschlossen, die Stimmungslage der Gruppe für alle transparent zu machen. Die Gruppe soll einen Eindruck von der »Gefühlslandschaft« bekommen, in der sie die Arbeit beginnt. Dadurch lassen sich möglicherweise Störungen im Vorfeld bearbeiten sowie die Bereitschaft zur Mitarbeit verstärken. Diese Überlegungen teilt sie der Gruppe auch mit. Aus ihrer langjährigen Erfahrung weiß sie, dass eine Stimmungsabfrage nur dann gelingt, wenn die Gruppe über den Hintergrund und die Ziele dieses Verfahrens genau informiert ist.

Als Methode wählt sie das »Ein-Punkt-Verfahren«. Die Teilnehmer haben die Möglichkeit, auf ein zweidimensionales Feld einen Punkt zu kleben und damit Stellung zu zwei von der Moderatorin angebotenen Fragen zu beziehen. Das Punkten kann auch anonym erfolgen, dann haben die Achsen Skalierungen und die Teilnehmer schreiben auf die Klebepunkte zwei Zahlen (beispielsweise »2/8« für den linken Punkt auf unserer Abbildung). In diesem Fall sammelt die Moderatorin die Punkte ein und klebt sie auf die Wand.

Die Teilnehmer kleben ihre Punkte auf das vorbereitete Plakat. Das Ergebnis sieht folgendermaßen aus:

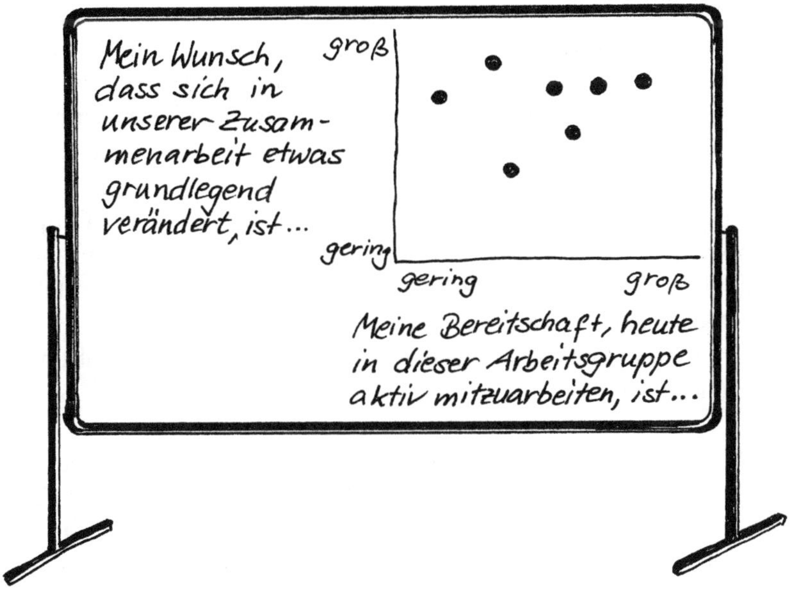

Die Moderatorin bittet die Teilnehmer um kurze Stellungnahmen zum Gesamtbild. In der Sammlung wird deutlich, dass es zum einen einen relativ eindeutigen »Leidensdruck« in Richtung Veränderungen gibt. Zum anderen wird die Bereitschaft zur Mitarbeit differenziert gesehen. Einige meinen, dass Veränderungen in dieser Firma sowieso nicht stattfinden würden, wieso sollte man sich also besonders engagieren. Andere dagegen sehen nach den Vorgesprächen mit dem Vorgesetzten und in der Einberufung dieses in ihren Augen aufwendig gestalteten Treffens ein positives Signal für Veränderungen und wollen die Chance auch nutzen. Nach diesem Meinungsaustausch fragt die Moderatorin danach, was es im Hinblick auf die von ihr mitgeschriebenen Bilderläuterungen noch zu besprechen oder zu regeln gibt, damit alle engagiert weiterarbeiten können. Erst dann kann mit der Gruppensitzung fortgefahren werden. Die Gruppe sieht im Moment keinen akuten Handlungsbedarf und beschließt, mit dem nächsten Schritt weiterzumachen.

In vielen moderierten Sitzungen im betrieblichen Alltag unterbleibt eine Stimmungs- oder Einstellungsabfrage. Oft lässt eine knappe Zeitvorgabe für eine Sitzung, beispielsweise eine Stunde, kaum Raum für einen Prozess, der sich nicht auf die Minute genau planen lässt. Oft traut sich aber auch der Moderator nicht an Fragen heran, die Gefühle auslösen und und richtig »Stimmung machen« können. Letztlich entscheidet der Moderator, ob er zu Beginn einer Sitzung eine Stimmungsabfrage machen möchte oder nicht.

Unsere Empfehlung: Sollte sich der Moderator für eine Stimmungsabfrage entscheiden, sollte er unbedingt dieses Verfahren sorgfältig planen, also die Fragen an die

Teilnehmer genau überlegen und visualisieren, das Verfahren mit Hintergrund und Ziel erläutern und nach dem Auswerten auch nach Konsequenzen für das weitere Vorgehen fragen. Nur dann entfaltet eine Stimmungsabfrage ihre Stärken: Gefühle und Einstellungen der Gruppenmitglieder dem inhaltlichen Thema gegenüber werden für alle Teilnehmer am Arbeitsprozess transparent. Denn in der Regel sind es diese Gefühle und Einstellungen, die die Behandlung der Inhalte massiv beeinflussen. Und diese inhaltliche Behandlung erfolgt in vielen Gruppen störungsfreier, wenn Klarheit darüber besteht, wie es den Einzelnen mit dem Thema, der Gruppe oder der Sitzung geht.

Diese Klarheit gilt natürlich für die Teilnehmer selbst, die sich in der Gruppe verorten können, aber auch für den Moderator, der ausgehend vom Stimmungsbild erste Hinweise auf mögliche Störungen im Verlauf des Arbeitsprozesses bekommt und diesen frühzeitig entgegenarbeiten kann.

Als Alternative zur Ein-Punkt-Abfrage bietet sich für eine Stimmungsabfrage auch das Blitzlicht an (siehe Seite 68f.).

Erwartungen der Teilnehmer. Die Teilnehmer einer Sitzung haben Erwartungen an das, was dort geschehen soll. Zwar hört man gelegentlich die Aussage: »Ich habe keine Erwartungen, ich warte einmal ab, was kommt«, aber auch das ist häufig nur eine Umschreibung der Erwartung, »in den nächsten Minuten von den anderen oder der Leitung Interessantes geboten zu bekommen«.

Transparente Erwartungen helfen den *Gruppenmitgliedern*

- zu verstehen, wofür sich die Einzelnen engagieren; dadurch kann ein offener Meinungsaustausch gefördert werden;
- zu erkennen, wo es Überschneidungen mit den eigenen Erwartungen gibt: »Ich bin in diesem Punkt nicht allein, es gibt andere, denen geht es genauso«;
- zu erkennen, wo es Minderheitenerwartungen gibt, mit denen sich die Gruppe beschäftigen sollte.

Für den *Moderator* ist die Kenntnis der Erwartungen deshalb wichtig, weil er

- die Verfahren, die er anbieten will, auf diese Erwartungen ausrichten und
- auf eine mögliche Diskrepanz zwischen den Erwartungen der Teilnehmer und deren Realisierung in der Sitzung (beispielsweise wegen Zeitknappheit) aufmerksam machen kann.

Werden Erwartungen zu Beginn der Sitzung geäußert, wird der Moderator am Ende im Rahmen eines Erwartungsabgleiches darauf zurückkommen, um der Gruppe einen Eindruck über das Erreichte zu vermitteln. Die Erwartungsabfrage kann mit verschiedenen Verfahren durchgeführt werden, beispielsweise mit dem Karten-Antwort-Verfahren oder Zuruf-Antwort-Verfahren.

Regeln. Regeln, die den Umgang der Gruppenmitglieder untereinander unterstützen, können zu Beginn einer Sitzung oder im Laufe der Arbeit formuliert und vereinbart werden.

In *unserem Beispiel* beschließt die Moderatorin, zu Beginn der Sitzung noch keine Regeln vorzugeben. Sie hat zwar eine Liste mit Vorschlägen vorbereitet, will aber erst im Arbeitsprozess entscheiden, ob sie die Gruppe darauf ansprechen wird. Der Grund dafür: Sie hat in ihrer Praxis gute Erfahrungen mit Regeln gemacht, die, ausgelöst durch konkrete Probleme während des Arbeitens (Vielredner lassen andere nicht zu Wort kommen, gegenseitig werden Meinungen nicht beachtet, immer wieder weichen Teilnehmer vom roten Faden ab), von der Gruppe selbst formuliert und vereinbart wurden.

Fragenspeicher. Die Moderatorin stellt den Teilnehmern kurz den Fragenspeicher vor, ein leeres Flipchartblatt, auf dem als Überschrift »Fragenspeicher« steht. Sämtliche Fragen, aber auch Einwände und »Killerargumente«, die während des gesamten Arbeitsprozesses auftreten und nicht sofort beantwortet oder geklärt werden können. – »Wir können gar nicht weiterarbeiten, bevor wir nicht wissen, ob IT für diesen Prozess überhaupt Kapazitäten reserviert hat«, werden für alle sichtbar aufgeschrieben und damit »geparkt«, beispielsweise: »Kapazitäten bei IT klären«.

In vielen Arbeitsgruppen hat sie die Erfahrung gemacht, dass sie mit diesem Hilfmittel sehr viele Störungen aus dem aktuellen Arbeitsfluss herausnehmen kann. Die Anliegen der jeweiligen Teilnehmer werden ernst genommen, aufgeschrieben und am Ende der Sitzung aufgegriffen und sorgfältig bearbeitet.

Ablauf der Sitzung und Zeitrahmen. Die Moderatorin stellt der Gruppe schließlich ihren Vorschlag für den Ablauf der inhaltlichen Arbeit vor, erläutert und begründet die einzelnen Teilschritte und den geschätzten Zeitaufwand für die Bearbeitung. Anschließend holt sie das Einverständnis der Gruppe für dieses Vorgehen ein: »Ist dieses Vorgehen so okay für Sie?« oder »Welche Fragen haben Sie noch zum Vorgehen?« Gibt es Bedenken gegen einzelne Schritte oder Verfahren, begründet die Moderatorin noch einmal die Wahl ihres Vorschlags. Sie ist aber auch in der Lage, alternative Vorgehensweisen anzubieten. Je erfahrener ein Moderator ist, desto mehr methodische Vorgehensweisen und Arbeitsverfahren kann er aus seinem Werkzeugkoffer anbieten.

In unserem Beispiel dauern sämtliche Einführungsschritte zusammen insgesamt etwa 45 Minuten.

Hauptteil

Im Hauptteil einer moderierten Gruppenarbeit erfolgt die eigentliche inhaltliche Bearbeitung des jeweiligen Themas. Die besondere Herausforderung für einen Moderator besteht zum einen darin, Arbeitsschritte und Arbeitsverfahren anzubieten, die einen lebendigen und auf das Ziel hin ausgerichteten Arbeitsverlauf ermöglichen. Zum anderen muss er in der Lage sein, konkrete Formulierungsvorschläge für Arbeitsfragen zu machen, die »auf den Punkt genau« die Handlungen anstoßen, die wirklich notwendig sind, um das anvisierte Ziel oder Teilziel zu erreichen.

In der Praxis kommt es vor, dass mit Hilfe einzelner Moderationsverfahren eine Menge an Informationen erzeugt wird, mit denen in kurzer Zeit nicht mehr sinnvoll gearbeitet werden kann. Beispiel: Zehn Teilnehmer schreiben jeweils zehn Karten zu drei Fragen, macht 300 Karten. Häufig stehen Informationen auch nur in lockerem Zusammenhang zum eingangs vereinbarten Ziel, zum Beispiel wenn die Arbeitsfrage für das Kartenschreiben zu unspezifisch formuliert wurde: »Was fällt uns alles zum Thema ›Meister und Ingenieure‹ ein?«

Der Moderator muss sich also in seiner Vorbereitung genau überlegen, welche Arbeitsschritte, welche Verfahren und vor allem welche Fragen in der zur Verfügung stehenden Zeit am besten zum Ziel führen. Weniger Komplexität ist oft sinnvoller als große »Kartenschlachten«.

Wir wollen eine Möglichkeit, den Hauptteil einer moderierten Sitzung zu gestalten, an *unserem Beispiel* illustrieren.

Für das erste Ziel – »Sammeln und Formulieren aller zurzeit offenen Fragen in der Zusammenarbeit zwischen Meistern und Ingenieuren« – schlägt die Moderatorin zuerst das Karten-Antwort-Verfahren vor. Damit sollen Themen, Fragen oder Probleme gesammelt und anschließend zu inhaltsverwandten Gruppen, also Clustern zusammengefasst werden.

Vorgehen im Hauptteil

Die in *unserem Beispiel* gewählte Möglichkeit, den Hauptteil einer moderierten Sitzung zu strukturieren, sieht folgendermaßen aus:

- Sammeln von Themen und Informationen (hier: Fragen oder Probleme).
- Sortieren der gesammelten Informationen. Bilden von inhaltlich zusammenhängenden Informationsgruppen/Clustern.
- Kleingruppenarbeit: Verdichten der in den gebildeten Clustern enthaltenen Informationen.
- Bilden einer Rangreihe aller verdichteten Formulierungen.
- Plenumsdiskussion: strukturierte Ideensammlung zu ersten Umsetzungsschritten in der Praxis.

Die Moderatorin erläutert der Gruppe Ziel, Ablauf, Zeitansatz und Regeln dieses Verfahrens. Sie klärt offene Fragen zur Durchführung und schlägt als Arbeitsfrage vor: »Welche zurzeit offenen Fragen und Themen, die die Zusammenarbeit zwischen Meistern und Ingenieuren behindern, müssen aus meiner Sicht in unserer Firma bearbeitet werden?«

Die Sitzungsteilnehmer erhalten Karten, auf denen sie ihre Antworten schreiben können. Die Moderatorin weist besonders darauf hin, dass die Antworten so verständlich wie möglich formuliert werden, damit jede Karte ohne Erläuterungen des Kartenschreibers von allen in der Gruppe verstanden und weiterverarbeitet werden kann. Sie weiß aus Erfahrung, dass die meisten Teilnehmer mit dieser Regel die größten Probleme haben. Häufig werden Karten geschrieben, deren genaue Bedeutung erst mühsam in der Gruppe diskutiert oder vom Schreiber mündlich erläutert werden muss. Diskussionsschleifen wie: »Was heißt das denn, wenn auf der Karte steht ›Zeitverzögerung‹?« »Was bedeutet …?« »Nein, ich glaube, das meint etwas ande-res …!« »Wer hat denn diese Karte geschrieben?« – kosten Zeit und können durch eine selbst-verständliche Formulierung vermieden werden.

Nach etwa zehn Minuten sammelt die Moderatorin alle geschriebenen Karten ein. Sie werden zu Clustern (gelegentlich auch »Gruppen« oder »Klumpen« genannt) zusammengefasst. Die Moderatorin liest dafür die einzelnen Antworten vor, und die Teilnehmer entscheiden gemeinsam, welche Karten zu Gruppen zusammengehören. Jede neu vorgelesene Karte wird so einer der gebildeten Gruppen an der Pinnwand zugeordnet oder bildet die erste Karte einer neuen Gruppe. Auf diese Weise entstehen recht schnell verschiedene Themenbereiche.

Die Entscheidung über die Zuordnung der einzelnen Karten fällt die Gruppe. Die Moderatorin hält sich aus der inhaltlichen Diskussion vollständig heraus. Sie gibt keine Entscheidungshilfen für das Zuordnen, äußert keine Interpretationen, wie sie persönlich den Inhalte einer Karte versteht. Sie wiederholt die unterschiedlichen Meinungen in der Gruppe, fasst Entscheidungen zusammen und stellt immer wieder Fragen, die zur Klärung offener Punkte beitragen.

Für die Bildung der Kartengruppen bekommt die Gruppe 30 Minuten Zeit. Bei komplexeren Fragestellungen und einem breiten Meinungsspektrum, sowie engagierten Teilnehmern kann dieser Prozess auch gut doppelt oder dreimal so lange dauern.

Während der Zuordnung der Karten kommt es in der Gruppe immer wieder zu Diskussionen. Verschiedene Personen haben unterschiedliche Zuordnungsprinzipien, einzelne Teilnehmerfraktionen konkurrieren mit anderen. In dieser Phase achtet die Moderatorin besonders darauf, dass sie ihre inhaltliche Unparteilichkeit und personenbezogene Neutralität strikt einhält und sich nicht »vor den Karren« einzelner Meinungsmacher, Vorgesetzter, Mehrheiten oder auch Minderheiten »spannen« lässt.

Im Verlauf der Diskussion treten auch Fragen auf, die im aktuellen Arbeitsschritt keinen Platz haben. Beispielsweise die Frage danach, wie eine befreundete Zulieferfirma die Kommunikation zwischen Meistern und Ingenieuren geregelt hat. Eines der Gruppenmitglieder hatte gehört, dass »die ähnliche Probleme hatten und sie super gelöst haben ...«

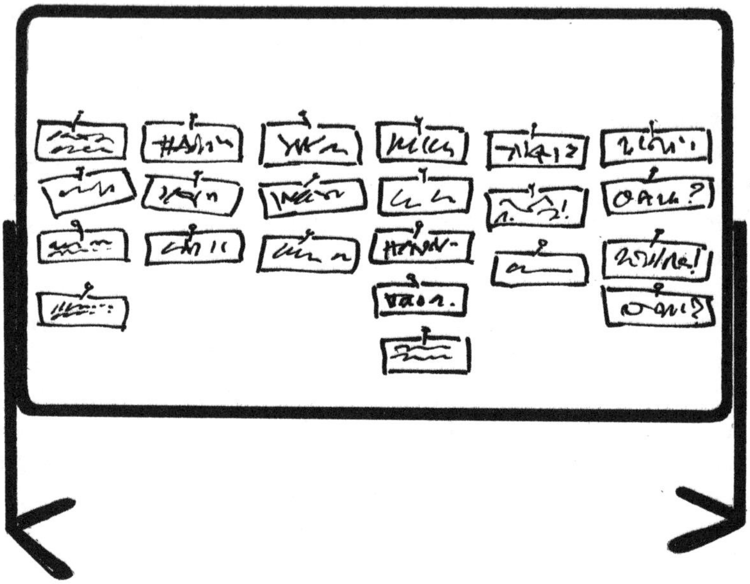

Da diese Frage im Augenblick nicht beantwortet werden kann und soll, schlägt die Moderatorin vor, sie im Fragenspeicher zu parken. Dazu wird die Frage aufgeschrieben und sichtbar an die Wand gehängt. Am Ende der Moderation soll entschieden werden, wie mit dem Punkt weiter verfahren wird.

Nachdem alle Karten einer Themengruppe zugeordnet und auf diese Weise sechs Gruppen entstanden sind, schlägt die Moderatorin den nächsten Arbeitsschritt vor. Zu jeder Gruppe soll mindestens eine konkrete Fragestellung formuliert werden, die jeweils den Inhalt möglichst vieler Karten der Gruppe aufnimmt. Auf diese Weise sollen sämtliche Themen, die in den einzelnen Gruppen enthalten sind, als Fragen formuliert für die weitere Bearbeitung aufbereitet werden.

Da die Moderatorin aus Erfahrung weiß, dass diese Arbeit im Plenum selbst mit sieben Teilnehmern sehr zeitaufwendig ist, schlägt sie die Bildung von zwei Kleingruppen vor, gemischt aus Meistern und Ingenieuren. Jede Gruppe bekommt drei Kartengruppen und erarbeitet Formulierungsvorschläge, die sie dann im Plenum vorstellt und zusammen mit den anderen diskutiert. Ziel und Ablauf der Kleingruppenarbeit werden von der Moderatorin sorgfältig erklärt. Sie schlägt als Arbeitsauftrag vor: »Formulieren Sie für jede Kartengruppe mindestens eine Fragestellung, die den Sinngehalt möglichst aller/vieler Karten wiedergibt.«

Zur Unterstützung der Kleingruppenarbeit hat die Moderatorin ein Angebot an Hilfsregeln visualisiert:

- Nicht auf einen – zeitraubenden – hundertprozentigen Konsens hinarbeiten, sondern die Meinungsvielfalt in der Gruppe dokumentieren.
- Momentan nicht lösbare Meinungsunterschiede als solche kennzeichnen.
- Rollenverteilungen in der Gruppe klären: Wer koordiniert den Arbeitsprozess, wer schreibt mit, wer präsentiert später das Ergebnis?

Auch für die Kleingruppenarbeit bekommen die Gruppen wieder 30 Minuten Zeit.

Vertreter aus den Kleingruppen stellen im Anschluss an die Sitzung die Formulierungen der Fragen vor und berichten über offene Diskussionspunkte. Die Gesamtgruppe diskutiert die Frageformulierungen, ergänzt sie und »verabschiedet« dabei jeweils eine von allen getragene Formulierung. Auf diese Weise entstehen elf Fragestellungen und Problembereiche, die die zentralen »Knackpunkte« in der aktuellen Zusammenarbeit zwischen Meistern und Ingenieuren widerspiegeln.

Mit diesen vom Plenum verabschiedeten ausformulierten Fragestellungen haben die Teilnehmer das erste Ziel ihres Arbeitstreffens erreicht, das »Sammeln und Formulieren aller zurzeit offenen Fragen in der Zusammenarbeit zwischen Meistern und Ingenieuren«.

Für die kurzen Präsentationen und die anschließende Diskussion hat die Moderatorin eine Stunde vorgesehen.

Aus der Gruppe kommt anschließend der Wunsch, die einzelnen Fragestellungen nicht nur einfach untereinander zu schreiben, sondern sie nach Wichtigkeit zu ordnen. »Wir sind ja hier quasi als Experten tätig. Unser Arbeitgeber kann dann aus der Reihenfolge unsere Empfehlung ablesen, was wir als wichtigste Punkte zuerst angehen würden«, so einer der Meister. Die Moderatorin bietet der Gruppe für diesen Schritt ein besonderes Arbeitsverfahren an, das Gewichtungsverfahren. Gleichzeitig macht sie darauf aufmerksam, dass dessen Durchführung rund 20 Minuten dauern würde. Die Gruppe beschließt, diese »Zeitinvestition« zu tätigen.

Die Moderatorin erläutert die Vorgehensweise und das Ziel des Gewichtungsverfahrens. Mit der Gruppe klärt sie, nach welchem Kriterium die Rangfolge erstellt werden soll. Die Gruppe beschließt, dass danach gewichtet werden soll, welche Fragen die Einzelnen als besonders dringend erachten. Die Reihenfolge kann vom Vorgesetzten als Empfehlung gelesen werden, welche Themen vorrangig behandelt werden sollten. Die Moderatorin stellt die bisher erstellte Liste mit den verschiedenen Fragebereichen noch einmal vor. Für die Bewertung durch die Gruppenmitglieder hat sie die Bewertungsfrage visualisiert. Sie muss verständlich und eindeutig formuliert sein, damit allen das Kriterium, nach dem bewertet werden soll, gleichermaßen klar ist. Die aktuelle Bewertungsfrage lautet: »Welche der erarbeiteten Fragestellungen behindern aus meiner Sicht die Zusammenarbeit zwischen Meistern und Ingenieuren zurzeit am meisten und sollten daher vorrangig angegangen werden?«

Jeder Teilnehmer erhält sechs Klebepunkte und klebt diese in eine Spalte neben die seines Erachtens wichtigen Formulierungen. Die Moderatorin schlägt vor, dass höchstens drei Punkte auf eine Wahlmöglichkeit gehäufelt werden können. Auf diese Weise können die Teilnehmer Fragestellungen hervorheben, die für sie besonders wichtig sind. Nach dem Kleben zählen die Teilnehmer die Punkte aus und bilden so eine Rangfolge.

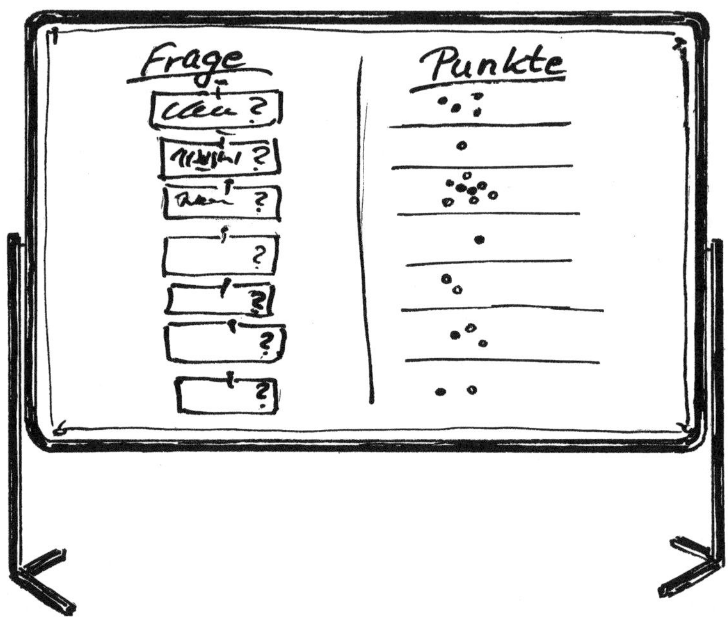

Sollte sich die Moderatorin dafür entscheiden, die Bildung der Rangreihe anonym zu gestalten, könnte sie die einzelnen Themen durchnummerieren und die Teilnehmer bitten, auf die Punkte die Nummer ihrer Wahl zu schreiben. Die Punkte werden eingesammelt und von der Moderatorin und helfenden Gruppenmitgliedern aufgeklebt. So wird beispielsweise vermieden, dass in einer konfliktreichen Situation ein Teilnehmer wartet, bis alle anderen ihre Punkte geklebt haben, um dann mit seiner Wahl möglicherweise als »Zünglein an der Waage« das Ergebnis in seine Richtung zu beeinflussen. Und noch ein kleiner, praktischer Tipp: Um auf keinen Fall Verwechslungen und Unstimmigkeiten aufkommen zu lassen, empfiehlt die Moderatorin die Zahlen 6 und 9 eindeutig als solche mit einem kleinen Punkt zu kennzeichnen, also 6. und 9.

Insgesamt hat die Gruppe im Einleitungsteil bisher rund dreieinhalb Stunden gearbeitet. Sie beschließt eine zwanzigminütige Pause.

Das nächste Ziel der Sitzung besteht in der »Entwicklung von ersten Umsetzungsideen darüber, wie die gesammelten und formulierten offenen Fragen in der Zusammenarbeit zwischen Meistern und Ingenieuren weiterbearbeitet werden können«. Für die Entwicklung eines ersten Katalogs lassen sich verschiedene Vorgehensweisen denken. Während ihrer Vorbereitung hatte die Moderatorin auch für diesen Schritt zunächst an eine Gruppenarbeit gedacht.

Erste Alternative. Zwei Kleingruppen, diesmal eine reine Ingenieur- und eine reine Meistergruppe, erhalten vier Arbeitsfragen, die sie für ausgewählte Fragestellungen – beispielsweise die zwei bis drei am höchsten gewichteten – beantworten sollen:

- Welches Vorgehen ist für die weitere Bearbeitung der jeweiligen Fragestellung denkbar?
- Was können wir als Meister (beziehungsweise als Ingenieure) bei der weiteren Bearbeitung der Fragestellung leisten?
- Was sollten die anderen, die Ingenieure (beziehungsweise die Meister) bei der weiteren Bearbeitung der Fragestellung tun?
- Wo sehen wir die Aufgaben unseres Vorgesetzten bei der Bearbeitung der Fragestellung?

Die Ergebnisse ergeben – im Plenum zusammengeführt – einen sehr differenzierten Vorgehensvorschlag für jede einzelne Fragestellung.

Zweite Alternative. Da eine solche Kleingruppenarbeit mit anschließendem Abstimmungsprozess sehr zeitaufwendig wäre, schlägt die Moderatorin eine strukturierte Ideensammlung zu sämtlichen Fragestellungen im Plenum vor. Zu jeder Fragestellung, angefangen mit der am höchsten gewichteten, sollen in einer moderierten Diskussion erste Ideen gesammelt werden. Die Fragen dazu:

- Wie könnten erste Schritte bei der Bearbeitung der jeweiligen Fragestellung aussehen?
- Welche Ziele sollten diese ersten Bearbeitungsschritte verfolgen?
- Wer sollte an der weiteren Bearbeitung der jeweiligen Fragestellung aus Sicht der Arbeitsgruppe unbedingt beteiligt sein?
- Welcher Zeitrahmen sollte für die hier angedachten ersten Schritte vorgesehen werden?

Die Moderatorin schreibt die Ergebnisse der kurzen Diskussionen mit. In dieser Diskussion muss es nicht um einen Konsens in allen Fragen gehen. Ziel ist eine von der Gruppe erstellte strukturierte Ideensammlung zu den verschiedenen Fragen. Diese Ideensammlung soll dem Vorgesetzen als Hilfsmittel dienen, wie mit den verschiedenen Problembereichen weiter verfahren werden kann.

Die Moderatorin schreibt die Ergebnisse für jede Frage auf eine eigene Pinnwandseite. So hat sie genügend Platz und kann das gesamte Blatt später abfotografieren und für die Dokumentation nutzen.

Für die Behandlung eines jeden Fragebereichs hat die Moderatorin circa zehn bis 15 Minuten vorgesehen. Sie schlägt vor, 90 Minuten für die Bearbeitung der fünf wichtigsten Fragebereiche zu investieren. Nach einer anschließenden kurzen Pause stehen dann noch etwa 30 Minuten für die Abschlussphase zur Verfügung.

Sie weiß, dass dieser Zeitansatz sehr »sportlich« ist und von ihr ein Höchstmaß an Konzentration und Engagement erfordert. Sie möchte aber auf jeden Fall zu möglichst vielen Fragestellungen eine erste Meinungsbildung erzeugen und Ausblicke für die Zukunft schaffen. Dies erklärt sie auch den Anwesenden und bittet diese, sie dabei tatkräftig zu unterstützen.

Abschlussteil

Übersicht über die einzelnen Schritte

- Abarbeiten des angelegten Fragenspeichers;
- Aktionsplan beziehungsweise Maßnahmenplan;
- Abgleich der Erwartungen und Stimmungsabfrage;
- Rückmeldungen zur erlebten Moderation;
- Beenden der Moderation, Verabschieden der Gruppe.

Fragenspeicher. Für den Fall, dass während der Moderation ein Fragenspeicher angelegt wurde, in den alle Fragen geschrieben wurden, die im laufenden Prozess bisher keinen Platz gefunden hatten, werden diese Fragen jetzt nacheinander durchgearbeitet. Die Erfahrung zeigt, dass sich einige der Fragen und offenen Punkte im Laufe der Diskussion bereits geklärt haben und einfach abgehakt werden können. Andere Fragen lassen sich jetzt, nach den gemachten Erfahrungen in den einzelnen Arbeitsschritten, schnell und zufriedenstellend beantworten. Für alle noch offen bleibenden Punkte werden Maßnahmen beschlossen: »Wer kümmert sich um das Thema und berichtet wem über die gesammelten Informationen?«

In *unserem Beispiel* wurde folgende Frage geparkt: »Wie ist unsere befreundete Zulieferfirma mit einem ähnlichen Problem umgegangen?« Zwei Teilnehmer erklärten sich dazu bereit, erste Informationen über das Vorgehen bei der Zulieferfirma einzuholen. Das Ergebnis soll – auf einer Seite zusammengefasst – sowohl den Teilnehmern der Sitzung als auch dem Vorgesetzten zugeschickt werden.

Aktionsplan beziehungsweise Maßnahmenplan. In der Praxis sind viele Besprechungen plötzlich zu Ende, und keiner der Beteiligten weiß so recht, wie es weitergeht. Der eine oder andere möchte es vielleicht auch gar nicht wissen: »Nur schnell weg hier, bevor ich noch etwas machen muss.«

Daher gilt: Jede Sitzung, jede Besprechung, jede Gruppenarbeit muss zu einem Aktionsplan kommen. Dabei werden folgende Fragen beantwortet:

- Welche konkreten Schritte werden im Anschluss an die Sitzung angegangen?
- Wer macht was, bis wann, mit welcher/wessen Unterstützung?

Bei Maßnahmen, die sich über einen längeren Zeitraum erstrecken, hat es sich als hilfreich erwiesen, einen »Paten« zu benennen, der die einzelnen Verantwortlichen immer wieder einmal an das Umsetzen der vereinbarten Vorhaben erinnert und über Zwischenziele und Termine spricht.

Der Aktionsplan sollte immer schriftlich festgelegt sein und als erste Seite des Protokolls an jeden Teilnehmer verteilt werden.

In unserem Beispiel hat die Moderatorin die Vorlage für den Maßnahmenplan schon auf einem Plakat vorbereitet. Nach fünfzehnminütiger Diskussion sieht der Aktionsplan folgendermaßen aus:

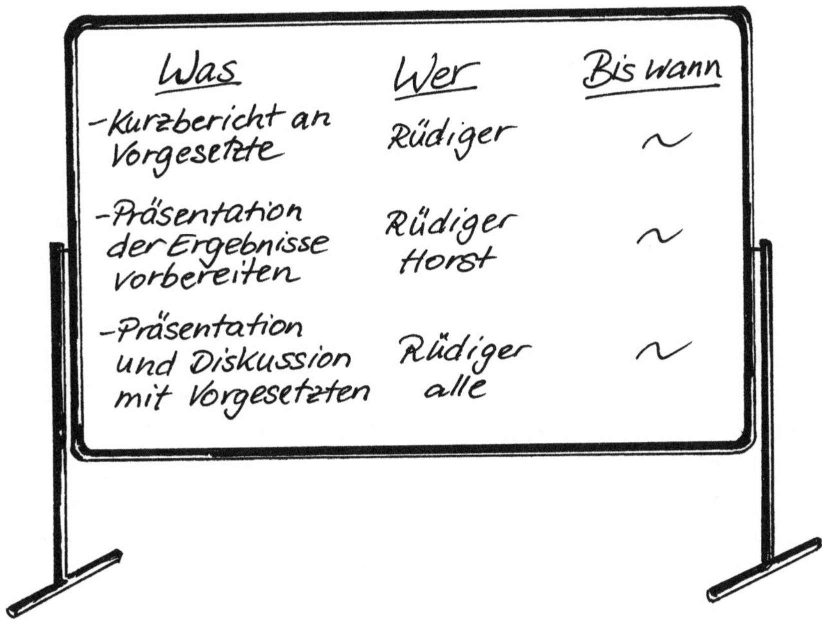

Abgleich der Erwartungen und Stimmungsabfrage. Wenn, wie in unserem Beispiel, zu Beginn einer Arbeitssitzung die Erwartungen der Teilnehmer abgefragt wurden, dann sollte zum Schluss der Veranstaltung noch einmal Bezug darauf genommen werden. Die Arbeitsfragen dazu können lauten:

- Welche Erwartungen wurden erfüllt?
- Welche Erwartungen wurden nicht erfüllt?
- Was gibt es aus Sicht der Gruppe daher noch zu tun?

Gemeinsam kann die Gruppe jetzt überlegen, welche Erwartungen bis zu welchem Grad erfüllt wurden und wie mit den nicht erfüllten Erwartungen umgegangen werden soll: »Was ist noch offen, und wie wollen wir weiter mit den einzelnen Erwartungen umgehen?«

Jedes Gruppenmitglied kann für sich prüfen, inwieweit seine Erwartungen erfüllt wurden und was es dazu während der Sitzung getan oder unterlassen hat. Und es kann ebenfalls prüfen, was es konkret jetzt oder im Anschluss an die Sitzung tun muss, um noch »auf seine Kosten« zu kommen, und was es vielleicht in zukünftigen Sitzungen anders machen wird, damit die eigenen Erwartungen in der Gruppe besser berücksichtigt werden.

Dem Moderator schließlich hilft dieser Abgleich zu klären, wo seine methodische Begleitung zum Erfüllen der Erwartungen beigetragen hat und wo nicht. Daraus kann er für sein zukünftiges Vorgehen lernen.

Während ein solcher Erwartungsabgleich die inhaltlichen Erwartungen reflektiert, besteht die Möglichkeit, auch die Zufriedenheit der Teilnehmer mit dem gesamten Ablauf des Treffens abzubilden. Beispielsweise mit Hilfe einer Ein-Punkt-Abfrage. Die einfachste Möglichkeit ist das Punkten auf einer Skala, zum Beispiel nach folgender Frage:

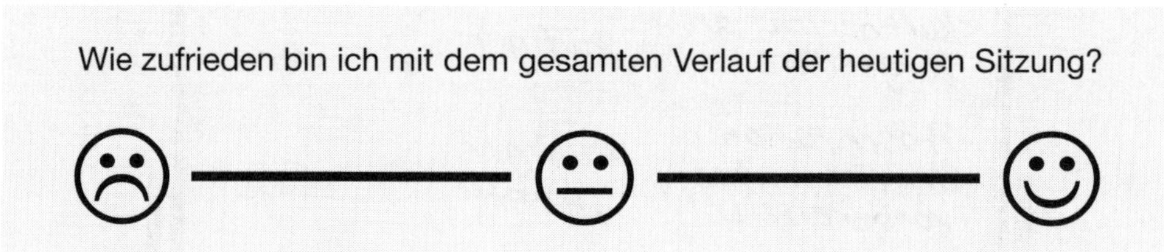

Für den Fall, dass das Punkten anonym erfolgen soll, legt die Moderatorin eine Skala mit Werten von 1 = ☺ bis 10 = ☹ an. Die Teilnehmer schreiben ihre Zahlen auf die Klebepunkte, die die Moderatorin anschließend einsammelt und an die entsprechenden Stellen anklebt.

Etwas differenzierter und aussagekräftiger ist die Ein-Punkt-Abfrage auf einem zweidimensionalen Feld. Auch diese Stimmungsabfrage nach Beendigung der inhaltlichen Arbeit sollte von der Moderatorin möglichst sorgfältig eingeführt werden, um nicht als »sinnloses Punktekleben« missverstanden zu werden. So wird sie Ziel und Zweck dieses Schrittes erläutern, erklären, warum sie das Punkten anonym oder warum sie es offen gestaltet, dann Verständnisfragen beantworten und schließlich die Punkte verteilen.

Zwei Aussagen, die sich in *unserem Beispiel* anbieten könnten:

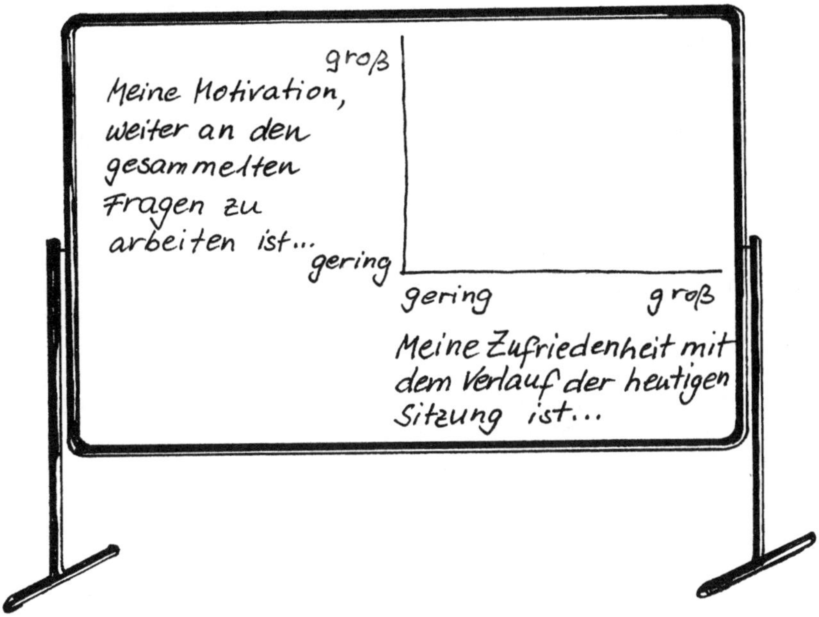

Ein weiteres Aussagenpaar könnte sein:

Die Zusammenarbeit zwischen Meistern und Ingenieuren heute empfand ich …
… ermutigend
… nicht so toll

- Meine Zufriedenheit mit dem erarbeiteten inhaltlichen Ergebnis ist …
  … gering
  … groß

Die Teilnehmer bekommen auch hier die Möglichkeit, das Gesamtbild zu kommentieren, und die Gruppe wird kurz diskutieren, welche Folgerungen sie aus dem Ergebnis der Stimmungsabfrage – beispielsweise für weitere Sitzungen oder für mögliche nächste Arbeitsschritte – zieht. Solche Folgerungen werden von der Moderatorin mitgeschrieben und in das Protokoll integriert.

Rückmeldungen zur erlebten Moderation. Die Veranstaltung ist – fast – beendet, die Ergebnisse liegen fest. Die »Hausaufgaben« wurden verteilt, die Erwartungen abgeglichen, Stimmungen abgebildet und Folgemaßnahmen vereinbart. Jetzt finden die Teilnehmer – hoffentlich – noch Zeit, die Perspektive zu wechseln und laut über die Sitzung selbst, über die angewandte Methode, über das Verhalten des Moderators oder der Gruppe nachzudenken und dies in Rückmeldungen zu formulieren. »Hoffentlich« deshalb, weil eine solche Rückmelderunde in der betrieblichen und sonstigen

Praxis eine unschätzbare Chance ist, bei allen Beteiligten methodische Kompetenzen in Sachen Gruppenarbeit und Moderation weiterzuentwickeln.

Für die Rückmelderunde sollten eine, höchstens zwei Fragen formuliert und visualisiert werden. Hier einige Möglichkeiten:

Mögliche Fragen zur Rückmeldung nach einer erlebten Moderation

- Wie zufrieden bin ich mit dem Arbeitsprozess in der Gruppe? Was hat mir besonders gefallen? Was will ich beim nächsten Mal anders machen?
- Welche Wünsche habe ich an die anderen Gruppenteilnehmer?
- Wie hat mir die Moderationsmethode gefallen als Möglichkeit, Arbeitsgruppen zu begleiten? Was hat mir insgesamt besonders gefallen? Was sollte beim nächsten Mal anders gemacht werden?
- Wie hat die Moderationsmethode zur Zielerreichung beigetragen? Was hat mir dabei besonders gefallen? Was sollte beim nächsten Mal anders gemacht werden?
- Was möchte ich dem Moderator, der Moderatorin zurückmelden? Was hat mir gefallen, was wünsche ich mir beim nächsten Mal anders?

Oder allgemeiner:

- Was hat mir gut gefallen, was sollte also beim nächsten Mal auf jeden Fall beibehalten werden?
- Was hat mir nicht so gut gefallen, was sollte beim nächsten Mal anders gemacht werden?

Beenden der Moderation und Verabschiedung der Gruppe. Die Moderatorin könnte mit den folgenden Worten die Sitzung beenden:

> *»Bisher habe ich Sie in der Rolle als Moderatorin methodisch begleitet. Diese Rolle gebe ich nun mit Abschluss der Moderation auf. Bedanken möchte ich mich bei Ihnen, dass Sie mir die Gelegenheit gegeben haben, Ihren Prozess zu begleiten ... Sie haben zu Ihrem Thema vielfältige Fragestellungen und Probleme identifiziert und in eine Reihenfolge gebracht. Damit hat Ihr Auftraggeber einen guten Überblick über den Stand der Dinge bekommen. Zusätzlich haben Sie zu ... Punkten erste Umsetzungsanregungen erarbeitet. Damit kann das Thema zügig weiterbearbeitet werden. Sie haben mir die Arbeit als Moderatorin dadurch leicht gemacht, dass Sie ...*
>
> *Für weitere Fragen zu meiner Arbeit oder zur Methode, aber auch nur zu einem lockeren Plausch stehe ich Ihnen beim Abendessen gerne zur Verfügung ...«*

Nachbereitung

Wie in jeder anderen Besprechung oder Arbeitssitzung, ist es wichtig, die Ergebnisse der moderierten Sitzung zu protokollieren. Nur so geht nichts verloren, kann die Erledigung der vereinbarten Maßnahmen überprüft werden und können Dritte einen Überblick über das inhaltliche Geschehen während der Sitzung bekommen.

Generell empfehlen wir für die Erstellung des Protokolls: so wenig wie möglich, so viel wie nötig.

Zwei Möglichkeiten gibt es für ein solches Protokoll:

- Das *Verlaufsprotokoll:* Es werden sämtliche im Verlauf der moderierten Sitzung erstellten Visualisierungen abfotografiert, als Datei gespeichert und verschickt. Dies hilft den Gruppenmitgliedern, sich den Verlauf der Sitzung und das Zustandekommen der Ergebnisse noch einmal in Erinnerung zu rufen. Diese Form der Prozessdokumentation kann die Akzeptanz der Ergebnisse zusätzlich fördern, an deren Zustandekommen man ja aktiv beteiligt war. In der Praxis hat es sich als sinnvoll erwiesen, nach Beendigung der Arbeitssitzung kurz zusammen mit der Gruppe die Visualisierungen zu bestimmen, die fotografiert und verschickt werden sollen. Das erspart ein Zuviel an Informationen.
- Eine Alternative zum Verlaufsprotokoll ist das *Ergebnisprotokoll:* Hier werden nur die Ergebnisse der Arbeitssitzung in übersichtlicher Form möglichst noch während der Sitzung festgehalten. Oft ist dieses Protokoll inhaltsgleich mit dem Aktionsplan und wird von der gesamten Gruppe am Ende der Sitzung verabschiedet. Ein »Nachkarten« kann durch dieses Vorgehen weitgehend vermieden werden.

Verfahren der Moderation: Arbeitshilfen für die Praxis

In den vorherigen Kapiteln haben wir immer wieder den Einsatz verschiedener Verfahren während einer moderierten Sitzung angesprochen – die Verfahren aus dem Werkzeugkoffer des Moderators. Welche dieser vielen Verfahren er auswählt und der Gruppe im Laufe des Arbeitsprozesses vorschlägt, hängt ab von Ziel, Thematik, Gruppengröße und von der zur Verfügung stehenden Zeit. Wir empfehlen, zu Beginn einer Moderationskarriere mit möglichst vielen Verfahren Erfahrungen zu sammeln, um ihre vielfältigen Stärken und Besonderheiten kennenzulernen.

Auf den folgenden Seiten (68–89)wollen wir Verfahren vorstellen, die sich in der Praxis in vielen Moderationen bewährt haben. Die Vorstellung folgt der Struktur:

- Zweck des Verfahrens,
- Vorgehensweise,
- Besonderheiten, die bei der Anwendung zu beachten sind.

Folgende Verfahren werden dargestellt:

- Ein-Punkt-Abfrage
- Blitzlicht
- Karten-Antwort-Verfahren und Gruppenbildung
- Zuruf-Antwort-Verfahren
- Gewichtungsverfahren
- Diskussion im Rahmen einer Moderation
- Kleingruppenarbeit
- Brainstorming
- Fragenspeicher
- Maßnahmenplan
- Weitere mögliche Verfahren

Die Formulierung von Arbeitsfragen in moderierten Sitzungen

Arbeitsfragen – gelegentlich werden sie auch Transparenzfragen genannt – setzen eine Handlung in Gang. Beispielsweise denken die Gruppenmitglieder in eine bestimmte Richtung, sammeln Ideen zu einem genannten Themenbereich, bilden eine Rangreihe nach einem bestimmten Kriterium, entscheiden sich aufgrund eines besonderen Auswahlkriteriums für eine Möglichkeit und gegen eine andere.

Arbeitsfragen, die sehr allgemein formuliert sind – »Was fällt mir alles zum Thema Meister und Ingenieure ein?« –, können ein sehr großes Antwortspektrum erzeugen. Die Komplexität kann für die Zielerreichung in einem konkreten Arbeitsschritt zu groß und teilweise unbrauchbar sein.

Arbeitsfragen, die sehr spezifisch formuliert sind – »An welche Probleme zwischen Meistern und Ingenieuren erinnere ich mich, wenn ich an das Vorbereitungstreffen für das Teilprojekt X am letzten Freitag denke?« –, erzeugen ein eher enges Antwortspektrum. Dieses Spektrum kann wiederum zu wenig neue und kreative Anregungen beinhalten. Es wäre dann zu mager für das, was mit dem anstehenden Arbeitsschritt von der Gruppe erreicht werden sollte.

Daraus folgt:

- Arbeitsfragen sollten so sorgfältig wie möglich formuliert werden. Sie müssen genau in die Richtung zielen, die mit dem Arbeitsschritt erreicht werden soll.
- Sie müssen eindeutig formuliert und für alle gleich verständlich sein. Es sollten Einzelfragen und keine Doppel- oder Dreifachfragen sein.
- Aus unserer Erfahrung heraus sollten sie eher etwas enger als weiter formuliert werden. Es ist im Zweifelsfall einfacher, in einem zusätzlichen Arbeitsschritt die noch benötigte Komplexität hinzuzufügen als einmal erzeugte Komplexität schnell sinnvoll zu reduzieren.
- Kluge Moderatoren schreiben sich die Arbeitsfragen auf und spielen sie im Kopf einmal aus der Perspektive der Teilnehmer durch: »Welche Art von Antworten bekomme ich, wenn die Frage lautet …?«
- Arbeitsfragen sollten offen formuliert werden, also W-Fragen sein: »Was werden wir …? Wie stellen wir sicher …? Welche Mittel benötige ich …?«
- Arbeitsfragen sollten die Perspektive der Gruppe/der Gruppenteilnehmer einnehmen: »Was möchten wir ...? Was halte ich ...?«
- Arbeitsfragen sollten aufgeschrieben und für die ganze Gruppe gut lesbar dargestellt sein.

Die systematische Einführung in ein Moderationsverfahren

- Begründen, warum ein bestimmtes Verfahren durchgeführt werden soll.
- Ziel des Verfahrens vorstellen.
- Ablauf des Verfahrens, die einzelnen Schritte und die besonderen Verfahrensregeln vorstellen.
- Zeiten mit der Gruppe vereinbaren.
- Die konkrete Arbeitsaufgabe stellen; die Arbeitsfrage visualisieren und vorlesen.
- Das Verständnis bei den Teilnehmern sichern.
- Das Einverständnis (die Akzeptanz) für das Verfahren bei den Teilnehmern sichern.
- Anfangen.

Ein-Punkt-Abfrage

Zweck der Ein-Punkt-Abfrage

- Einen ersten, eher »spielerischen« Kontakt mit dem Thema, den Teilnehmern untereinander und der Gruppe ermöglichen;
- eine erste Problem- und Themenorientierung schaffen;
- verborgene Interessen der Gruppe transparent machen;
- Stimmungen in der Gruppe bewusst machen.

Dieses Verfahren eignet sich immer dann, wenn es darum geht, ein erstes, vielleicht noch grobes Bild der Stimmungen, Haltungen, Erwartungen, Meinungen oder Einschätzungen in einer Gruppe als Momentaufnahme zu erhalten. Das Ein-Punkt-Verfahren wird häufig zu Beginn oder am Ende von Gruppensitzungen eingesetzt.

Vorgehensweise

- Der Moderator erklärt Zweck und Ziel dieses Arbeitsschrittes im Rahmen des gesamten Arbeitsprozesses, beispielsweise: »Aus welchem Grund und mit welchem Ziel biete ich Ihnen zu Beginn unserer Sitzung eine Stimmungsfrage an?«
- Die Arbeitsfrage und ein ein- oder zweidimensionales Antwortraster sind auf einem Flipchart vorbereitet.
- Die Dimensionen des Antwortrasters werden kurz erklärt, Teilnehmerfragen beantwortet.
- Jeder Teilnehmer bekommt einen Klebepunkt mit der Bitte, ihn an die von ihm gewählte Stelle zu setzen.
- Das entstandene »Bild« wird kurz besprochen.
- Mögliche Fragen dazu sind: »Wie stellt sich das Ergebnis für Sie dar?« »Wer möchte etwas dazu sagen?« »Was drücken diese Punkte für Sie aus?«
- Die Antworten werden mitgeschrieben.
- Der Moderator fragt nach Konsequenzen, die sich aus dem Bild beispielsweise für den nächsten Arbeitsschritt, die weitere Arbeit in der Gruppe, die Arbeitsfähigkeit der Teilnehmer ergeben: »Ausgehend von Ihrem Bild, was müssen wir noch tun, um engagiert mit der Arbeit loslegen zu können?«

Dauer: 10–30 Minuten.

Besonders zu beachten

- Eine Ein-Punkt-Abfrage ist keine »nette Aufwärmübung« zu Beginn einer Arbeitssitzung. Daher muss der Moderator sich vor dem Einsatz genau überlegen, mit welchem Ziel er Punkte kleben lässt. Das Erstellen eines Stimmungsbildes muss Konsequenzen beispielsweise für den weiteren Arbeitsprozess haben. Die Intention: »nur einmal ein Stimmungsbild zu erstellen«, läuft Gefahr als »Psychoübung« missverstanden und abgelehnt zu werden.
- Erst »punkten« lassen, wenn alle Teilnehmer einen Punkt bekommen haben.
- Das Punkten kann natürlich auch anonym erfolgen; indem beispielsweise die Pinnwand umgedreht wird oder indem die Antwortdimensionen skaliert sind, und die Teilnehmer ihre Position auf die Klebepunkte schreiben. Die Klebepunkte werden dann vom Moderator nach dem Einsammeln angeklebt.
- Die Arbeitsfrage soll möglichst aktivierend, offen und in der Ich-Form formuliert werden.
- Die Abfrage kann später wiederholt werden. Die Bilder werden dabei ergänzt – beispielsweise bei der Vorher-Nachher-Abfrage.

Mögliche Fragestellungen für eine Stimmungsabfrage mit der Ein-Punkt-Abfrage:

- Stimmungsfragen zum allgemeinen Befinden: »Wie geht es mir im Moment?«
- Stimmungsfragen zur Arbeitsfähigkeit in der konkreten Situation: »Wie fühle ich mich heute Nachmittag zu Beginn dieser Arbeitssitzung?« »Wie sieht meine Motivation zur Mitarbeit in der Sitzung heute aus?« »Wie geht es mir dabei, wenn ich an das heute zu bearbeitende Thema denke?«
- Einstellungsfragen zur Thematik: »Wie sehr interessiert mich das heute behandelte Thema?«, »Wie sehr bin ich an einer Veränderung von ... interessiert?«

Blitzlicht

Zweck des Blitzlichtes

- Es sollen eine Momentaufnahme von persönlichen »Stimmungen« in der Gruppe erstellt und individuelle Bedürfnisse, Wünsche, Gefühle oder Gedanken transparent gemacht werden.
- Das Blitzlicht ermöglicht den einzelnen Gruppenmitgliedern, ihre subjektive Befindlichkeit mitzuteilen und sich diese in Verbindung mit den Gefühlen und Stimmungen der anderen Teilnehmer bewusst zu machen.
- Der Moderator kann sich durch das Blitzlicht ein Bild davon machen, wie es der Gruppe gerade geht. Dazu ist es wichtig, auch für die nicht (laut) gesagten Dinge sensibel zu sein.
-

Vorgehensweise

- Der Moderator erklärt Zweck und Ziel des Blitzlichts zu dem von ihm gewählten Zeitpunkt im Arbeitsprozess, beispielsweise: »Ich möchte Ihnen ein Blitzlicht anbieten, um …«
- Der Moderator (es können auch die Gruppenteilnehmer selbst sein) formuliert eine Frage, zu der die Teilnehmer aus ihrer persönlichen Sicht Stellung nehmen sollen.
- Beispiele: »Wenn ich an die Art der Diskussion heute denke, was bewegt mich da jetzt besonders?« (am Abend nach dem ersten Arbeitstag) »Wenn ich an die Ergebnisse denke, die wir bisher erzielt haben, was stellt mich da zufrieden und wo habe ich noch Magenschmerzen?«
- Irgendein Gruppenmitglied beginnt mit seiner kurzen Aussage (Blitzlicht!) zur Frage, dann schließen sich die anderen der Reihe nach an. Wer im Moment nichts sagen möchte, teilt dies mit.
- Es gibt während der Runde keine Stellungnahmen zu beziehungsweise Diskussionen über einzelne Aussagen.
- Nach dem Blitzlicht muss keine inhaltliche Diskussion über das Gesagte erfolgen, es kann so »im Raum stehen bleiben«. Der Moderator fragt aber auch hier, wie bei der Ein-Punkt-Abfrage, nach möglichen Konsequenzen aus der Blitzlichtrunde für das weitere Vorgehen.

Dauer: 20–30 Minuten (mit Aussprache: etwa 60 Minuten).

Wichtig: Auch wenn der Moderator inhaltlich neutral bleibt, so ist er doch Teil des gesamten Gruppenprozesses. Richtet sich das Blitzlicht auf diesen Gruppenarbeitsprozess (z.B. bei der Leitfrage »Wie fühle ich mich heute zu Beginn des Arbeitstages?«), so nimmt der Moderator daran teil. Er muss selbst entscheiden, wann sich die Fragen im Blitzlicht zu stark auf inhaltliche Aspekte der Arbeit beziehen. In diesen Fällen hält er sich zurück. In jedem Fall überwacht er aber die Einhaltung der vereinbarten Regeln.

Besonders zu beachten

- Der Moderator achtet darauf, dass jeder nur über sich selbst spricht, über seine Erfahrungen und seine Wahrnehmungen (»Ich«- statt »Man«-Regel).
- Über die Äußerungen der einzelnen Teilnehmer wird während der Runde nicht diskutiert. Sie bleiben als persönliches »Blitzlicht« unkommentiert im Raum stehen.
- Dieses Verfahren wird von erfahrenen Moderatoren eingesetzt, wenn sie Spannungen oder latente Störungen wahrnehmen, die den zielgerichteten Arbeitsprozess massiv behindern können oder schon behindern. In diesen Fällen sollte ausreichend Zeit für die Diskussion und mögliche Bearbeitung von Störungen reserviert werden.

Karten-Antwort-Verfahren und Gruppenbildung

(Sortieren, Clustern oder Klumpen)

Zweck der Verfahren

- Anonymes Sammeln und gemeinschaftliches Sortieren von:
  - Themen,
  - Meinungen/Haltungen,
  - Erwartungen,
  - Ideen/Vorschlägen,
  - Lösungsansätzen.

Vorgehensweise

- Der Moderator erläutert Zweck und Ziel des Verfahrens.
- Der Moderator stellt die visualisierte Arbeitsfrage.
- Die Teilnehmer erhalten genügend Zeit, um ihre Antworten auf Karten zu schreiben.
- Der Moderator sammelt die Karten ein und liest sie kommentarlos vor.
- Die Teilnehmer entscheiden, welche Karten zusammengehören. (Dies geschieht über Assoziationen.) Der Moderator sortiert diese und fügt sie zu Gruppen/»Klumpen« zusammen.

Alternative 1: Die gesamte Gruppe steht an der Pinnwand und fasst in einem ersten Schritt gemeinsam die Karten zu Gruppen zusammen. Strittige Zuordnungen werden mit dem Moderator und allen Anwesenden im Plenum geklärt.

Alternative 2: Aus der Gruppe erklären sich zwei bis vier Teilnehmer bereit, sehr schnell eine erste grobe Gruppenbildung durchzuführen. Im zweiten Schritt versammelt sich die ganze Gruppe vor den Pinnwänden und klärt gemeinsam noch strittige Zuordnungen.

- Die gebildeten Klumpen werden eingerahmt und mit Überschriften versehen, die das Gemeinsame der Beiträge widerspiegeln.
- Anschließend kann mit den Gruppen beziehungsweise Überschriften weitergearbeitet werden. Beispielsweise können sie gewichtet oder zu Arbeitsaufgaben umformuliert werden, die dann in Kleingruppen weiterbearbeitet werden.

Dauer: 60 Minuten (je nach Fragestellung und Vorgehen beim Clustern).

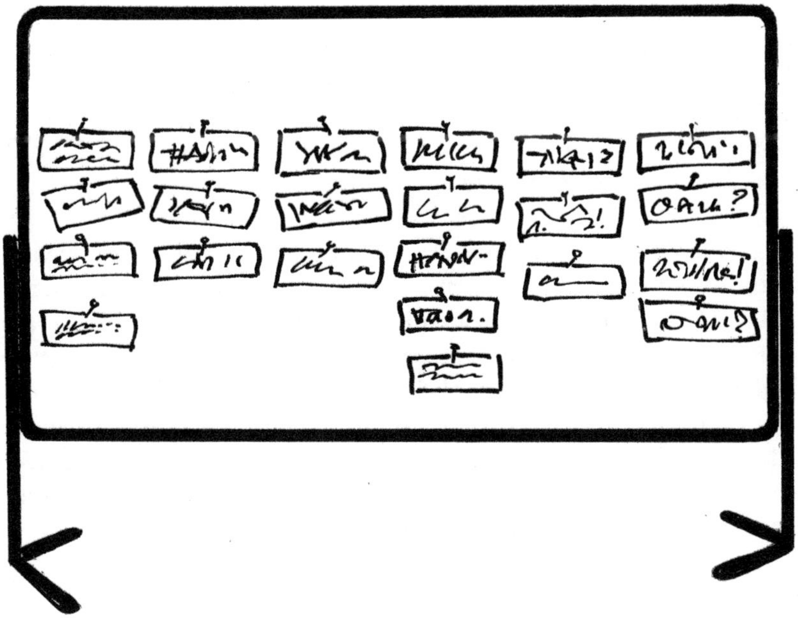

Besonders zu beachten

Beim Karten-Antwort-Verfahren

- Die Arbeitsfrage muss auf das Ziel des Arbeitsschrittes ausgerichtet sein. Sie muss eindeutig, für alle verständlich und so präzise wie möglich formuliert werden.
- Die Anonymität der Kartenschreiber sollte nur freiwillig von diesen selbst aufgehoben werden.
- Auf jeder Karte sollte nur eine Idee, ein Vorschlag stehen, damit die Karten zu Gruppen sortiert werden können.
- Möglichst »selbst-verständlich« formulieren (Hauptwort mit Verb oder knappe Sätze).
- »Laut und deutlich« schreiben.

Beim Klumpen

- Dem Sinn nach ähnliche Karten zusammenhängen.
- Karten können gedoppelt/kopiert werden.
- Karten können eine Zeit lang »geparkt« werden, bis mehr Klarheit über die Art der Gruppen und damit die Zuordnung besteht.
- Umordnen der Karten ist möglich.
- Die genannten Zuordnungsvorschläge von den Teilnehmern begründen lassen.
- Unklare Karten durch die Gruppe erklären lassen (oder durch den Kartenschreiber, wenn dieser dazu bereit ist).
- Die Zuordnung im Konsens treffen.

- Keine Karte wegwerfen. Auch ähnlich formulierte Karten verwenden (zusammenstecken), sie können auf inhaltliche Schwerpunkte hinweisen. Außerdem ist es ein Zeichen von Wertschätzung den Gruppenteilnehmern gegenüber, dass jede Karte gleich behandelt wird.
- Nachdem in einer Gruppe mehrere Karten hängen, vorläufige Überschriften finden, um das weitere Zuordnen zu erleichtern.

Wenn nur wenig Zeit zur Verfügung steht oder wenn bei großen Gruppen mit einer sehr großen Anzahl von geschriebenen Karten gerechnet werden muss, kann es Sinn machen, die Zahl der einzusammelnden Karten zu begrenzen. Der Moderator bietet der Gruppe an, zunächst beliebig viele Karten zu schreiben, um dann vor dem Einsammeln die für die Einzelnen persönlich wichtigen – beispielsweise drei oder fünf – Karten auszuwählen. Ein solches Vorgehen muss aber mit der Gruppe abgesprochen werden, da sonst die Enttäuschung bei Einzelnen groß sein kann: »Erst schreibe ich so viele tolle Antworten, und dann will sie keiner haben!« Eine mögliche Alternative: Die Karten von Kleingruppen (zwei oder drei Teilnehmer) schreiben lassen.

Anonymität
Aus der Anonymität heraustreten und zu ihren eigenen Karten Stellung beziehen sollten Kartenschreiber – wenn überhaupt – nur freiwillig. Das Karten-Antwort-Verfahren gestattet es ausdrücklich, dass Kartenschreiber anonym bleiben können. Dies ist besonders in Gruppen wichtig, die mit Vertretern unterschiedlicher Hierarchiestufen besetzt sind.

Vorsicht vor Komplexität
Mit diesem Verfahren gelingt es leicht, durch die Anzahl der Karten eine schier unübersehbare Komplexität auf den Pinnwänden zu erzeugen. Meistens bekommen die Klumpen dann sehr allgemein gehaltene Überschriften, mit denen weitergearbeitet wird. Der Ideenreichtum in den Karten bleibt dabei auf der Strecke. Es ist Aufgabe eines erfahrenen Moderators, vorher zu überlegen, wie viel Komplexität entstehen und wie die Gruppe damit weiterarbeiten kann. Beispielsweise lassen sich Kartengruppen in einem gesonderten Arbeitsschritt so verdichten, dass die Ideenvielfalt größtenteils erhalten bleibt. Oder die Ideensammlung auf den Karten wird in einem späteren Arbeitsschritt noch einmal aufgegriffen, zum Beispiel als »Gegencheck« zu den bis dahin erarbeiteten Lösungen.

Verschwommenheit von Überschriften
Vor allem bei moderationsungeübten Gruppen geschieht es häufig, dass als Überschriften lediglich einzelne Schlagworte genannt werden. Hier muss der Moderator um Konkretisierung bemüht sein. Ein günstiges Kriterium für diese Konkretisierungsarbeit ist: »Wie können wir die Überschrift so formulieren, dass wir auch morgen noch das dazugehörige Spektrum eindeutig erkennen?« Alternative: Für die Überschriften nur komplette Aussagen oder Fragen zulassen. Vorsicht bei »Filmtiteln«, die

zwar bunt klingen, aber nach der nächsten Pause niemanden mehr daran erinnern, was damit eigentlich ausgedrückt werden soll.

Es geht beim Clustern um Leben oder Tod

Das könnte man manchmal meinen, wenn man die Verbissenheit beobachtet, mit der in vielen Gruppen um die »richtige« Zuordnung einzelner Karten zu Clustern gerungen wird. Das Ergebnis ist ein immenser Zeitaufwand für die Bildung der Kartencluster. Ist dieser Zeitaufwand in jedem Fall gerechtfertigt? »Ja«, wenn es beispielsweise in einem weiteren Arbeitsschritt darum gehen wird, für jedes einzelne Cluster Investitionsentscheidungen zu treffen. Dann ist äußerste Sorgfalt angesagt. »Nein«, wenn beispielsweise sämtliche geschriebenen Karten noch bearbeitet werden und es bei der Gruppenbildung lediglich darum geht, das Arbeitspaket übersichtlicher zu gestalten und so die Karten zu bestimmen, die noch heute bearbeitet werden, während die anderen am Folgetag an der Reihe sind. In diesem Fall sollte das Clustern vor allem schnell erfolgen. Der Moderator muss die Gruppe also auf die Bedeutung des Clusterns für den gesamten Arbeitsprozess auf dem Weg zur Zielerreichung hinweisen und in manchen Fällen einfach auch Mut zu nicht perfekten Lösungen machen.

Zuruf-Antwort-Verfahren

Zweck des Zuruf-Antwort-Verfahrens

- Ein unsystematisches, spontanes Sammeln von
  - Themen,
  - Meinungen/Haltungen,
  - Erwartungen,
  - Ideen/Vorschlägen,
  - Lösungsansätzen,
  - Problemen.

- Dieses Verfahren eignet sich immer dann, wenn
  - spontan erste Ideen zu neuen Arbeitsschritten formuliert werden sollen,
  - von den Teilnehmern gegenseitige Anregung gewünscht wird und
  - kein Bedarf an Anonymität besteht.

Vorgehensweise

- Der Moderator erläutert Zweck und Ziel des Verfahrens und erklärt, was mit den gesammelten und aufgeschriebenen Inhalten im Anschluss an die Sammlung weiter geschieht.
- Auf einem Flipchartplakat wird eine Arbeitsfrage visualisiert.
- Die Teilnehmer rufen dem Moderator ihre Antworten zu.
- Dieser oder wenn es geht ein zweiter Moderator schreibt die Beiträge möglichst wortgleich mit (auf Flipchart, Folie, Tafel oder auf leere Karten an einer Pinnwand). Sehr umfangreiche Aussagen lässt er durch die Teilnehmer selbst zusammenfassen.
- Es werden keine Beiträge vom Moderator verändert oder bewertet.

Dauer: 15–30 Minuten.

Besonders zu beachten

Auf eine präzise Frageformulierung achten. Fantasievolle und originelle Antworten sollten möglich sein. In Arbeitsgruppen, in denen noch kein spannungsfreies Arbeiten möglich scheint, sollte der Moderator prüfen, ob er das anonyme Karten-Antwort-Verfahren dem Zuruf-Antwort-Verfahren vorzieht. Wie auch beim Karten-Antwort-Verfahren muss sich der Moderator im Vorfeld überlegen, wie die Gruppe mit den Ergebnissen der Zuruf-Sammlung weiterarbeiten kann (beispielsweise Sortieren der Beiträge, Gewichten, Kleingruppenarbeit).

Ist an eine differenzierte Weiterarbeit gedacht, sollten die Zurufe auf Kärtchen geschrieben werden, die an die Pinnwand geheftet wurden. Für einen ersten Meinungsüberblick reicht die Visualisierung auf dem Flipchart oder auf Folien.

Das Zuruf-Antwort-Verfahren erfordert vom Moderator eine hohe Konzentration. Er muss schreiben, zuhören, gegebenenfalls mehrere gleichzeitig eingebrachte Nennungen wiederholen, im Kopf behalten, dabei mit den Teilnehmern Formulierungen absprechen, die das Gesagte in kurzer Form wiedergeben. So mancher Moderator rutscht dabei unfreiwillig in eine inhaltliche Beteiligung. Gleichzeitig sorgt das Verfahren häufig für einen lebendigen Meinungsaustausch zwischen den Teilnehmern, der beim Kartenschreiben verfahrensbedingt etwas zu kurz kommt.

Gewichtungsverfahren

Zweck des Gewichtungsverfahrens

Mit dem Gewichtungsverfahren können alle Teilnehmer gleichberechtigt unterschiedliche Ideen oder mehrere Möglichkeiten bewerten. Dieses Verfahren erfolgt nonverbal. Es wird bei der Bewertung nicht gesprochen oder gar lauthals verhandelt.

Vorgehensweise bei der Bildung von Reihenfolgen

- Der Moderator erläutert Zweck und Ziel des Verfahrens und erläutert, was mit der durch das Verfahren erstellten Rangliste nun weiter geschieht, welche Bedeutung also diese gewichtete Liste für den gesamten Arbeitsprozess hat.
- Ein im Verlauf der Gruppenarbeit entstandener Themenspeicher (zum Beispiel durch das Karten- oder Zuruf-Antwort-Verfahren) wird kurz vorgestellt:

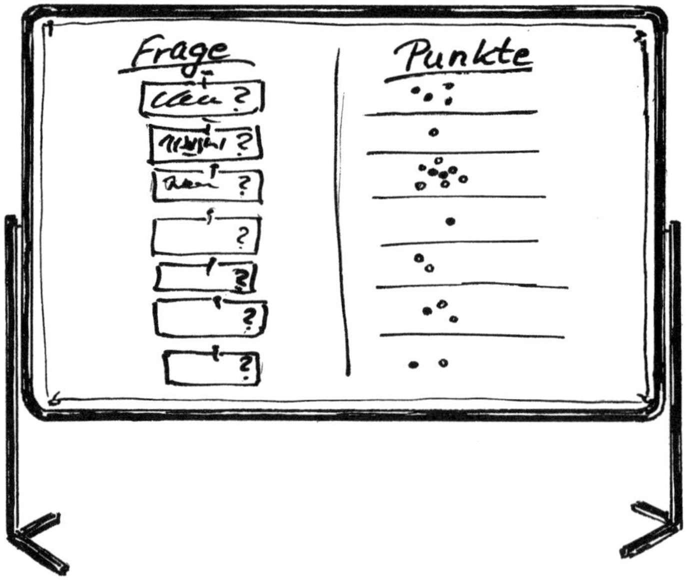

- Der Moderator stellt die visualisierte Bewertungsfrage. Sie muss eindeutig formuliert sein, damit alle Teilnehmer nach demselben Kriterium bewerten. Die Konsequenzen aus der Gewichtung müssen allen offensichtlich sein.
- Der Moderator stellt die Regeln für das Punkten vor. Wird anonym gepunktet, bittet er die Teilnehmer die Zahl der vorher durchnummerierten Wahlmöglichkeiten auf die Klebepunkte zu schreiben.

- Bei (etwa) vier Auswahlmöglichkeiten und mehr macht es Sinn, dass die Teilnehmer mehrere Punkte auf ein Thema kleben dürfen (Faustregel zwei bis maximal drei Punkte pro Wahlmöglichkeit). Damit können die einzelnen Teilnehmer auch die besondere Bedeutung dokumentieren, die sie bestimmten Themen zumessen. Auch diese Regel wird vom Moderator ausdrücklich vorgestellt.
- Die Teilnehmer erhalten Klebepunkte; Faustregel: halb so viele Punkte wie Wahlmöglichkeiten plus eins (n/2+1).
- Die Teilnehmer kleben ihre Wertungen an die dafür vorgesehene Stelle. Wird anonym gepunktet, sammelt der Moderator die Punkte ein, mischt sie und klebt sie an die Wand.
- Die Reihenfolge der bewerteten Punkte, Themen, Anregungen ergibt sich aus der Zahl der geklebten Punkte.

Vorgehensweise bei der Bewertung oder Auswahl von Alternativen

- Für eine konkret und eindeutig formulierte Frage werden Gegensatzpaare und Alternativen gebildet.
- Der Moderator visualisiert die Bewertungsfrage, nach der abgestimmt werden soll, sowie die verschiedenen Alternativen, die zur Entscheidung anstehen.
- Die Teilnehmer erhalten pro Wahlmöglichkeit einen Klebepunkt.
- Wird anonym abgestimmt, werden die Wahlmöglichkeiten nummeriert. Die Teilnehmer schreiben ihre Wahl auf die Punkte.
- Die Summen der vorgenommenen Gewichtungen entscheiden über die Alternativen. Sie geben aber auch eine Übersicht über das Meinungsspektrum in der Gruppe.

Besonderheiten beim Einsatz

- Es wird jeweils nur eine Bewertungsfrage für die Gewichtung gestellt.
- Der Moderator hält sich während des Punktens zurück, gibt keine Kommentare und beobachtet auch nicht, wer aus der Gruppe welche Alternativen gepunktet hat.

Die besondere Stärke des Gewichtungsverfahrens liegt bei der Bildung von Rangreihen. Sie erfolgt zügig, fair (wenn anonym) und findet in der Regel eine hohe Akzeptanz. Dies vor allem deshalb, weil die Verteilung von mehreren Klebepunkten die Teilnehmer zwingt, sich für Alternativen zu öffnen und sich nicht nur auf einen »Favoriten« festzulegen, dessen Abwahl auch schon einmal zu Enttäuschung und Ärger führen kann. Hat man seine Stimmen dagegen mehreren Kandidaten gegeben, ist die Wahrscheinlichkeit groß, dass man zumindest mit einem Punkt auch bei den »Gewinnern« ist.

Diskussion im Rahmen einer Moderation

Während der gesamten moderierten Arbeitssitzung diskutieren die Teilnehmer immer wieder miteinander. Der Moderator unterstützt die Gruppenmitglieder dabei, achtet auf vereinbarte Regeln, macht auf Abweichungen vom Thema aufmerksam, auf mögliche Störungen, die die Arbeit zu blockieren drohen. Zusätzlich zu derartigen immer wieder auftretenden Diskussionen, kann auch für einen bestimmten Zeitraum – beispielsweise 30 Minuten – in der Gruppe gezielt eine bestimmte Fragestellung diskutiert werden. Eine solche moderierte Diskussion kann der Moderator der Gruppe als besonderen Arbeitsschritt anbieten.

Vorgehensweise

- Der Moderator erläutert Zweck und Ziel der Diskussion. Er macht deutlich, dass er die Ergebnisse mitvisualisieren will und erklärt, was mit den gesammelten Ergebnissen weiter geschieht.
- Der Moderator legt zusammen mit der Gruppe den Zeitrahmen für die Diskussion fest.
- Der Moderator kann den Gruppenteilnehmern besondere Spielregeln für die Diskussion anbieten. Diese können sich beziehen auf
  - die Länge der einzelnen Beiträge,
  - die Art des Umgangs miteinander während der Diskussion (»Ich lasse den Vorredner ausreden, bevor ich das Wort ergreife«),
  - die Art der Argumentation (»Bevor ich widerspreche, teile ich zuerst einmal mit, was ich vom anderen verstanden habe«).

  Es hat sich als sinnvoll erwiesen, diese Spielregeln auf Karten zu schreiben und für alle sichtbar aufzuhängen.
- Der Moderator visualisiert das Thema oder die konkrete Fragestellung der Diskussion. Während der Diskussion schreibt er Zwischenergebnisse, Standpunkte oder offene Fragen mit.
- Der Moderator achtet darauf, dass die Diskussion beim eingangs beschlossenen Thema bleibt. Er teilt der Gruppe Abweichungen vom Thema mit.
- Der Moderator versucht, durch Fragen alle Gruppenteilnehmer aktiv am Diskussionsprozess zu beteiligen.
- Der Moderator beschließt die Diskussion, indem er die Ergebnisse zusammenfasst und vorstellt, wie mit ihnen weiter zu verfahren ist.

Der Moderator spiegelt der Gruppe Konflikte, die die gesamte Durchführung der Diskussion zu gefährden drohen. Das bedeutet nicht, dass er auf jeden Zwischenruf eingehen muss. In Diskussionen ist eine gewisse Spontaneität durchaus anregend für einen lebendigen und kreativen Verlauf. Erst wenn keiner mehr zuhört, alle durcheinanderreden und mehr Verbalinjurien als Inhalte geäußert werden, dann ist es Zeit für eine längere Kaffeepause.

Besonders zu beachten

Eine moderierte Diskussion lässt sich vereinfacht beschreiben als normale Diskussion, die moderiert wird. Und doch ist sie alles andere als alltäglich. Der Moderator muss sich bei dem manchmal sehr hektischen Hin und Her von alternativen, kontroversen oder chaotischen Argumenten extrem konzentrieren, darf den roten Faden der Diskussion und die Vielfalt der Meinungen nicht aus den Augen verlieren. Er muss zur richtigen Zeit, wenn beispielsweise die Zahl der verschiedenen Ansichten zu groß wird und keiner mehr »durchzublicken« droht, mit eigenen Worten wiederholen und zusammenfassen – möglichst mit Hilfe von Visualisierungen – und den Diskussionsprozess dadurch wieder übersichtlich gestalten. Und: zu keiner Zeit der Diskussion verletzt er seine inhaltliche Unparteilichkeit oder personenbezogene Neutralität.

Kleingruppenarbeit

Zweck der Kleingruppenarbeit

Während einer moderierten Arbeitssitzung erfolgt eine intensive Problembearbeitung häufig in Kleingruppen mit bis zu fünf Teilnehmern. Damit werden die Effekte, die Großgruppen behindern können, aufgehoben, und auch ruhigeren Teilnehmern bietet sich ein Forum, in dem sie leichter zu Wort kommen können.

Vorgehensweise

- Thema und Ziel der Kleingruppenarbeit werden vorgestellt und visualisiert.
- Die Gruppenmitglieder entscheiden sich für die Mitarbeit in einer der Gruppen.
- Die Teilfragen und vorbereiteten Bearbeitungsschritte, die einen groben Rahmen für die Behandlung des Themas und für die Präsentation der Ergebnisse bilden, werden vorgestellt.
- Während der Gruppenarbeit sollte von den Gruppenmitgliedern möglichst viel mitvisualisiert werden.
- Eine wichtige Regel: Gegensätze müssen nicht ausdiskutiert werden. Unterschiedliche Positionen werden festgehalten und als solche gekennzeichnet; beispielsweise mit einem ★.
- Die Ergebnisse der Gruppenarbeit werden anschließend im Plenum präsentiert.

Dauer für die Gruppenarbeit: je nach Arbeitsumfang 30 bis 60 Minuten.

Besonders zu beachten

- Es können unterschiedliche Themen in verschiedenen Gruppen (arbeitsteilige Gruppenarbeit) oder einzelne Themen von mehreren Gruppen bearbeitet werden (konkurrierende Gruppenarbeit); auch Mischformen sind möglich.
- Die Arbeitsfragen, nach denen die Themen bearbeitet werden, können vom Moderator vorbereitet oder gemeinsam in der Gruppe vereinbart werden.
- Die Gruppenbildung sollte nach Interesse an der Fragestellung erfolgen. Gruppenbildung nach dem Zufall oder anderen Kriterien (»Schuhgröße«) verhindern die Identifikation mit dem zu bearbeitenden Problem. Interessieren sich mehr als fünf Gruppenmitglieder für ein Thema, so können entweder parallele Gruppen gebildet werden, oder einzelne Teilnehmer entscheiden sich freiwillig für eine andere Gruppe.
- Der Moderator kann die Kleingruppen methodisch beraten, wenn diese das wünschen.

Brainstorming

Zweck des Brainstormings

Das Brainstorming – wohl die bekannteste klassische Kreativitätstechnik – bildet einen besonderen, durch spezifische Regeln gekennzeichneten Rahmen, um das kreative Potenzial aller Teilnehmer bei der Suche nach Problemlösungen zu aktivieren. Es fördert meist eine sehr große Zahl im freien Assoziationsprozess gefundener Lösungen, Anregungen und Ideen. Das Gesamtergebnis enthält erfahrungsgemäß eine Reihe von verwertbaren Ansätzen, über die weiter nachgedacht und die bearbeitet werden müssen.

Vorgehensweise

- Der Moderator erläutert Zweck und Ziel der Kreativitätsmethode. Er stellt auch vor, wie im weiteren Verlauf der Sitzung mit den gesammelten Ideen gearbeitet werden soll.
- Der Moderator nennt das als Frage formulierte Problem oder unterstützt die Gruppe bei der Formulierung der Frage.
- Der Moderator erläutert Hintergründe und die besondere Zielsetzung des Verfahrens und stellt die vier zentralen Regeln vor:
  - Masse geht vor Klasse.
  - Keine Kritik oder Bewertung der Nennungen erlaubt.
  - Kein Copyright, alle Ergebnisse gehören der Gruppe, nicht einem Einzelnen.
  - Jede Assoziation sollte genannt werden, »Spinnen« ist ausdrücklich erlaubt.
- Für den »Ideen-Sturm« kann ein Zeitrahmen vereinbart werden. Erfahrungsgemäß dauert die Sammlung zwischen 15 und 20 Minuten. Wichtig ist hier die Sensibilität des Moderators: Die erste »Ideenflaute« sollte noch überbrückt werden, spätestens bei der dritten sollte die Runde beendet werden.
- Die Teilnehmer »produzieren« ihre Ideen entweder selbst geschrieben auf Karten oder auf Flipchart, Tafel, Folien.
- Der Moderator liest die jeweils gerade geschriebenen Ideen laut vor, damit sie den anderen Teilnehmern als Anregung für die Entwicklung eigener neuer Ideen dienen.
- Kommt es zu längeren Pausen oder ersten »Ideenflauten« sollte der Moderator nochmals die Fragestellung vorlesen oder auch die bisher gesammelten Ideen. Je nach Gruppe und Situation gilt: Stimmung machen ist erlaubt.
- Der Moderator achtet darauf, dass die Regeln strikt eingehalten werden.

Gesamtdauer: 30 Minuten

Besonders zu beachten

In der betrieblichen Praxis firmiert häufig jede Form der Ideensammlung als Brainstorming. Die besondere Leistung dieser Methode – kreative Ideengenerierung – wird jedoch nur erreicht, wenn alle oben genannten Regeln wirklich eingehalten werden. Das gilt besonders für den Freiraum, in dem jede Art von Fantasieren erlaubt ist, und für das Verbot jeglicher Kritik während der Sammlung.

Manche Menschen fühlen sich durch das Nennen der Ideen anderer in der eigenen Kreativität behindert. Sie möchten lieber alleine arbeiten. Zeichnet sich dieser Wunsch in einer Gruppe bei mehereren Teilnehmern ab, kann der Moderator das Vorgehen auch in zwei Phasen gestalten: In der ersten Phase erarbeiten die Teilnehmer in Ruhe für sich so viele Ideen wie möglich. In einer zweiten Phase werden diese in den »Ring geworfen« und als Anregung für ein kreativ-wildes Stürmen nach weiteren Neuigkeiten genutzt.

Nach Beendigung der Sammlungsphase geht es darum, die große Masse an Ideen oder Vorschlägen weiterzubearbeiten. Dies kann beispielsweise durch Gruppenbildung, Bewertung und Aussortieren einzelner Ideen oder durch Umformulieren erfolgen. Der Moderator muss auch beim Einsatz eines Brainstormings exakt überlegen, welche Schritte er der Gruppe für die weitere Arbeit anbietet.

Fragenspeicher

Zweck des Fragenspeichers

Fragen, aber auch Einwände, die während des gesamten Arbeitsprozesses auftreten und nicht sofort beantwortet werden können, werden notiert und an einer extra dafür vorgesehenen Stelle (dem Fragenspeicher) »geparkt«. Damit bekommen manche Störungen in der Gruppe oder besondere Bedürfnisse Einzelner einen angemessenen Platz. Sie gehen nicht verloren oder werden »untergebuttert«. Die so gesammelten Themen und Fragen werden zu einem festgelegten Zeitpunkt (meistens am Ende der Sitzung, gelegentlich auch in einer fest geplanten Folgesitzung) wieder aufgegriffen und bearbeitet.

Vorgehensweise

- Hintergründe und Zweck eines Fragenspeichers werden vom Moderator zu Beginn der Arbeitssitzung eingeführt. Es wird in der Gruppe ein Zeitpunkt festgelegt, an dem der Speicher abgearbeitet wird.
- Können bestimmte Fragen oder Probleme im Verlauf der Arbeitssitzung nicht geklärt werden, oder würde deren Behandlung den Arbeitsprozess oder den Zeitrahmen sprengen, bietet der Moderator an, sie als Frage formuliert in den Speicher aufzunehmen. Der einzelne Teilnehmer oder die Gruppe helfen bei der Formulierung.
- Bevor die moderierte Sitzung beendet wird, muss noch einmal auf die Fragen im Fragenspeicher eingegangen werden. Die Gruppe entscheidet dann, wie sie damit weiter umgehen will: »Was hat sich im Verlauf der letzten Minuten oder Stunden erledigt, was kann jetzt schnell beantwortet werden, was muss auf den Maßnahmenplan und später bearbeitet werden?«

Besonders zu beachten

- Die Anonymität des Fragestellers kann auf besonderen Wunsch gewährleistet werden, indem der Moderator die ihm während einer Pause zugetragene Frage selbst aufschreibt und sie anschließend vorstellt.

Maßnahmenplan

Zweck des Maßnahmenplans

Die während der moderierten Sitzung erarbeiteten Ergebnisse oder vereinbarten Maßnahmen für »die Zeit danach« werden in eine konkrete und verbindliche Form gebracht, die die persönliche Verantwortung für einzelne Maßnahmen und die zeitliche Planung festlegt.

Vorgehensweise

- Alles, was im Anschluss an die moderierte Sitzung gemacht werden soll, wird so konkret wie möglich beschrieben und für alle sichtbar in den Maßnahmenplan eingetragen. Das Formulieren einzelner Maßnahmen für komplexe Aufgabenstellungen (»Was?«-Spalte) kann in Kleingruppen vorbereitet werden.
- Es dürfen nur anwesende Personen als Verantwortliche benannt werden (»Wer?«-Spalte).
- Der Zeitansatz für die Erledigung der Aufgabe muss realistisch sein. Hier erweist sich meist, ob die Maßnahme konkret genug beschrieben wurde (»Wann?«-Spalte).

- Für die (Selbst-)Kontrolle und die Motivation zur Maßnahmenbearbeitung ist es sinnvoll, als zusätzliche Spalte eine Erfolgsoperationalisierung anzubieten: »Wodurch ist die erfolgreiche Erledigung der Maßnahme gekennzeichnet? Wie sieht das konkrete Ergebnis aus, nachdem die Maßnahme abgeschlossen ist?«
- Einige Gruppen entschließen sich auch, das Umsetzen wichtiger Maßnahmen durch »Paten« begleiten zu lassen. Diese Paten sind nicht direkt am Umsetzen der Maßnahme beteiligt, erinnern aber den Verantwortlichen immer wieder an den Zeitplan, helfen bei auftretenden Schwierigkeiten oder bieten sich als Gesprächspartner an.

Besonders zu beachten

- Häufig lässt sich beobachten, dass Gruppenmitglieder in der »Schluss-Euphorie« einer erfolgreichen Arbeitssitzung mit großer Begeisterung umfangreiche Maßnahmenpläne erstellen. Jeder übernimmt gleich mehrere Aufgaben und verspricht »hoch und heilig«, alles pünktlich und perfekt zu erledigen. Die Gruppe trennt sich überglücklich, jeder eilt in sein Büro, sieht seine E-Mails durch, hört das Telefon, der erste Anruf aus dem »Alltag« und – die übernommenen Aufgaben bleiben liegen. Ein Maßnahmenplan kann nur dann seine Funktion erfüllen, wenn die Maßnahmen während der Erstellung gewissenhaft auf ihre Realisierbarkeit überprüft werden. Hier sollte der Moderator einer Selbstüberschätzung in der Gruppe entgegenwirken.
- Zu jeder Maßnahme müssen die dazugehörigen Spalten ausgefüllt werden. Findet sich für eine Maßnahme kein Verantwortlicher, so muss die Maßnahme wieder gestrichen werden.

Weitere mögliche Verfahren

Wir haben eingangs darauf hingewiesen, dass in einer moderierten Arbeitssitzung sämtliche Gruppenarbeitsverfahren für das Sammeln, Strukturieren, Bearbeiten oder Entscheiden von Themen eingesetzt werden können. Wichtig für ihren Einsatz in einer moderierten Sitzung ist, dass der Moderator

- das jeweilige Verfahren für die Zielerreichung während eines konkreten Arbeitsabschnittes für geeignet hält,
- seine Zielsetzung, Besonderheiten und Verfahrensregeln vorstellt,
- bei der Durchführung seine Rolle als Moderator konsequent einhält.

Die folgende Übersicht weist auf Quellen hin, in denen verschiedene Verfahren beschrieben werden, die in moderierten Gruppenarbeiten noch eingesetzt werden können.

Verfahren zum »Ankommen« in Gruppen, zur emotionalen Einstimmung auf ein Thema, zur Beziehungsgestaltung zwischen den Teilnehmern

- Röschmann: 111 mal Spaß am Abend, 4. Auflage 2006.
- Wallenwein: Spiele: Der Punkt auf dem i, 5. Auflage 2003.
- Müller: Mehr Bewegung ins Lernen bringen, 2003.
- König: Warming-up in Seminar und Training, 3. Auflage 2007.
- Blenk: Inhalte auf den Punkt gebracht – 125 Kurzgeschichten für Seminar, Training, Workshop, 2. Auflage 2006.

Verfahren zur Ideenfindung/Kreativitätstechniken

Hierbei handelt es sich um Verfahren, mit denen Gruppen bewusst ihr kreatives Potenzial zielgerichtet aktivieren können, zum Beispiel die »6-3-5-Methode«, das »imaginäre Brainstorming«, der »morphologische Kasten«, die »Semantische Intention«; zu finden in:

- Backerra/Malorny/Schwarz: Kreativitätstechniken. Kreative Prozesse anstoßen – Innovationen fördern, 2. Auflage 2002.
- Schlicksupp: Innovation, Kreativität und Ideenfindung, 6. Auflage 2004.
- Kasper/Emlein: QuerDenken. Tools und Techniken für kreative Kicks, 2003.

Verfahren zum Strukturieren von Ideen, Vorschlägen, oder Gedanken

Hierzu gehört das »Mind-Mapping«, das zunehmend auch in Gruppensitzungen Verwendung findet; siehe dazu: Krüger, Mind Mapping, [2]2004.

Verfahren zum Strukturieren von Informationen, zum Bewerten oder zum Herstellen von Beziehungen oder Abhängigkeiten sind beispielsweise das Ursachen- und Wirkungs-Fischgrätendiagramm, das Flussdiagramm, die Prioritätenmatrix oder das Kräftefelddiagramm; siehe dazu:

- Brassard/Ritter: Der Memory Jogger, 2000.
- Theden/Colsman: Qualitätstechniken, 2005.
- Malorny/Langner: Moderationstechniken, [2]2002.

Computerunterstützte Vorgehensweisen

Die Technik bietet es an: die computergestützte oder -unterstützte Moderation. So lässt sich das Karten-Antwort-Verfahren auch über den PC organisieren. Das hat natürlich Konsequenzen technischer Art, aber auch was den Ablauf und die Steuerung – »Moderation« – derartiger Prozesse angeht. Wer einen Einstieg in das sich rasant verändernde und weiterentwickelnde Themengebiet sucht, findet im Internet unter Suchbegriffen wie beispielsweise »elektronische Moderationsmethode« oder »e-moderation« Beschreibungen von Pilotprojekten und technischen Weiterentwicklungen. Wer in Büchern stöbern möchte:

- Autorengruppe e-writing.de: E-Learning und E-Kooperation in der Praxis, 2002.
- Busch/Mayer: Der Online-Coach, 2002.

Visualisierungen während der Moderation

Erfolgreiche Moderationen schaffen sich oft ein besonderes Problem: Sie erzeugen in kurzer Zeit sehr viel Komplexität. Wenn alle Gruppenmitglieder sich aktiv am Arbeitsprozess beteiligen, dann entstehen sehr viele Meinungen, unterschiedliche Ideen, konkrete Anregungen, kontroverse Standpunkte und Ergebnisse. Das engagierte Arbeiten vieler schafft viel Stoff. Damit davon in der Hektik des Arbeitens möglichst wenig untergeht und besonders Zwischen- und Endergebnisse nicht verloren gehen, damit aber auch alle Gruppenteilnehmer dieselben Inhalte vor Augen haben und sie so alle auf dem gleichen Stand sind, darum wird in moderierten Sitzungen so viel geschrieben, gemalt, gepunktet, also visualisiert.

Was wird visualisiert?

- Zielformulierungen, Vorgehensweisen, Spielregeln, Arbeitsfragen;
- Teil-, Zwischen- oder Endergebnisse, dies gilt auch für die Kleingruppenarbeit;
- offene Fragen, Konfliktpunkte;
- Vorschläge, über die entschieden werden soll, besonders wenn es mehr als drei sind und das Bearbeiten im Kopf nur noch mühsam gelingt;
- die Sammlung von Meinungen, Ideen, Standpunkten, Lösungsvorschlägen, die für das weitere Vorgehen von Bedeutung sind;
- konkrete Maßnahmen, Vorhaben, Pläne für die Zeit nach der Moderation sowie
- letztlich alles, was aus Sicht der Gruppe oder des Moderators schriftlich oder bildlich festgehalten werden muss, weil es für die Zielerreichung und den Gruppenarbeitsprozess von Nutzen sein kann.

Mit anderen Worten: Ein moderierter Arbeitsprozess ist immer auch ein visualisierter Arbeitsprozess. Aus Erfahrung empfehlen wir: Lieber mehr als weniger visualisieren.

Welche Medien werden eingesetzt?

Das *Flipchart*: Die visualisierten Informationen bekommen hohe plakative Wirkung, die Filzstifte sind besonders kontraststark, gezielt eingesetzt schaffen die Grundfarben Bedeutungsvielfalt. Das Schreiben ist leicht zu lernen und mit ein bisschen Übung lässt sich auch unter Zeitdruck so schreiben, dass es von allen leicht gelesen werden kann. Die einzelnen Blätter können abgehängt und für alle während des gesamten

Prozesses gut sichtbar aufgehängt werden. Die große Schrift kann leicht abfotografiert und als Datei verschickt oder weiterverarbeitet werden.

Die *Pinnwand*: Das Medium einer moderierten Sitzung, flexibel einsetzbar, leicht beweglich und mit großer Arbeitsfläche auch übersichtlich für größere Gruppen nutzbar. Mehrere Pinnwände zusammengestellt, bilden optimale Arbeitsflächen, auf denen komplexe Prozesse oder große Ideensammlungen noch übersichtlich abgebildet werden können. Das schnelle Anpinnen und Strukturieren von Karten jeder Größe, Form und Farbe erleichtert das flexible Bearbeiten von Themen. Zusätzlich kann die Pinnwand auch als Flipchart genutzt werden. Unser Tipp: Bei der Vorbereitung einer moderierten Arbeitssitzung lieber einige Pinnwände mehr bestellen.

Der *Overheadprojektor*: Auf den Folien kann mitgeschrieben werden. Anschließend dienen sie als Kopiervorlage für die Erstellung des Protokolls. Ein Nachteil: Ist die erste Folie einmal vollgeschrieben und weicht der zweiten, verschwindet ihr Inhalt von der Bildfläche. Folien lassen sich nicht ganz so gut in Form einer Plakatgalerie im Arbeitsraum aufhängen wie die großen Flipchartblätter.

Das Problem des »Verschwindens« von Informationen stellt sich auch beim Einsatz von *Tafeln* – unabhängig davon, ob es sich um die alte, schwarze oder grüne Schultafel oder die modernen weißen »Whiteboards« handelt. (Ausnahme: Copyboards, die die beschriebenen Flächen gleichzeitig kopieren). Aber auch damit lässt sich visualisieren, der Moderator muss nur sicherstellen, dass der Inhalt einer vollgeschriebenen Tafel konserviert wird, zum Beispiel durch das Abfotografieren mit einer Kompaktkamera. Und als Ersatz für die Pinnwand können die Karten auf der Tafeloberfläche mit etwas Kreppband befestigt werden.

Der *Laptop (mit oder ohne Beamer)*: Geeignet, um wichtige Entscheidungen oder Ideensammlungen gleich in publizierbarer Form festzuhalten, und unverzichtbar, wenn komplexe Szenarien mit unterschiedlichen Zahlen durchgerechnet werden sollen, um Entscheidungen zu treffen.

Wie wird visualisiert? Die wichtigsten Grundregeln

Das einheitliche Layout

Damit die Teilnehmer jede Visualisierung auf einen Blick verstehen, empfiehlt es sich, den Aufbau und die Funktionen von Farben, Formen und Symbolen in allen Visualisierungen einheitlich zu verwenden: Beispielsweise werden alle Überschriften schwarz mit roter Unterstreichung, alle Hervorhebungen erster Ordnung rot, zweiter Ordnung grün, die Schrift schwarz oder blau.

Der einheitliche Einsatz von Formen und Farben gilt auch bei der Verwendung der Karten für die Pinnwand. So können den verschiedenen Farben und Formen auch eindeutige Funktionen zugeordnet werden. Beispielsweise können grüne Karten für das Notieren von Pro-Argumenten, rote dagegen für die Contra-Argumente verwendet werden.

Die Überschrift

Jede Visualisierung braucht eine Überschrift, die knapp und schlagwortartig wiedergibt, was dargestellt werden soll. So können verschiedene Visualisierungen auf einen Blick unterschieden und der Inhalt der einzelnen Plakate, Folien oder Bilder schnell identifiziert werden.

Der Einsatz von Farben

Mit Farben können inhaltliche Aussagen der Visualisierung unterstützt und Wichtiges hervorgehoben werden. Für das Auge haben Farben starke Signalwirkung. Daher sollten sie gezielt und sparsam verwendet werden. Gleiche Farben wie auch gleiche Formen suggerieren einen engen Zusammenhang. Wenn verschiedene Aussagen in einer Visualisierung in der gleichen Farbe abgebildet sind, fasst das Auge sie unbewusst zu einer Gruppe zusammen.

Die Schriftgestaltung

Die Schrift muss ohne Anstrengung für alle Teilnehmer an der Gruppensitzung zu lesen sein. Jede Anstrengung des Auges, um zu klein oder undeutlich Geschriebenes zu entziffern, bedeutet zusätzliche Mühe und lenkt vom inhaltlichen Arbeiten ab.

Wie sollte die Schrift in Visualisierungen gestaltet sein?

Die Schriftgröße muss so gewählt werden, dass sie auch von der »hintersten Bank« aus ohne Mühe gelesen werden kann. Für Flipchart- und Pinnwand-Visualisierungen liegt die Mindestschriftgröße bei etwa 35 mm. Eine Faustregel für Folien und PC-Schrift besagt, dass die Schriftgröße mindestens fünf Millimeter betragen muss, um aus einer Entfernung von fünf Metern noch gut lesbar zu sein. Folgende Vorschläge verhelfen zu einer lesbaren Handschrift bei Visualisierungen:

Hans-Jürgen Frank

Visualisierungen professioneller einsetzen

Aus: Ideen zeichnen

Drei Grundregeln

Zeichentricks – das Geheimnis des professionellen Zeichners

Für mich gibt es drei wesentliche Grundregeln für das professionelle Visualisieren in Workshops, Gesprächen und Arbeitssitzungen.

- Die erste Grundregel heißt: Ich zeichne nur, was ich wirklich zeichnen kann.
- Die zweite heißt: Ich verwende beim Zeichen konsequent immer die gleichen Elemente.
- Die dritte lautet: Ich schaffe mir meine persönliche Zeichenroutine. (Das bedeutet: Ich entscheide mich für klare einfache Elemente, Materialien, Regeln und Rituale.)

In meinen Zeichenseminaren habe ich die Erfahrung gemacht, dass es praktisch für jeden Moderator, Trainer, Coach und für jede Führungskraft möglich ist, Inhalte, Ideen und Gesprächsergebnisse wirkungsvoll in Bildern darzustellen, wenn sie diese Grundregeln befolgen.

Regel 1
»Können«: Ich zeichne nur, was ich wirklich zeichnen kann!

Um diese Regel befolgen zu können, muss ich zunächst herausfinden, was ich selbst wirklich gut zeichnen kann. Ich brauche meine spezifischen Zeichenelemente, um alles leicht und spielerisch in Bildern darzustellen. Die Sammlung dieser Zeichenelemente ist meine visuelle Sprache, mein Bildbaukasten.

Ich selbst habe gelernt, dass es mir nicht immer sofort gelingt, bestimmte Formen zu zeichnen, die ich zum Darstellen von Inhalten brauche. Dazu gehören:

- die perfekt gerade Linie,
- der exakt runde Kreis,
- das ausgewogene, präzise Rechteck oder Quadrat,
- der schöne Pfeil mit einer geraden Spitze im Gleichgewicht.

Da ich weiß, dass es mir häufig nicht gelingt, diese Formen schnell und professionell vor vielen Zuschauern zu zeichnen, habe ich beschlossen, dass ich sie nicht mehr verwende. Es gibt in meinen Zeichnungen also keinen perfekt gezeichneten Kreis oder Pfeil, kein genaues Rechteck oder Quadrat und keinen perfekten, geraden Strich.

Andererseits habe ich die Erfahrung gemacht, dass ich mithilfe dieser Formen – Linie, Kreis, Rechteck und Pfeil – eigentlich alle Aussagen, Sachverhalte und Prozesse wirkungsvoll darstellen könnte. Wie ich dieses Dilemma für mich gelöst habe, sehen Sie auf S. 100ff. Dort zeige ich Ihnen den Bildbaukasten, den ich mir zusammengestellt habe. Er enthält die Elemente, die ich gut zeichnen kann und denen es mir gelingt, alle Inhalte ins Bild zu bringen. So ist es für jeden möglich, seine eigene Zeichensprache zu entwickeln.

Zeichnen und mehr

- Ich zeichne nur, was ich zeichnen kann.
- Ich zeichne, was ich will.
- Ich will nur, was ich kann.

Hinter diesen Aussagen steckt mehr für mich. Was immer ich mit dieser Einstellung zeichne, immer sende ich neben dem gezeichneten Inhalt zusätzlich eine Botschaft über mein Tun aus. Diese Botschaft heißt: »Ich habe es in der Hand. Was ich mache, das kann ich auch, das hat Hand und Fuß.« Das bringt eine Grundstimmung der Sicherheit für mein Tun. Das ist der Schlüssel dafür, dass mich alle meine Gesprächspartner, die mir beim Zeichnen zusehen, als einen professionellen Zeichner akzeptieren.

Natürlich gilt diese Erfahrung nicht nur für das Zeichnen, sondern ebenso für andere Tätigkeiten: Ich erreiche dann Professionalität, wenn ich in meinem Handeln erlebbar mache, dass ich die volle Kontrolle über das habe, was ich tue. Das Zeichnen kann dafür eine Übung sein.

Nur das zu tun, was ich wirklich kann und worin ich Routine habe, darf freilich nicht bedeuten, dass ich nichts in meinem Tun verändern, neu lernen und ausprobieren darf. Auf der Grundlage einer sicheren Routine entsteht für mich im Gegenteil die Verpflichtung und die Chance, Neues auszuprobieren und zu entwickeln. Veränderung kann auch in einer kontinuierlichen langsamen Weiterentwicklung erfolgen. So habe ich über Jahre erlebt, dass sich meine Art des Zeichnens in vielerlei Hinsicht verändert hat.

Regel 2
»Konsequenz«: Ich verwende beim Zeichen konsequent immer die gleichen Elemente

Dieser Satz bedeutet: Ich zeichne die Elemente, die ich für meinen Bildbaukasten ausgewählt habe, konsequent immer in der gleichen Weise. So erreiche ich, dass die Ähnlichkeit der Elemente untereinander sichtbar wird.

Für unser Zeichnen bedeutet das entweder sehr viel Übung oder eine sehr ökonomische Auswahl der Grundelemente, die wir auch mit wenig Übung immer wieder so zeichnen können, dass sie konsequent, ähnlich und durchgängig gekonnt aussehen.

In meinen Zeichenkursen habe ich gelernt, dass es nicht das Wesentliche war, welche Formen und Elemente die Teilnehmer für ihre visuelle Sprache auswählten. Wichtig war aber die Konsequenz und Durchgängigkeit, mit der sie die Darstellung ihrer Elemente realisierten. Allein dadurch, dass sie ihre Formen immer wieder in der gleichen Weise verwendeten, erschien ihre Darstellung überzeugend. Denn eine Form immer wieder ähnlich zu zeichnen heißt ja auch: Das ist kein Zufall, dass ich es so mache. Ich will diese Form eben genau so zeichnen. Eine nicht perfekt gezeichnete Form, die alleine für sich vielleicht nicht sehr geschickt erscheinen würde – so als hätte man sie nicht besser gekonnt –, kann sehr wohl überzeugend wirken, wenn ich sie immer wieder im gleichen Duktus verwende.

Durch eine solche Einheitlichkeit kann der Eindruck von Professionalität erreicht werden. Diese Beobachtung bestätigt sich, wenn man Karikaturen in Zeitungen oder Zeitschriften über längere Zeit verfolgt. Hier werden manchmal auch »nicht sehr gekonnt aussehende« Bildelemente zu einem Stilmerkmal des Karikaturisten.

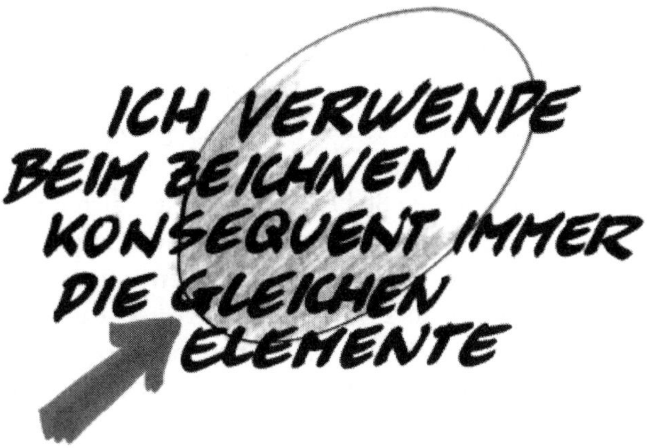

Regel 3
»Routine«: Ich entscheide mich für meine eigenen klaren Regeln und schaffe mir meine persönliche Zeichenroutine

Wenn in diesem Buch von Regeln gesprochen wird, so sind diese als Vorschläge zu verstehen, nicht als »ein Muss für gutes Zeichnen«. Wesentlich ist, dass jeder seinen individuellen Weg des Visualisierens findet, seine eigenen Rituale definiert und auf seine Weise mit Leben füllt. Eine »Zeichendoktrin« darf es hier nicht geben. Ziel ist aber die Entscheidung für wenige einfache, klare Regeln, die zur eigenen Person passen und das Zeichnen sicher und gekonnt realisierbar machen.

Konkret bedeutet das, aus der großen Palette von Farben, Materialien, Formen und Elementen wenige auszuwählen. Denn eine große Zahl verschiedener Stifte, Farben und Symbole würde beim Zeichnen unnötig viel Aufmerksamkeit in Anspruch nehmen und zu viel Zeit für die Auswahl kosten. Dadurch würde das Zeichnen von dem eigentlich Wesentlichen, den Inhalten und Wissensstrukturen, ablenken.

Empfehlenswert ist eine kleine Zahl von Grundsymbolen und Grundstrukturen, die es erlauben, alle Inhalte darzustellen. Außerdem sind Entscheidungen hilfreich, wie einzelne Elemente gebraucht werden: zum Beispiel die Richtung der Schrift, der Schwung der Bubbles, das konsequente Hinausschreiben über den Rand der Bubbles oder das Ziel, Linien mit einem klaren Beginn und einem klaren Ende darzustellen.

Solche Entscheidungen führen zu einem persönlichen Weg für das Zeichnen und schaffen Vertrauen und Routine. Außerdem unterstützen sie die Grundstimmung mit der Botschaft: Ich habe es in der Hand. Das Verwenden einer Schraffur für eine gezeichnete Figur kann etwa zum Ausdruck bringen: »Ich komme genau und präzise mit meinen Strichen und meiner Schraffur bis dorthin, wohin ich kommen will; und ich erreiche, was ich erreichen will.«

Das Zeichnen ist das Wichtigste – und gleichzeitig das Unwichtigste

Das Wesentliche beim Arbeiten mit Bildern ist für mich nicht das Zeichnen. Gerade deshalb aber ist das Üben des Zeichnens so wichtig. Weil das Zeichnen eigentlich das Unwichtigste ist, braucht es viel Routine. Wenn diese Routine mit wenigen, immer wieder vorkommenden Zeichenelementen und einer ganz kleinen Auswahl immer wieder verwendeter Zeichenwerkzeuge ganz in »Fleisch und Blut« übergegangen ist, dann hat das Zeichnen den richtigen Stellenwert erreicht. Zeichnen ist dann zur Routine geworden, über die wir nicht mehr nachdenken müssen, weil Farben- und Formenwahl automatisch ablaufen. So lenkt das Zeichnen unsere Aufmerksamkeit in keinster Weise von den Aussagen ab, die wir in der Arbeitssitzung hören oder besprechen. Das ist wesentlich, denn es geht beim Zeichnen in Dialogsituationen um die Inhalte, nicht um das Zeichnen. Die Inhalte sind es, die unsere ganze Aufmerksamkeit, Konzentration und Hinwendung brauchen.

Ausnahmesituationen

Die drei vorgestellten Regeln gelten vor allem dann, wenn ich in Anwesenheit von anderen Personen direkt in einer Workshopsituation oder während einer Moderation zeichne, wenn ich alleine für mich sehr schnell etwas visuell darstellen will oder wenn meine neuen Zeichnungen zu bestimmten Workshopbildern passen sollen. Wenn ich aber zur Vorbereitung, zum Beispiel vor einem Workshop oder einer Moderation, alleine Bilder zeichne und genügend Zeit habe, oder wenn ich ganz spezielle Dinge oder Sachverhalte genauer und nicht mit meinen gewohnten Zeichenelementen darstellen will, dann macht es Sinn, einzelne meiner Regeln nicht zu beachten.

So kann ich beispielsweise durch das Benutzen von Vorlagen neue Zeichnungen und Piktogramme entwickeln, die nicht in das Repertoire meiner sonst genutzten Symbole gehören. Hierfür empfiehlt es sich, durch mehrfach optimierte Skizzen das Darzustellende so lange zu zeichnen, bis es gekonnt aussieht.

Manchmal passiert es mir, dass mich Teilnehmer einer Arbeitssitzung bitten, etwas ganz Bestimmtes zu zeichnen, das eigentlich nicht zu meinem Zeichenrepertoire gehört: beispielsweise einen bestimmten Fahrzeugtyp, eine bestimmte Maschine oder ein bestimmtes Tier. Und dies soll ich dann in den Zeichnungszusammenhang einbauen. Wenn ich das nicht ablehnen will, erlaube ich mir, zuerst mit Bleistift zu skizzieren, die Skizze zu optimieren und dann nachzuzeichnen. Ich lege dazu ein leeres Blatt Papier auf die Skizze und zeichne die durchscheinende Skizze nach. Das kann ich mehrfach hintereinander tun, bis ich mit meiner Zeichnung zufrieden bin.

Der Bildbaukasten

Die Grundelemente

In der Folge möchte ich die Grundelemente aus der Sicht meiner drei Grundregeln vorstellen. Am meisten Gewinn haben Sie, wenn Sie beim Lesen gleich mitzeichnen. Das Ziel ist, dass Sie Ihren eigenen Bildbaukasten zusammenstellen:

- mit den Formen, die Sie am besten zeichnen können,
- die Ihnen entsprechen und gefallen und
- die Sie immer wieder in der gleichen »Handschrift« wiederholen können.

Probieren Sie auch Alternativen aus. Entscheiden Sie sich dann aber für Ihre Form.

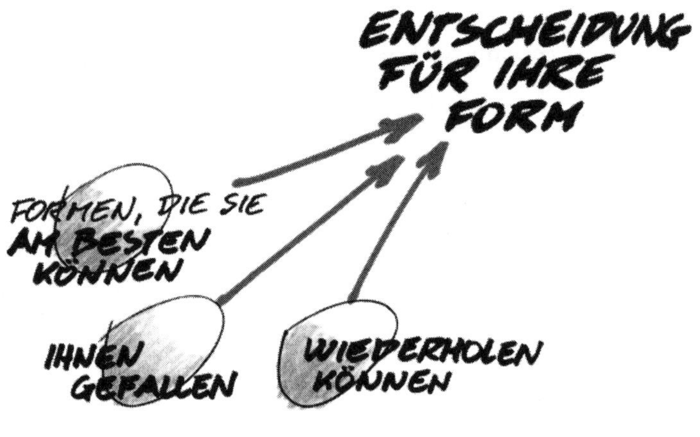

Das Bubble

Es ist sehr schwierig, einen Kreis mit einer exakten Rundung gekonnt, professionell und ohne Ausbesserung zu zeichnen, vor allem, wenn andere zusehen.

Nach dem Motto: »Ich zeichne nur, was ich zeichnen kann!« habe ich daraus folgende Konsequenz gezogen: Ich zeichne keinen Kreis, weil ich keinen Kreis zeichnen kann. Stattdessen entscheide ich mich für eine Form, die ich immer wieder sehr ähnlich zeichnen kann, und die – wie der Kreis – eine Reihe wichtiger Funktionen in meinen Zeichnungen erfüllt.

Es ist das Bubble, ebenfalls wie der Kreis eine rundliche Form. Ich zeichne sie mit Schwung und denke dabei: »Ich zeichne eine positive Grundstimmung, wenn ich sie mit einer Tendenz nach rechts oben auf das Papier bringe.« Und ich erreiche damit eine ziemlich typische Form. Ich demonstriere damit auch: »Ich habe es in der Hand.« Vor allem wenn es mir gelingt, die beiden Enden der rundlichen Form ziemlich präzise immer wieder in der gleichen Machart zu schließen oder sie immer wieder in der gleichen Weise offen darzustellen.

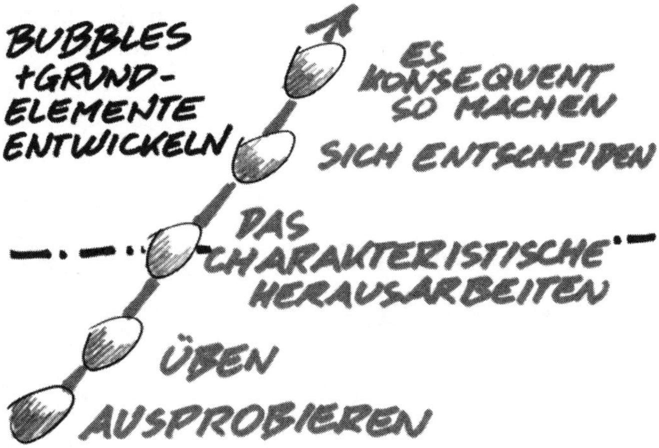

Mit dem entsprechenden Stichwort oder Symbol kann das Bubble ganz unterschiedliche Inhalte repräsentieren: einen Gesichtspunkt, eine Person, ein Arbeitsgebiet, eine Abteilung, eine Firma, einen Standort, ein Ziel, eine Aufgabe und vieles mehr.

Der Strich

Ein exakt, genau und gerade aussehender Strich ist ohne Lineal schwer zu ziehen. Ich habe mich deshalb entschlossen, keinen geraden Strich zeichnen zu wollen. Mein Strich ist immer mit Schwung leicht gebogen. Selbst bei dieser trivial erscheinenden Form gelingt es mir, durch die Art und Weise, wie ich sie zeichne, Können zum Ausdruck bringen. Das liegt nicht nur an der konsequent durchgehaltenen Qualität der schwunghaften Bewegung. Auch die genaue Darstellung von Beginn und Ende des Striches, der klare Anfang und der klare Schlusspunkt der Linie, stützen diesen Eindruck.

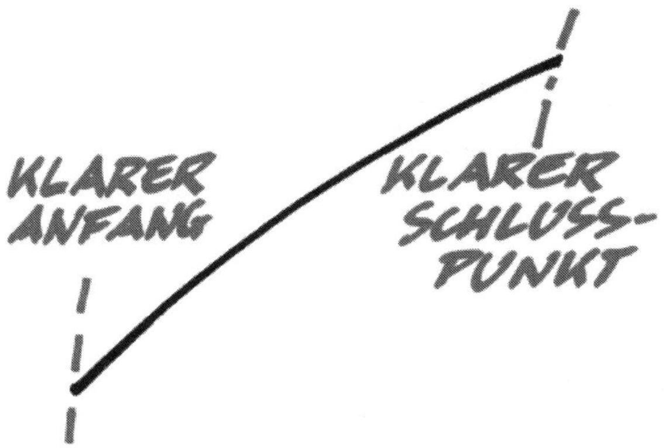

Hierdurch kann ich deutlich machen: »Genau bis hierher wollte ich, dass mein Strich geht, und kein bisschen weiter«, zum Beispiel wenn er genau bei der Überschneidung mit der Umrisslinie eines Bubbles endet.

Die Verknüpfung von Bubbles durch Striche

Mit Hilfe von Bubbles und Strichen können bereits die Grundstrukturen für unterschiedlichste Infomationszusammenhänge dargestellt werden. Der Strich repräsentiert dabei die Verbindung. Die Bubbles verkörpern die einzelnen Inhalte und Informationselemente.

Ich zeichne die Linien so, dass diese zwar an der Umrisslinie der entsprechenden Bubbles enden, aber die gedachte Fortsetzung der Linien unmittelbar in das Zentrum des entsprechenden Bubbles führt. Das Zentrum des Bubbles ist dabei der optische Mittelpunkt. Diese Darstellungsweise bewirkt, dass die Struktur gekonnt und ausgewogen aussieht. Im Gegensatz dazu fällt uns immer wieder in grafischen Darstellungen auf, dass die Verknüpfungen von Kreisen, Ovalen oder rechteckigen Kästchen unausgewogen aussehen. Es entsteht der Eindruck, etwas sei »daneben«.

Der Grund dafür ist, dass der optische Schwerpunkt als Ziel der Verbindungslinien nicht beachtet wurde, und dass die Platzierung der Verknüpfungen in einem einzigen

Schema an verschiedenen Stellen ziemlich unterschiedlich erfolgt ist, ohne klar durchgehaltenes Konzept, ganz beliebig: zum Beispiel mal von der Ecke eines rechteckigen Kästchens aus, dann mehr oder weniger genau in die Mitte zielend. Besonders störend ist dies, wenn es bei zwei verknüpften Elementen sehr unterschiedlich gehandhabt wurde.

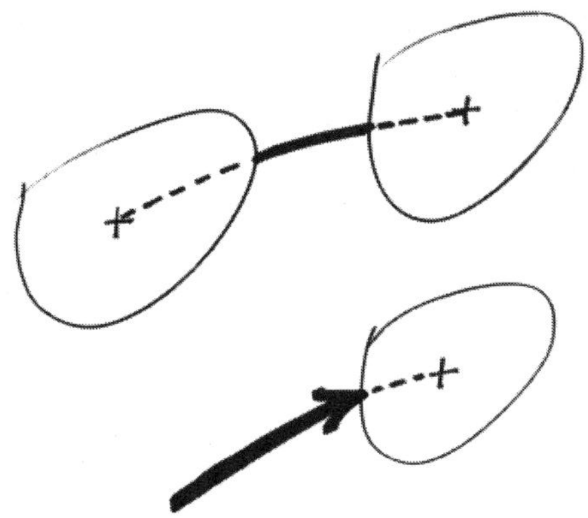

Der Pfeil

Die Teilnehmer meiner Zeichenseminare haben sich immer wieder darüber beklagt, dass ihre Pfeile wegen der unregelmäßigen, unsymmetrischen Spitze nicht gekonnt aussehen.

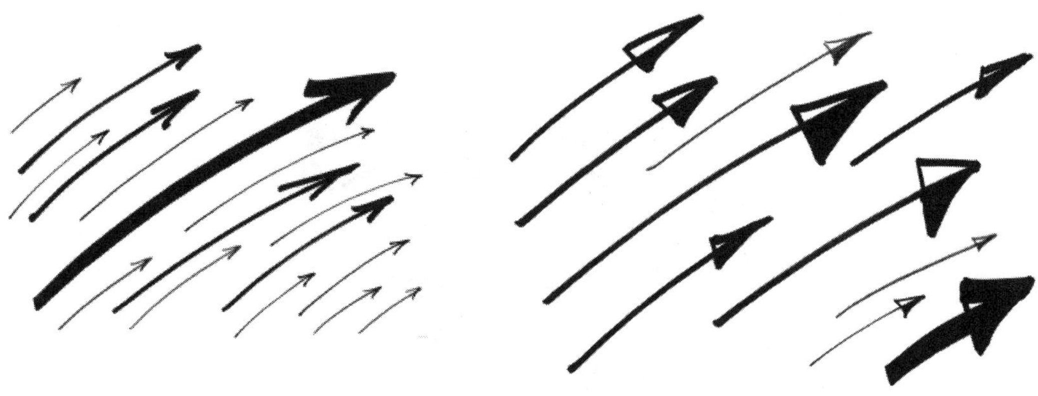

Mich persönlich stört das nicht, aber man kann diese Pfeile durch einen kleinen Trick optimieren. Nehmen wir als Vorbild die Pfeile, wie sie manchmal von Architekten gezeichnet werden. Wir können die Enden der Linien, die die Pfeilspitze bilden, einfach durch einen Strich miteinander verbinden. So entstehen an der Spitze unseres Pfeiles zwei geschlossene Dreiecke. Wen die Unregelmäßigkeit der beiden Dreiecke stört, der kann eines der beiden Dreiecke mit der Pfeilfarbe ausfüllen.

Dadurch zeigen Sie, dass Sie eine symmetrische und gleichmäßige Darstellung gar nicht angestrebt haben. Dies ist wieder eine Möglichkeit, die erste Regel zu praktizieren: »Ich zeichne nur, was ich zeichnen kann.« Sie können hinzufügen: »... und wie ich es zeichnen will.« Eine interessante Wirkung können Sie erzielen, wenn Sie das Dreieck mit Farbe so füllen, wie es die menschliche Wahrnehmung von Licht und Schatten gewöhnt ist: Füllen wir das unten liegende Dreieck einer Pfeilspitze mit Farbe aus, dann erscheint es dunkler als das nicht ausgefüllte. So wird eine plastische und räumliche Wirkung unterstützt. Das unten liegende Dreieck wird in unserer Wahrnehmung gleichsam für die Schattenseite, das oben liegende für die beleuchtete Seite der Pfeilspitze stehen. Dies entspricht unserer Erfahrung in der Natur, in der wir gewohnt sind, dass das Licht von oben kommt. Außerdem hat der dunklere Teil der Pfeilspitze optisch mehr Gewicht als der hellere und ist deshalb für eine ausgewogene Zeichnungsstruktur besser unten platziert.

Die Personen

Wenn ich in meinen Zeichenseminaren Personen zeichnen lasse, dann sehe ich immer wieder bei einigen Teilnehmern Strichmännchen auf dem Papier entstehen. Ich zeige diese Zeichnungen dann herum und weise darauf hin, dass diese Darstellungen sehr an Kinderzeichnungen erinnern. Dies kann störend sein, wenn wir Inhalte visualisieren wollen, welche seriös diskutiert werden sollen, die wichtige, ernst zu nehmende Themen behandeln. Um von der kindlichen Darstellung wegzukommen, gibt es einen einfachen Trick. »Beschränken Sie sich bei Ihren Personen nicht auf das Gerippe, geben Sie ihnen Fleisch.« Schon wenn wir einem Strichmännchen durch eine farbige Schraffur körperliches Volumen an den richtigen Stellen geben, ändert sich der Eindruck grundlegend.

Ich zeichne Personen immer durch Umrisslinien, die ihr Körpervolumen andeuten. Dabei verwende ich zwei Typen von Piktogramm-Symbolen:

- stehende und
- sitzende Personen.

Beide Typen können in sehr unterschiedlicher Weise dargestellt werden:

- in einer rundlichen oder
- in einer eckigen Formensprache.

Erstes und auffälligstes Kriterium für die zeichnerische Qualität unserer Person ist ihre Proportion, in erster Linie das Verhältnis von den Beinen zum Oberkörper und zum Kopf. In meiner Zeichenpraxis habe ich diese Proportion nie metrisch ermittelt. Mit ein bisschen Übung gelingt es, die Größenverhältnisse automatisch gut zu treffen. Für meine Zeichenschüler habe ich trotzdem einmal versucht, die Proportion zu beschreiben, die ich in meinen gezeichneten Personen herausgemessen habe. Meine stehenden Personen kann man in sechs Maßeinheiten unterteilen:

- Die oberste Maßeinheit markiert die Größe des Kopfes.
- Der Oberkörper nimmt im Wesentlichen die nächsten zwei Maßeinheiten ein, wobei ich die Umrisslinien rechts und links gerne etwas länger zeichne – bis zu einer Maßeinheit weiter nach unten.
- Die Beine gehen vom Boden aus zwei bis drei Maßeinheiten nach oben.

Meine sitzenden Personen zeichne ich drei Maßeinheiten groß:

- Zwei Maßeinheiten hat der Oberkörper,
- eine Maßeinheit der Kopf.

Die Darstellung von Kindern gelingt am besten, wenn wir den Kopf unserer Person im Verhältnis zum Körper größer zeichnen. Bis zu einer gewissen Kopfgröße kann man sagen: Je kleiner das Kind, desto größer der Kopf im Verhältnis zum restlichen Körper. Eindeutig als Kind ist unsere Person erkennbar, wenn wir sie neben eine erwachsene Person zeichnen. Dabei können wir beide symbolisch so miteinander verbinden, dass es aussieht, als gäben sie sich die Hand.

Gerne gebe ich meinen Personen eine feste Basis:

- eine schnelle Linie für den Boden, auf dem sie stehen, oder
- den Tisch, an dem sie sitzen.

Beim Zeichnen von Personen ist mir eine stark vereinfachte Darstellung wichtig. In der Regel führe ich weder Arm- noch Beinstellungen besonders aus.

Ich zeichne keine Hände oder Füße außer in bestimmten besonderen Fällen, wenn dies für die inhaltliche Aussage notwendig ist. Auch dann führe ich allerdings keine Details aus. Dies gilt gleichermaßen für das Zeichnen der Köpfe meiner Personen. Ich verzichte grundsätzlich auf die Darstellung von Gesichtern.

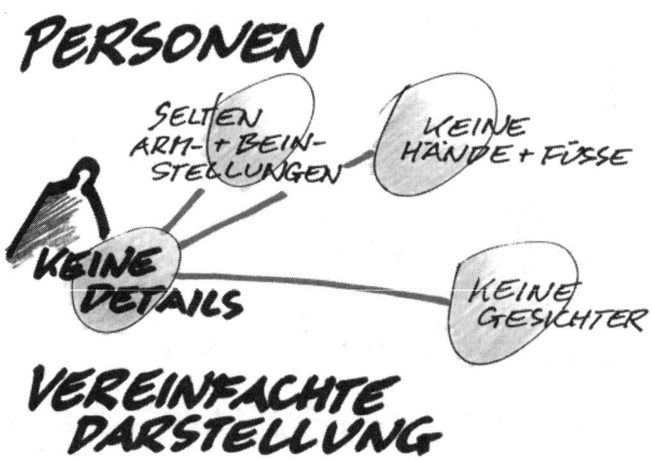

Das Zeichnen von Gesichtern zeigt besonders deutlich, was die Umsetzung der Regel »Ich zeichne nur, was ich zeichnen kann« bedeutet. Es ist schwierig Gesichter schnell, gekonnt und aussagegerecht zu zeichnen. Dies hat mehrere Gründe:

- Es ist schwierig, die einzelnen Elemente des Gesichts: Stirn, Augen, Nase, Mund und Ohren, professionell zu zeichnen. Außerdem müssen die Größenverhältnisse und Abstände zwischen den einzelnen Elementen ziemlich genau stimmen. Beides ist wichtig, damit unsere Zeichnung nicht lächerlich wirkt.
- In Gesichtern sehen wir leicht bestimmte Personen. Die Ähnlichkeit zu Personen muss aber gekonnt und sicher dargestellt werden.
- Gesichter zeigen eine Stimmungslage: Freude, Trauer, Glück, Ärger. Der Ausdruck der Zeichnung muss übereinstimmen mit der inhaltlichen Intention und der Aussage, die gemacht werden soll.

In meinen Zeichenübungen habe ich häufig erlebt, dass Gesichter, die von Teilnehmern gezeichnet wurden, Gelächter bei den Betrachtern hervorgerufen haben. In einer Arbeitssitzung oder einem Workshop, in dem ernsthaft inhaltlich gearbeitet werden soll, würde das stören. Daher sage ich den Teilnehmern meiner Zeichenkurse oft: »Vorsicht vor Gesichtern.«

Andere Zeichenelemente und der Charakter der Bilder

Mithilfe dieser bisher besprochenen Zeichenelemente sind bereits praktisch alle Inhalte bildlich darstellbar. In Kombination miteinander können sie Strukturen, Inhalte und Zusammenhänge zum Ausdruck bringen. Einen illustrativen oder dekorativen Charakter können wir dadurch erreichen, dass weitere Elemente in die Bilder eingebaut werden: verschiedene Gegenstände, technische Elemente, Maschinen, Fahrzeuge, Tiere, Pflanzen, Landschaften, Gebäude.

Ich bevorzuge es, meine Bilder eher nüchtern zu halten und nur so viele Bildelemente zu verwenden, wie unbedingt notwendig, um die Inhalte klar darzustellen und diskutierbar zu machen. Weitere Bildelemente oder genauer ausgeführte realitätsnähere Darstellungen verwende ich nur, wenn dies zur inhaltlichen Klärung notwendig ist, inhaltlichen Mehrwert schafft oder wenn für einen Gesichtspunkt besondere Aufmerksamkeit geweckt werden soll.

Je nachdem, welche Bildelemente und welchen Zeichenstil wir wählen, kann unsere Visualisierung ganz unterschiedlichen Charakter zeigen:

- nüchtern, seriös, wenn wir uns auf die einfachsten Elemente beschränken;
- ernsthaft gehalten, für ein Projekt;
- illustrativ, wenn unsere Zeichnung viele realitätsnahe Details enthält, die konkreter sind als die bei den Grundelementen beschriebenen Formen;
- unterhaltsam, auflockernd.

Auch der Anteil von Schriftelementen im Vergleich zur Menge der Zeichenelemente wirkt sich auf den Charakter der Bilder aus.

Farben

Für die farbliche Gestaltung wäre es möglich, nach Erkenntnissen der Farbpsychologie oder den Erfahrungen über die Symbolik der Farben vorzugehen. Ich habe mich aber für einfachere Kriterien der Farbauswahl entschieden, die mein Zeichnen schneller machen. Trotzdem hier ein paar Bedeutungen, die mit Farben verknüpft werden:

- **Rot:** dynamische anregende Kraft, Stimulation, Energiebeschleuniger, Liebe, Wut, Feuer, Blut, Symbol des Kriegs, Herrschen, brutale Gewalt, Liebeslust, Fahne der Revolution, Purpur der Könige, Begeisterung, Extrovertiertheit, Emotion, Signalfunktion.
- **Orange:** ähnlich wie Rot, lebendige Kraft, Feuer, Sonne, Licht, Wärme.
- **Gelb:** Reflexion, Meditation, Veränderung, Expansion, dynamisches Gleichgewicht, Lachen, Freude, Leichtigkeit, Gesamtheit des Lichts, überlaufender Glanz, materieller Reichtum, Geist, Herrschen, alle Möglichkeiten, Farbe des Philosophen, Klarheit, Expansion, Signal für Unvorhergesehenes.
- **Grün:** Frische, Kälte, Sicherheit, Energieverlangsamer, Ruhe, Stille, Beruhigung, Gleichgewicht, Analyse.
- **Blau:** Kälte, Frische, Introvertiertheit, Beruhigung, Ruhe, Fülle, Entspannung, Tiefe, Traum, Meditation.
- **Violett:** Magie, Dichte der Materie, Mystik, Melancholie.

Meine Farbauswahl für schnelle Bilder

Die Auswahl der Farben für diese Art von Bildern richtet sich für mich in erster Linie nach Kriterien der Einfachheit und Operationalität beim Zeichnen. Wie die Verwendung der Formen, so nutze ich auch die Farben zur inhaltlichen Darstellung. Folgende Funktionen kann ich durch sie erreichen:

- Hervorheben,
- inhaltlich Unterstützen sowie
- Unterscheiden.

Unterscheiden und Hervorheben von Inhalten gehen Hand in Hand: Rot, Orange und Gelb dienen zur Unterscheidung von unterschiedlichen Gesichtspunkten, Abteilungen, Personen, Produkten, Arbeitsschritten und Ähnlichem, die ich gleichzeitig als wichtig hervorheben möchte. Grün, Hellblau und Dunkelblau benutze ich zur Unterscheidung weniger wichtiger Aspekte.

Hilfreich erscheint mir die Entscheidung für wenige Farben. Dies erlaubt es uns, in kurzer Zeit eine sichere Routine für die Farbwahl zu entwickeln. Schnelligkeit ist für mich wichtig. Ich will nicht viel Zeit und Überlegung für die Auswahl aus einer großen Palette von Farben aufwenden. Wichtiger ist es mir auch hier, meine Aufmerksamkeit und Energie auf die Inhalte zu konzentrieren.

Die verschiedenen Farben nutze ich zum Ausfüllen der gezeichneten Elemente. Dabei eröffnet die Kombination mit unterschiedlichen Strukturen und unterschiedlichen Arten von Stiften trotz der wenigen ausgewählten Mittel ein breites Spektrum von Möglichkeiten für die inhaltliche Gestaltung.

Im Folgenden möchte ich beschreiben, welche Farben ich in meinen Bildbaukasten aufgenommen habe und wofür ich sie verwende.

Grundgerüst und farbige Schwerpunkte

Umrisse von Elementen wie Bubbles oder Personen zeichne ich immer schwarz. Diese schwarzen Linien bilden zusammen mit roten und orangefarbenen Pfeilen oder Verbindungslinien ein Gerüst, das den Zeichnungen Zusammenhalt und eine Grundstruktur gibt.

Das ist mir in der Vielfalt der Elemente wichtig. Farbige Umrisslinien würden aus meiner Sicht zu viel Unruhe in die Bilder bringen. Dieses Streben nach Einheitlichkeit unterstütze ich durch die Textelemente. Ich schreibe immer mit Schwarz, nur in bestimmten Fällen verwende ich Rot.

Durch farbiges Ausfüllen von Bubbles, Personen und anderen Elementen können wir nicht nur die einzelnen Elemente im Hinblick auf Inhalt, Zusammengehörigkeit oder Wertigkeit markieren, sondern auch im Bild optische Gewichtungen vornehmen, die inhaltliche Bedeutung für die Bildstruktur haben. Durch Farbdichte und teilweises Ausfüllen von Zeichenelementen dosieren wir die Größe des Schwerpunktes und simulieren so eine Licht- und Schattenverteilung. Wenn wir Schwerpunkte in einem Bild setzen, so ist es interessant zu beachten, dass wir damit Ausgewogenheit oder Ungleichgewicht zum Ausdruck bringen können. Das kann so weit gehen, dass das Bild »optisch umkippt«, wenn wir die Schwerpunkte entsprechend verteilen.

Außerdem können wir auch ganze Bildmodule in einer Bilderwand als Schwerpunkt hervorheben.

Meine Farben und Stifte

Die folgende Tabelle zeigt welche Farbe ich mit welchem Mittel beziehungsweise welcher Stiftart, für Zeichenelemente, Inhalte oder Funktionen verwende und welche Qualität ich so für den dargestellten Inhalt symbolisiere. Bleistift verwende ich gerne in kleineren Bildern für Umrisse, Schrift und Schraffur.

Farbe	Stiftart	Zeichenelemente, Inhalte, Funktionen	Qualität
Rot	Filz- und Farbstift	• Pfeile • Verbindungslinien • Überschriften • Wichtige Schlüsselwörter • Hebt hervor	• Wichtiges • Verbindungen und Verknüpfungen • Richtungen zeigen und auf etwas hinzielen
Orange	Filz- und Farbstift	• Pfeile • Verbindungslinien	Unterscheidung gegenüber Wichtigem, das in Rot dargestellt ist
Gelb	Nur Farbstift	• Für das Leuchtende, Strahlende, Glänzende, Hervorhebende	• Verbindender, hervorhebender, wesentlicher Kontext • Verbindender Hintergrund
Grün	Nur Farbstift	• Für alles Natürliche, Gemeinschaftliche, Freundliche • Für das Kommunikative • Für Ökosysteme • Zur Darstellung des Zusammenspiels	Wirkt harmonisch, naturverbunden und nachhaltig
Dunkelblau	Nur Farbstift	• Lässt sich einsetzen für alles Technische • Darstellung von Maschinen	
Hellblau	Nur Farbstift	• Als Hintergrund • Ideal für das Leichte, nicht genau Festgelegte	• Für nicht so Wichtiges • Alles, was in den Hintergrund tritt
Schwarz	Nur Farbstift	• Schrift • Überschriften • Erklärendes • Alle Konturen	• Schwarze Umrisse • Oft als Struktur, die das Bild »zusammenhält« (Gerüst des Bildes) • Schriften als Rahmen

Vergleich Filzstift und Farbstift – Ausfüllen von Zeichenelementen

Den Einsatz von Filz- und Farbstiften konnten Sie schon der vorangegangenen Tabelle entnehmen. Zur Verdeutlichung möchte ich aber beide nochmals im Vergleich gegenüberstellen.

Zu Filzstiften lässt sich Folgendes festhalten:

- **Striche:** Klaren Anfang und genauen Endpunkt beachten.
- **Weiterverarbeitung:** Die harten Umrisse sind besonders gut geeignet für die Reproduktion (Computer oder Kopie).
- **Aber:** Es sind keine Zwischentöne möglich.
- **Zu beachten ist:** Mit einer Strichstruktur können leicht Textelemente und Worte »durchgestrichen« werden.
- **Schraffur:** Eine flächige Schraffur mit Filzstift sieht meist »geschmiert« aus.

Farbstifte sowie Bleistifte sind für den folgenden Einsatz geeignet:

- **Schraffur:** Künstlerische Tradition, interessante Strukturen.
- **Zwischentöne** entstehen.
- **Licht und Schatten** lassen sich andeuten, dies bringt plastische und räumliche Eindrücke.
- **Strichstruktur:** Es kann auch über Worte gezeichnet werden, ohne diese »durchzustreichen«.
- **Großflächige Strukturen** sind möglich.

Auch Wachsmalkreide kann zum Ausfüllen verwendet werden. Blockkreiden sind sehr schön für flächige Strukturen und Hintergründe von Charts. Probieren Sie aus, was Sie am liebsten in Ihren Bildbaukasten aufnehmen.

Die Schrift

Die Schwierigkeit mit der Schrift

Wenn ich ein zweitägiges Zeichenseminar halte, so gelingt es, die bisher genannten Zeichenelemente so weit zu üben, dass es für jeden Teilnehmer möglich ist, seinen eigenen Bildbaukasten zusammenzustellen. Oft fragen mich aber die Teilnehmer gezielt: »Wie könnten wir es schaffen, eine gute Schrift zu bekommen?« Dann versuche ich mit den Teilnehmern, das Schreiben zu üben. Bei der Schrift können wir aber nicht so schnell vorwärtskommen wie bei den bisher beschriebenen Zeichenelementen. Schrift braucht weitaus mehr Übung. Ein Grund dafür mag sein, dass wir uns in unserem Alltag über längere Zeit eine bestimmte Art zu schreiben angeeignet haben.

Ein Trick zur sofortigen Verbesserung Ihrer Schrift

Zurzeit gebe ich meinen Teilnehmern folgenden Tipp, wenn sie mich fragen, wie sie sich schnell eine gute Schrift aneignen können: »Ihre Schrift wird nie ganz ›daneben‹ sein oder unschön aussehen, wenn Sie einfach nur gut leserlich schreiben. Das bringt schon sehr viel. Denken Sie mit Wohlwollen an die Person, für die Sie schreiben. Diese soll ihre Schrift gut lesen können. Sie soll verstehen, was Sie schreiben, und möglichst viel davon haben. Konzentrieren Sie sich auf den Empfänger, statt sich verkrampft zu zwingen, um jeden Preis professionell schreiben zu wollen.«

Entwicklung Ihres persönlichen Alphabets

Wenn wir uns bemühen, leserlich und einheitlich zu schreiben – möglichst in Druckbuchstaben –, so ist der erste Schritt in Richtung einer individuellen gekonnten Schrift getan. Wir erkennen, was das Typische an unseren Buchstaben ist und wie wir diese in eine leserliche Schrift verwandeln können. Auf dieser Grundlage können wir unser persönliches Alphabet zusammenstellen.

Sehen Sie dazu Ihre geschriebenen Texte an und suchen Sie die Buchstaben heraus, die Ihnen gefallen. Diese schreiben Sie ein paar mal und versuchen dabei herauszuarbeiten, was Sie an diesen besonders gelungen finden. Die besten Buchstaben schreiben Sie dann nochmals als Alphabet nebeneinander. Das ist die Grundlage für Ihr weiteres Üben. So gehen Sie von Ihrem gewohnten Schreibstil aus, was Ihnen das Üben der Schrift erleichtern wird.

Wählen Sie diejenigen Buchstaben aus,

- die gut leserlich, ansprechend sind und Ihnen gefallen,
- die Sie gekonnt und schnell ausführen können und
- die Sie immer wieder konsequent und in der gleichen Weise wiederholen können.

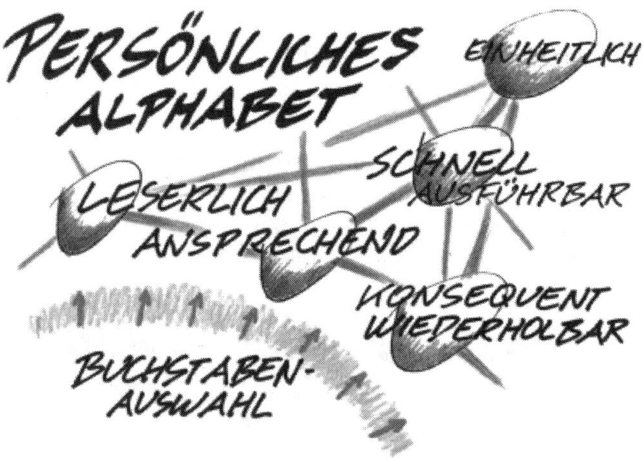

Es ist dabei wichtig, die passende Stifthaltung zu finden. Probieren Sie diese am besten mit verschiedenen Stiften aus.

Schriftmodelle und Regeln

Wenn Sie sich die Zeit nehmen wollen und Freude daran haben, können Sie eine Schrift nach einer Modellvorlage üben. Bei meiner Schrift habe ich mich für folgende Grundregeln entschieden:

- Ich schreibe immer gerade, auf einer gedachten horizontalen Linie (nicht um eine Rundung herum).
- Ich verwende in allen meinen Bildern drei Schriftgrößen: Überschriften und Schlüsselbegriffe groß, weitere Stichwörter mittelgroß, erklärende Textelemente klein.
- Die verschiedenen Schriftgrößen, die ich innerhalb eines Bildes verwende, unterscheiden sich deutlich voneinander.
- Ich versuche nie, meine Schrift in eine gezeichnete Form hineinzupressen. Da das oft nicht gelingt, habe ich mich dafür entschieden, grundsätzlich über die Konturen von Bubbles oder anderen gezeichneten Formen hinauszuschreiben.
- Um die Lesbarkeit zu erleichtern, vermeide ich es, Wörter zu trennen oder abzukürzen.

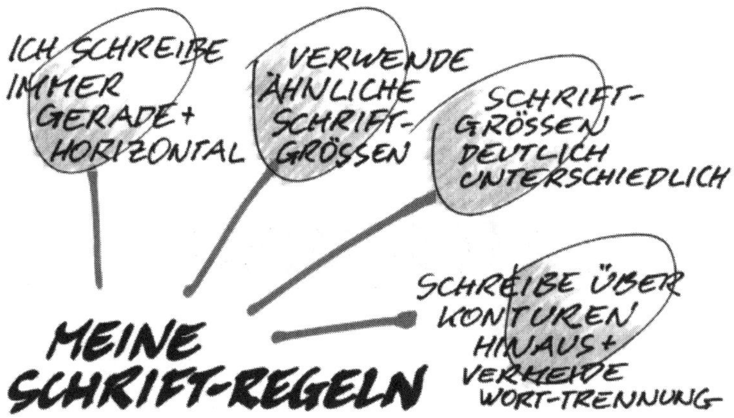

Schrift mit Groß- und Kleinbuchstaben

In seinem Buch »100 Tipps & Tricks für Pinnwand und Flipchart« schlägt Bernd Weidenmann eine Schrift mit Groß- und Kleinbuchstaben zum Üben vor. Diese Schrift für den PC ist zu beziehen bei der Firma Neuland, Postfach 1180, 36124 Eichenzell, www.neuland.de.

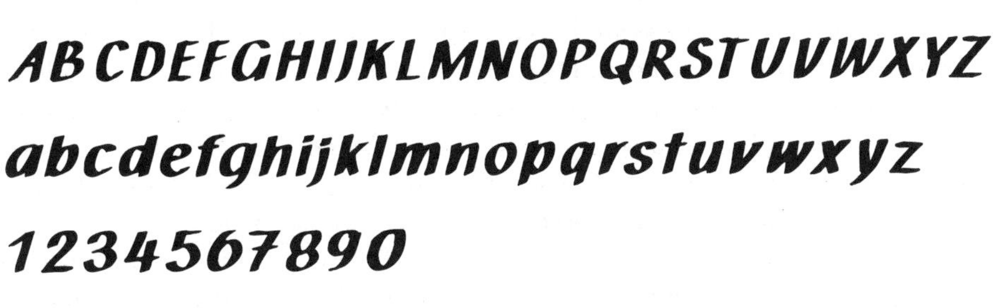

Weidenmann rät, darauf zu achten, dass die Buchstaben nahe genug zusammengeschrieben werden.

Hier sehen Sie, wie ich gerne Groß- und Kleinbuchstaben sowie Zahlen schreibe.

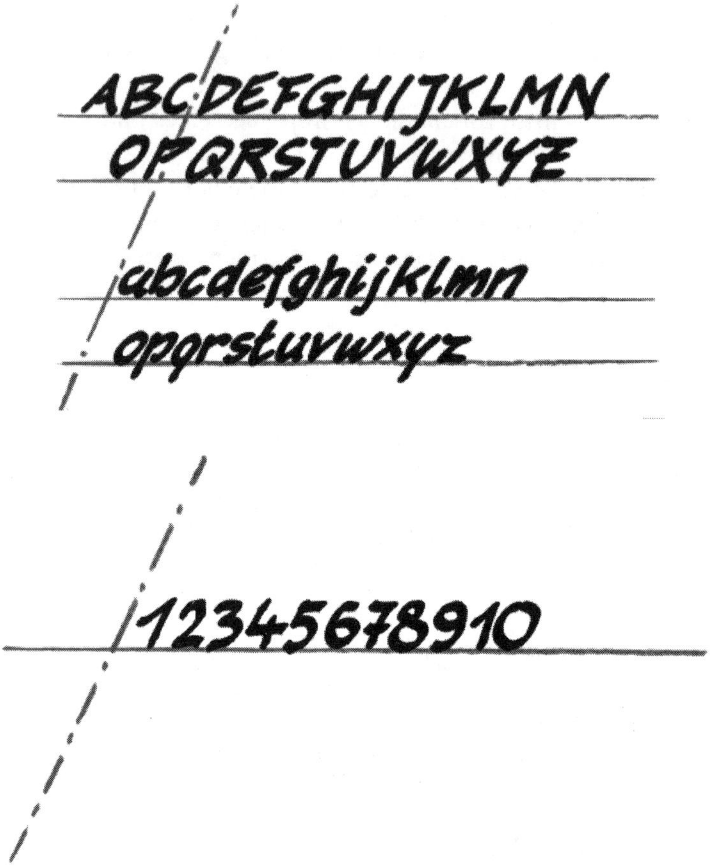

Schrift mit Großbuchstaben

Das Schreiben ausschließlich mit Großbuchstaben hat gegenüber der Groß- und Kleinschreibung Vor- und Nachteile: Texte, die ausschließlich in Großbuchstaben geschrieben werden, sind nicht so gut lesbar. Dennoch bevorzuge ich sie, weil sie klarere und ruhigere Schriftblöcke bilden. Dies erscheint mir wichtig, da die manuelle Darstellung mit verschiedenen Zeichenelementen und den unterschiedlichen Farben meist bereits sehr vielfältig aussieht und eher eine Tendenz zur Unruhe hat. Mithilfe von Großbuchstaben können wir optisch einheitliche Schriftblöcke bilden. Sie schaffen bei unruhigen Zeichnungen eine stabile Basis oder eine Art Rahmen.

Dies ist für Flipcharts genauso wohltuend wie für Bildmodule. Als hilfreich zeigt sich die Fassung durch Schriftblöcke bei Serien mit nebeneinander oder untereinander angeordneten Bildmodulen oder bei größeren Bildwänden. Hier helfen Schriftblöcke, die einzelnen Bildmodule als Einheiten voneinander abzugrenzen.

Wie in den Zeichenelementen unterstütze ich gerne auch durch die Schrift symbolisch eine positive Stimmung, indem ich meine Buchstaben nach rechts oben ausrichte. Als Schriftfarbe verwende ich fast ausschließlich Schwarz. Nur in besonderen Fällen, zum Beispiel um etwas besonders hervorzuheben oder um einen Text von einer schwarzen Schrift zu unterscheiden, verwende ich die Farbe Rot.

Dabei nutze ich im Wesentlichen drei Schriftgrößen auf DIN-A4-Querformat (s. auch »Das Layout«, S. 121ff.):

- Überschriften und Schlüsselbegriffe, die in das Bild hineinführen, schreibe ich so groß, dass sie auch aus der Entfernung – beim Gespräch mit einer Gruppe von Personen über die Bilder – gut lesbar sind.
- Weitere wichtige Stichwörter schreibe ich etwas kleiner, aber so, dass sie für die Gesprächspartner noch lesbar sind.
- Erklärende Texte schreibe ich noch kleiner, sodass diese nur aus nächster Nähe lesbar sind. Aufgrund der kleineren Schriftgröße können so ausführlichere Erklärungen, Zusätze und Hinweise aufgeschrieben werden. Diese müssen aber nicht für alle Gesprächsteilnehmer aus der Entfernung lesbar sein. Sie können von einer Person vorgestellt werden, die nahe genug am Bild steht. Alle Teilnehmer sollten aber die Position dieser Texte im Bild und damit ihren Kontext, ihre Verknüpfungen und ihre Zugehörigkeit zu Bildelementen auch noch von Ferne gut erkennen.

Die Gestaltung eines Bildes

Strukturqualitäten

Der Schlüssel für die effektive visuelle Inhaltsarbeit ist es, durch die Bilder und ihre Bildelemente klare Strukturen sichtbar zu machen. Sie werden dadurch leichter verständlich und besser diskutierbar. Folgende Möglichkeiten haben wir dafür zur Verfügung:

- Platzierung der Zeichenelemente innerhalb des Bildes,
- Größe der Bildelemente,
- optische Schwerpunkte,
- Verknüpfungen der Bildelemente,
- Klarheit über Unklarheit,
- Dichte und Leere.

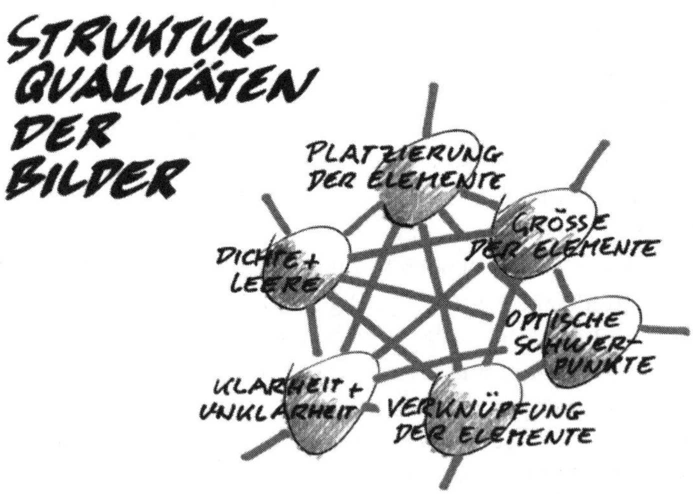

Platzierung der Zeichenelemente innerhalb des Bildes

Klarheit in der Inhaltsstruktur entsteht zunächst dadurch, an welcher Stelle die einzelnen Zeichenelemente angeordnet sind. Wichtiges kann aussageunterstützend oben im Bild gezeigt werden. Basiselemente, die eine Grundlage bilden, passen gut in die unteren Bereiche des Bildes. Was in der zeitlichen Abfolge am Anfang steht, kann links oder unten, darauf Folgendes und später Kommendes, eher rechts oder weiter oben im Bild stehen. Das ist uns vertraut für die Darstellung von Reihenfolgen. Der Abstand der Zeichenelemente unterstützt die Aussage, wie nahe die Inhaltspunkte zusammengehören beziehungsweise wie weit sie inhaltlich voneinander entfernt sind.

Größe der Bildelemente

Die Größe, die die Bildelemente im Vergleich zueinander haben, bringt ihre Wichtigkeit zum Ausdruck. Nicht die Länge der Schrift sollte also die Größe eines Bubbles bestimmen, sondern seine Bedeutung in der Inhaltsstruktur. Deshalb ist es auch so hilfreich, dass wir grundsätzlich über den Rand der Bubbles hinausschreiben.

Optische Schwerpunkte

Bedeutung und Wichtigkeit von Informationselementen können auch durch das Setzen von Schwerpunkten und das Hervorheben einzelner Gesichtspunkte veranschaulicht werden. Dies wird durch Markieren der entsprechenden Zeichenelemente mit Farben, Schraffur, Strichlierung zum Ausdruck gebracht. (Siehe auch: Grundgerüst und farbige Schwerpunkte.)

Verknüpfungen der Bildelemente

Gezeichnete Verbindungslinien veranschaulichen, welcher Inhaltspunkt zu welchem gehört und wie beide verknüpft sind. Ob diese Verknüpfung im Vergleich zu anderen stärker, enger, dichter oder wichtiger ist, kann durch die Farbe, Dicke, Strichlierung oder Verdoppelung der Verbindungslinien dargestellt werden. Verschiedene Farben zeigen verschiedene Arten von Zusammengehörigkeiten mehrerer Elemente zu unterschiedlichen Gruppierungen.

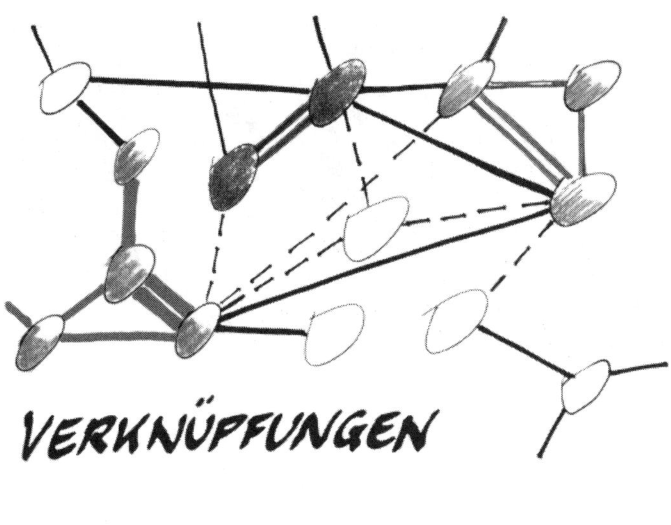

Klarheit über Unklarheit

Die beschriebenen Möglichkeiten sind wirkungsvolle Mittel, um Klarheit über die Art, Qualitäten und Zusammenhänge in der Informationsstruktur zu schaffen. Zur Klarheit gehört aber auch, dass Einsicht darüber entsteht, was noch unklar ist: also Klarheit über Unklarheiten. Wesentlich ist es dafür, unklare Strukturen ebenfalls sichtbar zu machen: Widersprüche, Gegensätzliches, Informationslücken, offene Fragen und Ähnliches.

Dichte und Leere

Grundsätzlich ist es mein Ziel, das Wichtige darzustellen – am besten nur das, was für die Aussage und die Wissensstruktur notwendig ist. Ich will möglichst wenig auf ein Bildmodul, auf eine Karte oder ein Flipchart zeichnen. Dies unterstützt die Übersichtlichkeit der Visualisierung. So sind meine Bilder leichter zu erklären, schneller verständlich zu machen und als Grundlage für Dialog und Diskussion zu nutzen.

Beim Visualisieren habe ich beobachtet, dass ich meine Bilder meist nicht ganz fülle, sondern einen Teil des Blattes oder der Karte leer lasse. Diese freien Flächen geben die Möglichkeit, später noch Informationen hinzuzufügen, was in Workshops und Arbeitssitzungen hilfreich ist. Außerdem baue ich gerne ein Spannungsverhältnis zwischen sehr dicht angelegten Bereichen mit vielen Bildelementen und freien leeren Flächen in meinen Zeichnungen auf. In Einzelbildern erscheinen mir leere Flächen als wohltuend. Sie verhelfen den gezeichneten Elementen zu ihrem Raum.

Wenn mehrere Bilder in einer Bilderwand, in einer Broschüre oder in einer Reihe von Flipcharts nebeneinander gezeigt werden, gelingt es, durch volle und leere Flächen Abgrenzungen zwischen den Bildern, zwischen verschiedenen Bereichen, Themen oder zwischen unterschiedlichen Strukturen zu schaffen. Gerade angesichts der großen Vielfalt von Formen und visuellen Elementen, die in einer Bilderwand zusammenkommen, erscheint mir eine Auflockerung durch Freiräume wichtig.

Das Layout

Layout für kleine Bilder und Bildmodule

Beim Bildermachen habe ich klare Vorstellungen für das Layout. Es hat drei Gründe, warum ich mich gerne an diese halte:

- Schnelligkeit beim Bildermachen,
- Durchgängigkeit der Bilderwand (trotzdem nicht langweilig) sowie
- schnelle und leichte Lesbarkeit.

Schnelligkeit beim Bildermachen

Wenn ich meine Layoutkonzepte beachte, wird mein Zeichnen schneller, routinierter und sicherer. Ich muss nicht erst überlegen, wo ich die einzelnen Elemente platzieren werde. Außerdem eigne ich mir durch die immer wieder praktizierte Anwendung ähnlicher Layouts ein sicheres Gefühl dafür an, wofür, an welcher Stelle, wie viel Platz zur Verfügung stehen wird.

Durchgängigkeit der Bilderwand

Ich habe gemerkt, dass es sich positiv auf die Gesamtstruktur einer Bilderwand auswirkt, wenn bestimmte strukturelle Merkmale immer wieder in den Bildern vorkommen. Mit Layoutvorstellungen meine ich aber nicht, dass alle Bilder exakt den gleichen Aufbau haben müssen. Das könnte uniform wirken.

Es macht aber Sinn, in der Vielfalt der Bilder eine gewisse strukturelle Durchgängigkeit zu verwirklichen. Ich erreiche das dadurch, dass ich mehrere Layouttypen im Kopf habe, die ich beim Bildermachen anwenden kann.

Schnelle und leichte Lesbarkeit

Wenn die Bilder nach einfachen wiederkehrenden Strukturen aufgebaut werden, sind sie leichter und schneller lesbar. Hier ist die Gliederung nach

- Schlüsselwort, das in das Bild hineinführt,
- Piktogramm,
- Untertitel und
- Erklärung

ungeheuer hilfreich.

Bereiche des Layouts

Meine Layouttypen sind ausgelegt auf Querformat (DIN A6 oder DIN A4) und beinhalten folgende Bereiche:

- das einführende Schlüsselwort oder eine Headline,
- das Piktogramm mit seiner Beschriftung,
- den Untertitel,
- die genauere Erklärung, gegebenenfalls mit Unterpunkten sowie
- das resümierende Textelement.

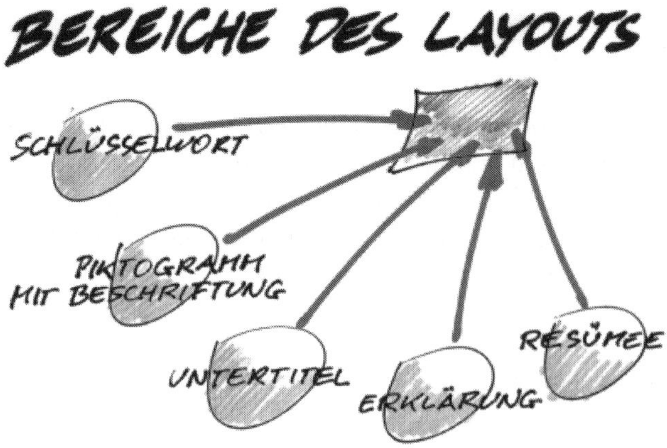

Zum Layout gehört auch, dass ich den einzelnen Bereichen, die Textelemente enthalten, entsprechende Schriftgrößen, Farben und Elemente wie Spiegelstriche zuordne. Für die Schriftgrößen scheint mir folgender Grundsatz besonders wirkungsvoll: Ich entscheide mich für bestimmte Schriftgrößen, die ich durchgängig verwende. Ich achte darauf, dass sich diese deutlich voneinander unterscheiden. Für jeden der Bereiche ist im Layout ein Raum vorgesehen. Diese Räume sind in den verschiedenen Layouttypen an unterschiedlichen Stellen angeordnet. Die Aufteilung habe ich beim Bildermachen im Hinterkopf, gehe aber beim Zeichnen sehr flexibel damit um, je nachdem, wie viel Inhaltsumfang die einzelnen Räume aufnehmen müssen. Es kann auch vorkommen, dass es zu einem der Bereiche keinen Input gibt, aber ein anderer größer angelegt werden muss, weil viele erklärende Unterpunkte vorkommen oder das Piktogramm besonders viel Platz in Anspruch nimmt.

Schlüsselwort oder Headline

Das einführende **Schlüsselwort** oder die **Headline** schreibe ich in der größten Schriftgröße, die ich verwende, und mit der dicksten Stiftdicke. Es ist so gewählt, dass mir die Vorstellung des Bildes auf jeden Fall gelingt, selbst wenn ich mich nicht mehr an die Inhalte erinnern sollte. Wenn ich zum Beispiel ein Projekt nach Jahren ohne Vorbereitung noch einmal vorstellen möchte. Dann muss ich mir nur dieses Schlüsselwort oder die Headline laut vorlesen. Diese führt mich sicher in das Bild hinein. Nachdem das Grundthema auf diese Weise für die Zuhörer ausgesprochen und von mir erkannt ist, fällt es mir leichter, von hier aus – wie bei einem Spaziergang – die Geschichte des Bildes zu erzählen, denn ich weiß jetzt, auf welchem Terrain ich mich bewege.

Das Piktogramm

Das **Piktogramm** ist der zentrale Teil des Bildes. Es nimmt den größten Bereich des Bildes ein. Es kann sehr unterschiedlich aussehen, ist aber meist mit dünnen Strichen gezeichnet. Auch die Beschriftung ist eher mit dünnen Stiftstärken ausgeführt. Je nach Bedeutung und Länge des Textelements wähle ich Schriftgröße und Strichdicke, verwende aber in einer Bilderserie immer ähnliche Schriftgrößen und Schriftarten. Gerne hebe ich einzelne Stichworte mit größerer, dickerer Schrift hervor. Eines scheint mir für die Beschriftung innerhalb der Piktogramme besonders hilfreich: Grundsätzlich schreibe ich über die Umrisslinien der Piktogrammteile hinaus. Zum Beispiel reicht meine Schrift immer deutlich über die Ränder meiner Bubbles hinaus.

Der Untertitel

Der **Untertitel** erlaubt eine Präzisierung des Schlüsselwortes. Er hat eine deutlich kleinere Schriftgröße, kann unmittelbar unter dem Schlüsselwort stehen und dieses auch in ein bis zwei Zeilen weiterführen. Oft schreibe ich den Untertitel unter das Piktogramm, um dessen Thema noch mehr zu präzisieren.

Die genaue Erklärung und das resümierende Textelement

Die **genauere Erklärung** füllt oft einen kleinen mehrzeiligen Textblock, der häufig aus einer Reihe von Unterpunkten besteht. Diese können gut mit farbig hervorgehobenen Spiegelstrichen gekennzeichnet werden, beispielsweise in Rot, Orange oder Grün. Das **resümierende Textelement** fasst bei Bedarf das Besondere des Inhalts noch einmal kurz zusammen.

Layouttypen

Wie für die anderen in diesem Buch beschriebenen Tipps gilt auch hier, dass jeder seine eigenen Formen, Rituale und Regeln finden muss. Zum Layout möchte ich Ihnen mehrere Typen vorschlagen. Ich baue nicht alle Bilder nach dem gleichen Schema auf, sondern nutze mehrere Layouttypen in einer Bilderserie oder einem Workshop, je nachdem welcher mir spontan für den jeweiligen Inhalt oder für die darzustellende Aussage am günstigsten erscheint. Die hier vorgeschlagenen Typen können beliebig kombiniert, durch neue Bereiche ergänzt oder auf weniger Felder eingeschränkt werden.

Layouttyp A

- Das Schlüsselwort zum Einstieg mit großer Schrift: ganz oben.
- Das Piktogramm als größter Bereich mit 2/3 der Bildbreite und 3/4 der Bildhöhe: darunter links.
- Untertitel deutlich kleiner: direkt unter Schlüsselwort.
- Erklärung mit Unterpunkten mit der kleinsten Schrift des Bildes: rechts vom Piktogramm.
- Das resümierende Textelement mit Schriftgröße wie Untertitel: unter Piktogramm.

Layouttyp B

- Das Schlüsselwort zum Einstieg mit großer Schrift: ganz unten.
- Das Piktogramm als größter Bereich: linke Seite, oben, mit 2/3 der Bildbreite, mit 2/3 Bildhöhe.
- Untertitel deutlich kleiner: direkt unter das Schlüsselwort.
- Erklärung mit Unterpunkten mit der kleinsten Schrift des Bildes: rechts neben Piktogramm.
- Das resümierende Textelement: nicht ausgeführt.

Layouttyp C

- Ein kurzes Schlüsselwort zum Einstieg mit großer Schrift: ganz oben links, falls nötig in zwei bis drei Zeilen.
- Das Piktogramm als größter Bereich mit 2/3 der Bildbreite und 2/3 der Bildhöhe: rechte Seite oben.
- Untertitel deutlich kleiner: nicht ausgeführt.
- Erklärung mit Unterpunkten in der kleinsten Schrift: links vom Piktogramm.
- Das resümierende Textelement mit Schriftgröße wie Untertitel: unter Erklärung.

Layouttyp D

- Das Schlüsselwort zum Einstieg mit großer Schrift: ganz oben
- Das Piktogramm als größter Bereich über gesamte Bildbreite und 2/3 der Bildhöhe: in der Bildmitte.
- Untertitel deutlich kleiner: unter Schlüsselwort.
- Erklärung mit Unterpunkten in der kleinsten Schrift des Bildes: rechts unter Piktogramm.
- Das resümierende Textelement mit Schriftgröße wie Untertitel: unter Erklärung.

Füllen des Layouts in kleinen Bildern

Für das Füllen des Layouts sehe ich vor allem zwei unterschiedliche Situationen:

- Bei der Visualisierung meiner eigenen Inhalte, wenn ich einen Input oder den Einstieg für ein Seminar vorbereite, gehe ich flexibel mit der Reihenfolge um, in der ich die verschiedenen Layoutbereiche fülle.
- Die Visualisierung der Aussagen anderer Personen in Workshops und Arbeitssitzungen ist für mich meist geprägt davon, dass ich versuche, die vom Gesprächspartner vorgestellten Inhalte genau wiederzugeben. Die vorgetragenen Schlüsselwörter halte ich deshalb meist zuerst fest, um diese exakt zu treffen.

Es gibt zwei verschiedene Vorgehensweisen:

- Ich halte das Schlüsselwort zum Einstieg fest und stelle damit sicher, dass ich das Wesentliche mit dem Begiff, wie er in der Aussage vorkam, wörtlich erfasse. Anschließend kann ich die Stichpunkte zur Erklärung aufschreiben. Dies ist besonders dann empfehlenswert, wenn viele komplexe Inhalte vorkommen. Danach zeichne ich das Piktogramm. Bei dieser Vorgehensweise ist mein Gefühl, dass ich sofort wieder frei werde für die folgenden Aussagen, ohne zu viel im Gedächtnis behalten zu müssen, während weitere Gesichtspunkte angesprochen werden.

- Eine andere Möglichkeit wäre, mit einer bildlichen Struktur zu beginnen. Dabei könnte es vorkommen, dass das exakte Wort, das gesagt wurde, einmal vergessen wird. Diesen Weg sehe ich als eine Möglichkeit, mich bewusst vom Verbalen zu trennen und bildlich zu denken. Ich habe dies als besonders hilfreich empfunden, wenn es nicht vorrangiges Ziel ist, die Schlüsselworte präzise festzuhalten, sondern wenn ich beim Zeichnen das Wesentliche herausarbeiten und zusammenfassen will, um dann erst einen geeigneten Überbegriff zu finden.

Durch die zweite Möglichkeit entstehen Bilder, die eher die Sicht des Zeichners zu den wichtigen Punkten im Zusammenhang und Überblick wiedergeben. Hier werden sich die Gesprächspartner allerdings nicht immer sofort wieder finden, da der persönlichen Interpretation des Zeichners mehr Spielraum gelassen wurde. Deshalb ist es besonders wichtig, genau mit den Teilnehmern zu prüfen, ob alles passend dargestellt worden ist.

Oft habe ich beobachtet, dass ich kleine Bilder, bisweilen auch Charts, nicht von oben nach unten fülle, sondern flexibler mit dem Platz umgehe, als ich das bisher beschrieben habe.

So zeichne ich zum Beispiel das Piktogramm zentral in die Mitte des Blattes und lasse viel Raum außen herum frei. Das Bild sieht dann in jedem Fall fertig aus, auch wenn keine weiteren Elemente hinzukommen. Ergeben sich aber zusätzliche Aspekte, so habe ich Platz dafür.

Welche Art des Vorgehens ich auch wähle, immer ist es mein Ziel, nur das Wichtigste festzuhalten.

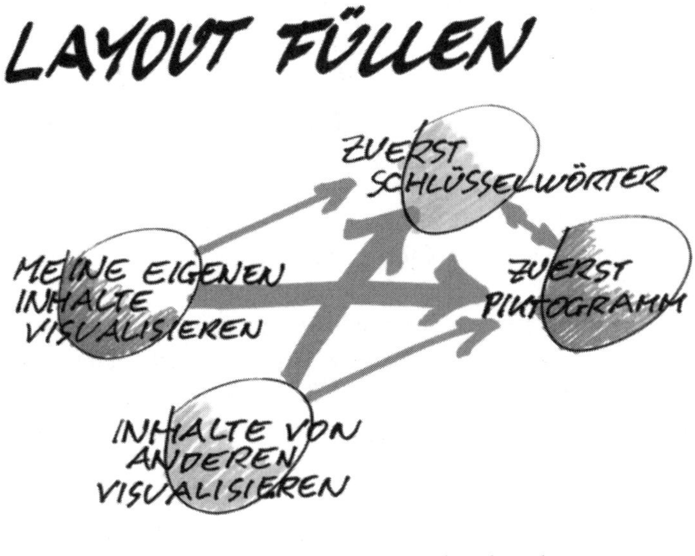

Was mir in den so gesammelten Bildern als besonders beachtenswert erscheint, markiere ich gerne sofort. Meine Fragen oder Assoziationen sowie die Anregungen anderer halte ich – wenn möglich – zusätzlich fest. Dies kann mit gelben Klebezetteln erfolgen. Diese Notizen sind hilfreich beim Zusammenfassen und Vorstellen der Bilder. Außerdem ist es sinnvoll, auch Unfertiges gleich beim Zeichnen mit einem Klebezettel zu kennzeichnen, sodass ich es schnell wieder finde, um es vervollständigen zu können, wenn ich Zeit dafür finde.

Das Layout für Poster und Charts

Grundstruktur

Den Aufbau von Charts (DIN A1 oder Flipchartgröße) handhabe ich freier als die Strukturierung von kleinen Bildern und Bildmodulen. Meine Charts sind meist nur oben und unten von größeren Schriftblöcken eingefasst: Oben die Überschrift führt in das Chart hinein. Im Textelement unten hebe ich das Wichtige heraus, beschreibe den besonderen Blickwinkel des Charts oder schließe das Chart mit einem Resümee.

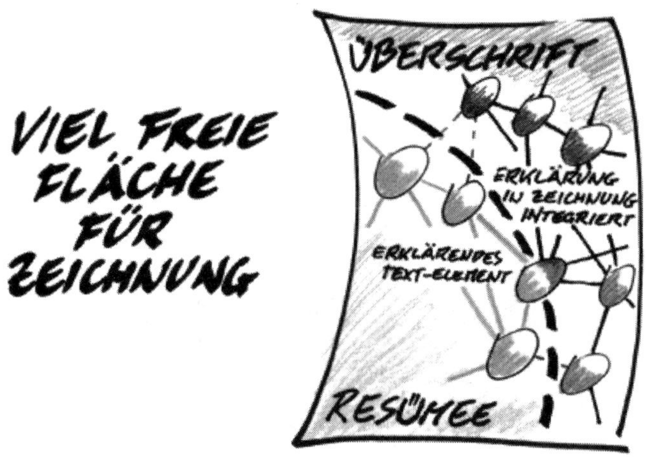

Beide Textelemente sind in einer Chartreihe auf allen Blättern als Gemeinsamkeit formal durchgängig und gleich ausgeführt (Schriftgröße, Farbe, Abstände vom Rand). Inhaltlich bauen sie konsequent aufeinander auf.

Am liebsten formuliere ich die Überschrift und den Text unten erst dann, wenn ich alle Charts mit den bereits ausgeführten Zeichnungen nebeneinander an der Wand betrachtet habe und ein Überblick über die Bilder sichtbar geworden ist. So gelingt es durch diese Schriftelemente, eine durchgängige, aufeinander aufbauende Dramaturgie für die Reihe der Blätter zum Ausdruck zu bringen.

Ähnlich wie bei kleinen Bildern nutze ich in einer Reihe von Charts den Wechsel von dichten und und freien Flächen. So hänge ich gerne dicht mit Zeichnungen gefüllte Blätter neben Charts mit viel Freiraum.

Auf großen Blättern zeige ich meist Überblicksstrukturen und Zusammenhänge. Diese leben davon, Inhaltsstrukturen in ihren Verknüpfungen treffend auf den Punkt zu bringen und in einem passenden Pattern oder Bildmuster aufzuzeichnen. Dies ist gar nicht so einfach.

Die gekonnte Blatteinteilung für Charts ist keine leichte Aufgabe und braucht Übung, wenn wir nicht nur eine einfache verbale Listenstruktur dokumentieren wollen. Zwei Möglichkeiten sind hier interessant:

- Als Zwischenstufe oder für ein fertiges Chart können kleine Bilder oder Karten auf einem Chartpapier strukturiert und aufgeklebt werden. Die Bildmodule flexibel anzuordnen ist eine große Hilfe, um die verschiedenen Inhalte ausgewogen auf dem Chartpapier zu platzieren. Es ist darüber hinaus vorteilhaft, dass die einzelnen Aspekte auf Bildmodulen bereits fertig visualisiert werden können, auch wenn noch nicht alle Aspekte bekannt sind und die Zusammenhangsstrukur noch nicht geklärt ist.
- Zur Vorbereitung meiner Charts mache ich gerne kleine Bleistiftskizzen (pro Chart ein DIN-A4-Blatt oder auch Miniskizzen für vier bis neun Charts auf ein DIN-A4-Blatt). Wenn die Struktur und die Stichworte geklärt sind, übertrage ich schnell die Größenverhältnisse mit Bleistift auf das große Chart, bevor ich es mit Filzstift ausführe. Dann zeichne ich zuerst die Piktogrammelemente, anschließend schreibe ich die Textzeilen ins Bild und zum Schluss die Überschrift und das Textelement unten.

Ralf Besser

Versammlungen gekonnt moderieren

Aus: Betriebsversammlungen, die etwas bewegen ...

Die Moderation – Tipps und Techniken

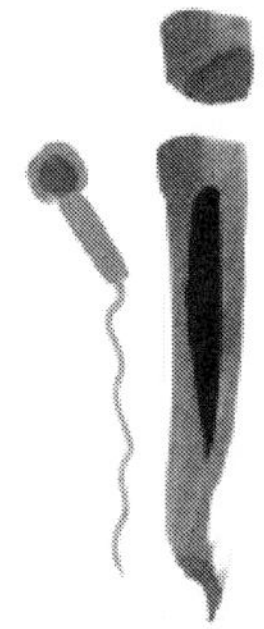

Das Betriebsratsmitglied als Moderator

Als Betriebsratsmitglied eine Betriebsversammlung zu moderieren ist nicht ganz einfach. Die größte Herausforderung besteht darin, sich während der Moderation innerlich von der Rolle als Mitglied des eigenen Gremiums zu distanzieren. Das ist eine Kunst. Allerdings eine Kunst, die erlernbar ist.

Sich zu distanzieren bedeutet aus meiner Erfahrung heraus allerdings nicht, neutral zu sein. Sondern es geht darum, sich in jede Rolle hineinversetzen zu können. Aus jeder Sicht heraus zu argumentieren, zu denken und auch fühlen zu können. Diese Haltung lässt sich sehr passend mit dem Begriff »Allparteilichkeit« umschreiben.

In der Sprache des Moderators drückt sich das zum Beispiel folgendermaßen aus:

»Ich fasse einmal zusammen: Aus der Sicht der Betriebsräte wird das Vorgehen kritisch bewertet. Die Gründe dafür sind: … . Aus der Sicht des Arbeitgebers erschließt sich das Thema anders. Für ihn sind folgende Aspekte von Bedeutung: … . Die kritischen Punkte des Betriebsrates teilt er nur bedingt.«

Mit diesem Beispiel wird deutlich, dass ein Moderator nicht nur die Rolle hat, die Beiträge und Fragen in der richtigen Reihenfolge zu organisieren. Er fasst zusammen, fragt nach, geht den Dingen auf den Grund, geht konstruktiv mit Konflikten um, erklärt den Ablauf, greift die gruppendynamischen Prozesse auf und hält die Zeit im Auge. Er hat eine Fülle von Aufgaben parallel wahrzunehmen.

Soweit das Idealbild. Es bedarf vieler Erfahrungen, um all die Aspekte gleichzeitig zu berücksichtigen. An dieser Stelle soll es nur darum gehen, was insbesondere bei der Moderation von Betriebsversammlungen zu berücksichtigen ist. Und worauf sich der Moderator deshalb auch besonders einstellen und vorbereiten sollte. Es geht in diesem Abschnitt nicht um eine kleine umfassende Moderatorenschule.

In Betriebsversammlungen geht es im Kern oft um Klarheit und konkrete Aussagen. Naturgemäß sind die Sichtweisen der Betriebsräte und die des Arbeitgebers unterschiedlich. Die Mitarbeiter haben aus meiner Sicht ein Anrecht darauf, sich selbst ein Urteil über die Zusammenhänge zu bilden. Und dazu benötigen sie beides: die Argumente des Arbeitgebers und die des Betriebsrates. Beide Sichtweisen aufzudecken, klärend zu wirken, oberflächliche oder ausweichende Antworten mit konkretisierenden Fragen zu begegnen, sind mit die wichtigsten Funktionen des Moderators. Daher habe ich den Fragetechniken auch ein besonderes Kapitel gewidmet, um dafür gewappnet zu sein.

Und ich betone es an dieser Stelle noch einmal: Das klärende Nachfragen muss in beide Richtungen geschehen. Das sollte vom Moderator vorher im Gremium unbedingt angesprochen werden, um intern keine unliebsamen Überraschungen zu produzieren. Denn das angekündigte Nachfragen fordert die eigenen Kollegen, thematisch klar zu sein. Und das kann für den Ablauf der Betriebsversammlung nur von Nutzen sein. Daran schließt sich ein weiterer wichtiger Punkt an. Auf Betriebsversammlungen sollten keine konkreten Vereinbarungen getroffen werden. Dafür sind Reflexionszeit und Klärungsprozesse notwendig. Übereilte Entscheidungen müssten sonst im Nachhinein mühsam umargumentiert werden. Das kostet Glaubwürdigkeit. Das schließt natürlich keine verbindlichen Zusagen aus, bestimmte Dinge anzugehen, sich terminlich festzulegen oder die Lösung von Problemen zu vereinbaren.

Für den Moderator hat das in der Moderation die Konsequenz, nicht um jeden Preis endgültige Lösungen anzustreben. Es geht darum, durch Fragen herauszuarbeiten, wo die Unterschiede in den Positionen sind und eventuell die Interessen dahinter aufzudecken. Herauszuarbeiten, wie man damit umgehen will und manchmal auch einfach nur den Stand der Dinge zu markieren:

> *»Im Augenblick zeichnet sich noch keine Lösung ab. Das ist der aktuelle Stand. Die Argumente haben wir gehört. Wie es weiter geht, wird sich in den Gesprächen nach der heutigen Versammlung herausstellen.«*

Die Gefahr ist sonst sehr groß, dass das Thema sich im Kreis dreht, ohne neue Aspekte aufzudecken. Beide Parteien werden versuchen sich durch Verallgemeinerungen vor einer zu frühen Festlegungen der Positionen zu schützen. Die Kraft und Klarheit beginnt zu schwinden. Diesen Punkt wahrzunehmen und darauf zu reagieren, ist mit eine Kernaufgabe des Moderators. Die »Wahrheit der Situation« aufzudecken, gibt die Idee dahinter sehr anschaulich wieder. Oder anders ausgedrückt: Argumente zur richtigen Zeit stehen lassen zu können, ist ebenfalls eine Kunst, in der es sich zu üben lohnt. Das schließt natürlich nicht aus, dass die Betriebsräte die Situation aus ihrer Sicht abschließend bewerten. Ein faires Vorgehen schafft letztendlich mehr Akzeptanz, als zu früh verfestigte Meinungen. Und wenn die Themen noch so kritisch sind. Zu lösen sind sie letztendlich nur im Kontakt miteinander. Daher prägt der Moderator durch sein Verhalten auch die Konfliktkultur im Unternehmen.

Auf drei Punkte kommt es also besonders an:
- die Allparteilichkeit
- das konkrete Hinterfragen und
- die »Wahrheit der Situation« aufzudecken.

Und sollte es doch einmal notwendig sein, als Moderator kurzzeitig wieder in die Betriebsratsrolle zu treten, ist das durchaus möglich. Allerdings sollte das eher sparsam und vor allem transparent geschehen. Zum einen ist das anzukündigen und zum anderen sollte man als Moderator nach Möglichkeit dafür einen besonderen Platz auf dem Podium einnehmen (zum Beispiel am Bistrotisch mit seinen Betriebsratskollegen). So wird den Mitarbeitern auch optisch klar, dass und wie lange der Moderator seine Rolle wechselt. Dieses kleine Ritual hilft auch dem Moderator, den Rollenwechsel klarer zu vollziehen.

Es ist sinnvoll und hilfreich seine Rolle als Moderator zu Beginn der Betriebsversammlung zu definieren. Das schafft Klarheit und entlastet den Moderator und das Gremium. Das kann sich dann in etwa so anhören:

»Ich werde als Betriebsratsmitglied die heutige Betriebsversammlung moderieren. Das ist nicht ganz einfach für mich. Denn ich werde versuchen, meine Rolle als Betriebsrat solange abzulegen. Ich möchte beiden Sichtweisen, die der Arbeitgeberseite und die der Betriebsräte gerecht werden. Auch darum, damit Sie sich als Mitarbeiter selbst ein klares Bild der Situation machen können. Das heißt natürlich nicht, dass die Betriebsräte mit ihrer Meinung zurückhalten.
Um das zu erreichen, werde ich konkret nachfragen. Und ich werde abbrechen, wenn keine neuen Argumente mehr dazukommen. Auch wenn der Diskussionsstand unbefriedigend sein sollte. Mir geht es als Moderator darum, die Argumente beider Positionen zu verstehen. Und verstehen heißt nicht einverstanden sein.«

Es ist geschickt, die Moderation zu zweit durchzuführen. Das kann so abgestimmt werden, dass einer ständig im Hintergrund bleibt und nur bei Bedarf die Rolle übernimmt. Allein das Wissen darum, dass ein zweiter aus der Moderationsperspektive wahrnimmt und den Prozess beobachtet, gibt Sicherheit. Die andere Variante ist die wechselseitige Moderation. Beides ist sinnvoll, sollte aber angekündigt werden, damit die Rollen klar sind.

Natürlich ist es wünschenswert, die Moderation so perfekt wie möglich durchzuführen. Wer als Betriebsratsmitglied häufiger die Versammlungen moderiert, sollte sich für diese Rolle natürlich qualifizieren. Aus meiner Erfahrung heraus hat es aber auch förderliche Aspekte, nicht zu professionell aufzutreten. Zum einen wirkt es menschlich und zum anderen macht es unsicheren Mitarbeitern eher Mut, eigene Fragen und Beiträge zu formulieren. Eine gute Balance zwischen diesen beiden Polen ist vielleicht sogar anzustreben.

Ein weiterer kritischer Punkt auf Betriebsversammlungen ist das Verhalten einzelner Mitarbeiter. Es geschieht häufig, dass einige wenige die gesamte Versammlung in ihre Richtung beeinflussen. Das zeichnet sich hauptsächlich durch zwei Verhaltensweisen aus: Mitarbeiter die fast im Alleingang immer wieder Fragen stellen und dabei häufig ideologisch eingefärbte Statements abgeben. Und Mitarbeiter, die sehr emotional, manchmal sogar aggressiv auftreten.

Wie lässt sich diesem Verhalten gegenüber begegnen? Ein einfacher, sehr konstruktiver Ansatz ist, dafür zu Beginn der Versammlung Regeln zu vereinbaren:

»Damit heute eine möglichst große Bandbreite an Fragen beantwortet werden kann, werde ich auf ausgewogene Redeanteile achten.«

Das ist keine 100-prozentige Sicherheit, erleichtert aber das Einfordern von konstruktivem Verhalten, wenn ein solcher Fall eintritt. Wirkungsvoll und fair sind auch Fragetechniken, die konkretisierend wirken:

> *»Gut, und was ist dann Ihr Lösungsvorschlag?«, »O.K., und was ist jetzt genau Ihre Frage?«, »Ja, was wünschen Sie sich konkret?«*

Es hilft kaum, in einen Machtkampf einzutreten, dadurch entsteht die Gefahr der Polarisierung. Das ist besonders bei hoch emotionalen Beiträgen unklug. Ein bewährtes Verhalten als Moderator besteht darin, dem Beitrag erst einmal innerlich zuzustimmen. Zustimmen heißt in diesem Fall nicht den Inhalten, sondern den gezeigten Gefühlen gegenüber. Hilfreich ist es auch, kurz über die möglichen guten Absichten (s. »Die positive Absicht als Denkmuster«, S. 62) dieser emotionalen Äußerung nachzudenken. Äußerlich heißt es ruhig bleiben, Präsenz zeigen und den Kontakt halten. Die Erregungen klingen meistens sehr schnell ab. Erst in dem Abklingen der Emotionen hinein lassen sich konstruktive Fragen stellen, worum es eigentlich geht. Nur in Extremfällen, wenn Personen ausfallend werden und andere verbal angreifen, schreite ich direkt ein und unterbreche.

Im Anschluss an jede Betriebsversammlung ist ein professioneller Austausch über die gemachten Erfahrungen in der Rolle des Moderators unablässig. Was ist gut gelaufen, wo gibt es Verbesserungsmöglichkeiten und was sind dann die konkreten Ideen für die nächste Versammlung. Das kann einmal im gesamten Gremium abgefragt werden, sollte aber unbedingt mit dem Co-Moderator noch einmal extra besprochen werden. Keine noch so gute Schulung ersetzt die praktischen Erfahrungen kombiniert mit einem wertschätzenden und offenen Feedback.

Fragetechniken für Betriebsräte

Hier geht es in erster Linie um methodische Ansätze, mit welchen Strategien und Methoden Betriebsratsmitglieder die Arbeitgeberseite auf Betriebsversammlungen interviewen beziehungsweise moderieren können.

Grundsätzlich gibt es zwei Möglichkeiten, wie das Management auf Fragen der Betriebsräte reagiert: Es beantwortet die Fragen klar, deutlich und in angemessener Detailtiefe oder die Antworten bewegen sich eher an der Oberfläche, sind vorsichtig formuliert und nicht aussagefähig genug. Es bleibt ein unzufriedenes Gefühl zurück.

Das Gleiche gilt natürlich für die Betriebsräte. Auch in dieser Rolle gibt es die Versuchung, sich mit konkreten Antworten zurückzuhalten. Sei es, dass sich das Gremium in der Summe noch nicht positioniert hat, sich einzelne Mitglieder Spielräume offenhalten möchten oder auch für die Mitarbeiter unangenehme Dinge ausgesprochen werden müssen.

Die Praxis meiner vielen Moderationen auf Betriebsversammlungen hat mich gelehrt, mich immer auf die zweite Möglichkeit einzustellen. Das heißt für mich, die

Frage sehr klar im Fokus zu haben und zu überprüfen, ob dazu wirklich eine Antwort gegeben wurde. Es geht dabei nicht um eine inhaltliche Bewertung, sondern um die Klarheit der Antwort. Mein Nachfragen regele ich dann zurück, wenn die Antworten von sich aus die erwünschte Konkretheit erreichen.

Für die Akzeptanz eines Betriebsratsmitglieds in der Moderatorenrolle ist der folgende Punkt entscheidend: Auch den eigenen Kollegen des Gremiums werden kritische Fragen gestellt, die zur Klärung beitragen. Genauso wie dem Arbeitgeber gegenüber.

In den folgenden Kapiteln geht es um konkrete Interviewtechniken und um die Grundsätze, sie anzuwenden.

Die vier Grundsätze für gelungene Interviews

Die Beziehung ist die Basis

Wichtigste Voraussetzung für professionelle Interviews ist die Gestaltung einer tragfähigen Beziehungsebene. Die ist zwischen Arbeitgeber und Betriebsräten aufgrund ihrer Rollen oft schon vorbelastet. Es ist von großer Bedeutung die eigene Haltung als Betriebsrat gerade in der Moderatorenrolle zu überprüfen, ob man bereit ist, dem Arbeitgeber gegenüber wertschätzend und fair aufzutreten. Findet man dafür keine Basis in sich selbst, wird es schwierig sein, die Moderatorenrolle zu übernehmen.

Wie kann die Beziehung gestärkt werden? Ein kurzes Gespräch vor der Veranstaltung über den Ablauf, die kritischen Themen und Fragen, die aufkommen werden, schafft Transparenz und definiert ein faires Umgehen miteinander. Und es ist gut in diesem Gespräch anzukündigen, dass man von Betriebsratsseite konkret nachfragen wird, um möglichst zufriedenstellende Antworten zu erhalten. In diesem Zusammenhang ist es sinnvoll den Unterschied zwischen »verstehen« und »einverstanden sein« noch einmal anzureißen (verstehen ist nicht gleich einverstanden sein).

Jedes Nachfragen, um zu einer tieferen Antwort zu bewegen, kann von den Führungskräften als eine Art Bevormundung, Vorführen oder unangemessene Konfrontation erlebt werden. Und das wird bei einer kritischen Beziehung, die naturgemäß wenig belastbar ist, schnell geschehen. Bei einer hohen gegenseitigen Akzeptanz, geht man kaum ein Risiko ein, man vertraut einander und erlebt das genaue Nachfragen eher als unterstützend.

Das ist eine Gratwanderung, die man als Moderator immer geht. Schon in einer externen Moderationsrolle ist das nicht immer einfach. Als moderierendes Betriebsratsmitglied ist die Gefahr, im Nachfragen missverstanden zu werden, größer. Meine Absicht ist klar, ich möchte durch die Methoden des Nachfragens Klarheit in den Aussagen erreichen. Indem man weiß, mit was zu rechnen ist, wird man handlungsfähig. Das erlebe ich in meiner Moderationspraxis immer wieder. Selbst kritische oder unangenehme Informationen geben letztendlich »Sicherheit«, denn man weiß wenigstens, woran man ist.

Der beste Test, ob eine gemeinsame Beziehung besteht, ist das gemeinsame Lachen, der spontan entstehende Humor. Das lässt sich gezielt fördern, vielleicht durch eine etwas paradoxe Anmoderation des Interviews:

»Überall lauern Gefahren, auch in diesem Interview. Für uns beide. Ich hoffe, dass ich die richtigen Fragen und Sie die passenden Antworten finden. Sollte einmal eine Antwort nicht ganz passen, dann verändere ich meine Frage.«

Die positive Absicht als Denkmuster

Jedes Verhalten einer Person hat für sie selbst immer eine gute Absicht. Diese gute Absicht gilt es in jedem Fall zu würdigen. Werden zum Beispiel Antworten vorsichtig formuliert, indem sich eine Führungskraft nicht festlegt, so lassen sich Vermutungen über die guten persönlichen Gründe dahinter formulieren: sich Handlungsspielräume zu erhalten, sich vor Konsequenzen zu schützen oder Verhandlungsergebnisse mit dem Betriebsrat nicht vorwegzunehmen. Es lassen sich dazu immer nur Hypothesen bilden. Dieses innere Denken im Sinne der guten Absicht verändert automatisch die Gesprächsatmosphäre und lässt das konsequente Nachfragen sofort wertschätzender klingen, ohne dabei die Kraft zu verlieren. Im Gegenteil. So kann man die Vermutungen in die Nachfrage einbetten, um weitergehende Aussagen zu erreichen:

»Ich kann mir gut vorstellen, dass Sie sich noch nicht festlegen wollen, sonst würden Sie schon einige Punkte der Verhandlungen vorwegnehmen. Vielleicht können Sie dann darüber reden, was Ihnen grundsätzlich bei dem Thema wichtig ist?«

Das Verhalten ist nicht die Person

Das Verhalten sollte immer von der Person getrennt betrachtet werden. Bezieht sich der Moderator in seinen Reaktionen grundsätzlich auf das Verhalten, so kann er die Person würdigen und die Beziehungsebene wahren. Er verhält sich dadurch fair und wird in seiner Rolle als Moderator nicht angreifbar.

Wie ist das zu verstehen? Angenommen das Interview gerät durch die Antworten des Arbeitgebers in eine kritische Phase. Der Grund: Die Aussagen stimmen nicht mit den Zusagen auf der letzten Betriebsversammlung überein. Wie kann man als Moderator reagieren? Zwei Möglichkeiten bieten sich an:

»Sie sind unglaubwürdig. Auf der letzten Versammlung haben Sie sich ganz anders geäußert.«
Oder:
»Auf der letzten Betriebsversammlung haben Sie das anders dargestellt. Diese beiden Aussagen wirken nebeneinander gestellt unglaubwürdig.«

In der ersten Variante wird dem Manager eine klare Eigenschaft *(»... Sie sind unglaubwürdig ...«)* zugeschrieben, die ihn grundsätzlich etikettiert. Dagegen wird er sich sicherlich verwahren. Das Gespräch läuft Gefahr, in persönliche Zuschreibungen abzugleiten.

In der zweiten Variante werden die beiden Aussagen als unglaubwürdig bewertet. Die Person selbst nicht in Frage gestellt, nur ihr Verhalten. Die Aufmerksamkeit richtet sich auf die Aussagen und nicht auf die Person. So hat der Betroffene leichter die Möglichkeit, über andere Varianten seines Verhaltens nachzudenken oder zu erklären, wie es dazu gekommen ist. Im ersten Fall wird er sich höchstwahrscheinlich gegen diese Charakterzuschreibung zu Recht wehren.

Die Kunst der Allparteilichkeit

Moderiert man als Betriebsratsmitglied, besteht sofort die Gefahr der Parteilichkeit. Als Moderator ist es allerdings sehr kritisch einseitig zu agieren, das verringert auf jeden Fall die Akzeptanz, beim Arbeitgeber wie auch bei den Mitarbeitern. Die Interessen des Betriebsrates sollten daher unbedingt die anderen Mitglieder aus dem Gremium vertreten.

Von einem guten Moderator wird erwartet, dass er die Situationen klärt, kritische Punkte aufgreift, behandelt und auf den einen konkreten Punkt bringt. Seine Rolle ist nicht die eines »Bewerters« oder »Anheizers« eines Themas. Es macht Sinn, seine Rolle als Moderator zu Beginn öffentlich zu definieren, etwa so:

> *»Als Betriebsratsmitglied werde ich heute die Versammlung moderieren. Ich werde mich darauf konzentrieren, Klarheit in die Themen hineinzubringen und die unterschiedlichen Positionen zu Wort kommen zu lassen, ohne dass ich für eine Seite Partei ergreife. Ich hoffe, dass mir das in jedem Fall gelingt. Die Position des Betriebsrates übernehmen meine Kolleginnen und Kollegen aus dem Gremium.«*

Wie sieht dann konkret eine Allparteilichkeit aus? Als Moderator kann man sich gedanklich in beide Positionen versetzen und aus deren Perspektive heraus auch argumentieren. Das kann sich dann folgendermaßen anhören:

> *»Aus Ihrer Sicht als Manager bewerten Sie die Entscheidung also folgendermaßen ... Die Forderungen des Betriebsrates beurteilen Sie kritisch, weil ...«*
> *»Die Betriebsräte teilen in drei Punkten diese Sicht, sehen allerdings bei der Beteiligung der Mitarbeiter noch Verhandlungsbedarf.«*

Einige Techniken für eine professionelle Gesprächsmoderation

Auf Inhalte und Muster achten

Jeder Moderator und auch jede Führungskraft hat bestimmte Grundmuster, die sich in seinem/ihrem Verhalten widerspiegeln. Hier soll es um die Muster des Interviewpartners gehen. Sehr leicht geschieht es, dass man als Moderator den Faden aus der Hand gibt und dann gar nicht merkt, wie das geschehen konnte.

Wie erreichen das die Gesprächspartner? Ein einfaches aber wirkungsvolles Ausweichmuster besteht darin, auf die Fragen nur unzureichend zu antworten, um dann auf ganz andere Themen in der Antwort einzugehen. Wenn A gefragt wird, wird natürlich kurz auf A eingegangen, um dann ausführlich über C zu reden. Eine Reaktion darauf kann bei einer tragfähigen Beziehung beispielsweise so lauten:

> *»Danke für die Antwort auf eine Frage, die ich noch nicht gestellt habe. Ich bitte Sie noch einmal auf die ursprüngliche Frage zurückzukommen.«*

Ein weiteres Antwortmuster ist, auf eine Frage mit einem anderen Thema zu antworten, weil es scheinbar zur Erklärung notwendig ist, um dann die eigentliche Frage aus den Augen zu verlieren. Wenn A gefragt, wird D geantwortet und A darüber »vergessen«.

> *»Danke für die Erklärungen. Und was bedeutet das jetzt konkret für die gestellte Frage?«*

Ein anderes Muster ist, auf Fragen immer allgemein zu antworten. Wenn A gefragt wird, wird als Antwort um A herumgeantwortet.

> *»Danke für die allgemeinen Überlegungen. Und was denken Sie, in diesem Punkt konkret zu unternehmen?«*

Ein weiteres Muster besteht darin, die Dinge einfach nicht zu beantworten. Es wird nach A gefragt und die Antwort ist, dass man A nicht beantworten kann. Dann kann es sinnvoll sein, dieses »Nein« nicht zu akzeptieren, sondern Fragen um das »Nein« herum zu stellen:

> *»Können Sie mir dann die Gründe nennen, warum Sie das heute noch nicht benennen können?«*
> *»Wann wird es Ihrer Ansicht nach möglich sein, diese Antwort zu geben?«*
> *»Welche Antworten können Sie dann geben, die zu der Frage einen wichtigen Bezug haben?«*

Genau sein heißt klar sein

Sind die Fragen wirklich beantwortet? Oder ist nur ein Teil der Frage gestreift worden? Eine einfache aber in der Praxis gar nicht so einfach durchzuführende Haltung als Moderator ist, sich die Frage sehr genau zu merken und einfach zu überprüfen, ob sie im Kern beantwortet ist oder nicht. Fehlt etwas, kann einfach wertschätzend nachgefragt werden.

»Eines ist noch offen geblieben ...«
»Danke, ich frage einmal im Plenum nach, ob die Frage hinreichend beantwortet worden ist.«
»Der Kern der Frage war ..., wenn Sie bitte darauf noch einmal zurückkommen.«

Andere Sichten bereichern

Andere Sichtweisen erweitern den Horizont und können festgefahrene Denkrichtungen unterbrechen. Man kann den Interviewpartner bitten, Fragen aus einer anderen Perspektive oder aus einer anderen Rolle heraus zu beantworten. Das ist auch für die Zuhörer interessant und fordert sie ebenfalls zu einer veränderten inneren Haltung auf.

»Was vermuten Sie, mit welchen Argumenten die Mitarbeiter zu diesem Punkt am ehesten zu überzeugen sind?«
»Wenn dieses Vorgehen anderen Unternehmen unserer Branche bekannt wäre, was würden sie dann über uns denken?«

Hypothesen erweitern das Denken

Vorurteile sind Urteile. Hypothesen sind Vermutungen, Annahmen, die man jederzeit wieder revidieren kann. Und sie dürfen abgelehnt, angenommen oder verändert werden. Mit Hilfe von Hypothesen kann ein Moderator das Denken, die Hintergründe eines Beitrages aus Sicht der Führungskraft auf den Punkt (den manchmal auch etwas provokativen Punkt) bringen. Hypothesen klären und helfen lange Beiträge besser zu verstehen. Das Reden um den heißen Brei wird unterbrochen und man führt förderlich direkt in das Zentrum dieser »leckeren Speise«. Natürlich muss man dazu als Moderator zwischen den Zeilen zuhören können und dafür auch die Aufmerksamkeit haben.

»Wenn ich das Fundament Ihrer Argumentationen einmal als Hypothese zusammenfassen darf. Sie gehen grundsätzlich davon aus, dass die Mitarbeiter zu keiner Mehrarbeit bereit sind?«
»Sie setzten also auf die Annahme, dass mehr Kontrolle bessere Arbeitsergebnisse bewirkt? Ist das Ihre Annahme?«

Manchmal erleichtert eine Bewertung

Als allparteilicher Moderator kann man sich die Bewertung einer Aussage durchaus leisten, wenn es angebracht ist und einige Grundregeln beachtet werden. Das ist dann möglich, wenn die Bewertung nicht die eigene ist, sondern aus einer anderen Perspektive heraus geschieht. Sie sollte möglichst mehrere Aspekte berücksichtigen, um nicht zu einseitig zu sein und mit einer Frage enden. Auch Bewertungen sollten immer als Angebote ausgesprochen werden. Oft hüten sich Gesprächspartner vor einer klaren bewertenden Aussage, obwohl sie indirekt schon lange im Raum greifbar ist. Dann ist es hilfreich, sie als Moderator wertschätzend und klar zu benennen.

> *»Ich kann mir vorstellen, dass Sie von Ihren Führungskräften heftige Kritik zu diesem Vorgehen ernten werden. Ist Ihnen das bewusst? Kalkulieren Sie das mit ein?«*

Geschlossene Fragen bringen auf den Punkt

Manchmal ist eine kurze Antwort genau das Richtige. Auch dazu sollte ein Moderator in der Lage sein. Und geschlossene Fragen sind manchmal höchst angemessen.

> *»Was ist dann Ihre Antwort: Ja oder nein?«*
> *»Das heißt, dass Sie zu diesem Punkt heute keine Aussagen treffen werden?«*
> *»Hat Ihnen diese Information vor oder nach der letzten Betriebsversammlung zur Verfügung gestanden?«*
> *»Wann genau gedenken Sie dann die Dialogveranstaltungen mit den Mitarbeitern durchzuführen? Noch in diesem Monat?«*

Konsequenzen schaffen Klarheit

Oft werden Fragen auf der sachlichen oder beschreibenden Ebene beantwortet und man erhält keine neuen wirklich interessanten Aspekte. Eine gezielte Frage nach den Konsequenzen, die sich jeder sofort lebendig vorstellen kann, bewirkt dann Wunder.

> *»Und wenn diese Idee in der Praxis umgesetzt wird, mit welchen positiven und negativen Konsequenzen rechnen Sie? Beginnen wir mit den positiven!«*
> *»Und die negativen Konsequenzen?«*

Gewagt: Ein Rollenwechsel als Moderator

Wenn es angebracht ist kann man als Moderator bewusst einen Schritt zur Seite gehen, um dann aus einer anderen Sicht, eine Frage zu stellen.

»Ich gehe einmal einen Schritt zur Seite und damit in die Sicht unserer Kunden hin? Als Kundin käme mir sofort folgende Frage in den Sinn ... !«

Gleich im Anschluss an die Frage geht man wieder in die vorherige Position zurück und damit wieder in die Rolle des Moderators:

»Welche Antwort würden Sie der Kundin geben?«

Metaphern schaffen Nachhaltigkeit

Metaphern sind die hohe Kunst, Zuhörer in den Bann zu ziehen. Gleichnisse und Geschichten erzeugen sofort plastische und sinnliche innere Bilder. Oft werden sie bewusst kreiert, um Zusammenhänge deutlich zu machen. Als Moderator kann man die unbewusst entstehenden natürlichen Metaphern im Gespräch nutzen und verstärken. Das bringt besondere Tiefe in die Aussagen.

Führungskraft: »*... über die Hintertür wird sicherlich versucht werden, das zu boykottieren ...*«
Moderator: »*Sie erwähnten gerade die Hintertür. Ist sie fest verschlossen, angelehnt oder steht sie offen? Und wer, vermuten Sie, wird sie nutzen?*«
Führungskraft: »*... die Argumente beginnen sich im Kreis zu drehen ...*«
Moderator: »*Genau! Was denken Sie, wie wir aus diesem Kreisverkehr herauskommen?*«

Die Meta-Ebene als Gesprächslift

Je nach Gesprächsverlauf kann es sinnvoll sein, die inhaltliche Ebene zu verlassen und über die Wirkung der Aussagen Fragen zu stellen. Man reflektiert dann als Moderator die Gesamtsituation aus einer neutralen Perspektive. Man wechselt von der assoziativen in eine dissoziierte Sicht.

»Die Stimmung im Raum ist sehr aufgeladen. Was vermuten Sie, sind die Gründe dafür?«
»Nach unserer kurzen Pause sind nur noch die Hälfte der Mitarbeiter geblieben. Welche Botschaft drücken sie damit aus?«
»Kaum einer stellt hier im Raum eine Frage, obwohl das Thema jeden betrifft? Was bedeutet das?«

Frischer Wind durch Wechsel der Ebenen

Schnell wird ein Thema überstrapaziert. Wiederholt wird über immer das Gleiche geredet, die Diskussion dreht sich im Kreis. Dann hilft es wahrzunehmen, auf welches

Thema man sich bisher beschränkt hat und öffnet mit einer Frage die Bereiche, die noch nicht angesprochen worden sind. Das wird besonders wirkungsvoll, wenn dabei auch eine vollkommen neue Ebene markiert wird. Wurde bisher nur auf der sachlichen Ebene diskutiert, kann der Schwerpunkt auf die emotionale Wirkung verlagert werden. Geht es immer nur um die Schuldigen, kann auf die Lösungen fokussiert werden:

»Ihre Antworten sind sehr sachlich. Was vermuten Sie, lösen Sie an Gefühlen bei den Mitarbeitern aus?«
»Sie sprechen sehr intensiv von den Leistungen des Managements, welche Leistungen nehmen Sie bei den Mitarbeitern wahr?«

Hinter jeder Position versteckt sich ein Interesse

In jeder Mediation geht es im Kern darum, die Interessen hinter den Positionen der beiden Konfliktpartner aufzudecken. Die Interessen haben einen grundsätzlichen Charakter und meistens ergeben sich auf dieser Ebene lösungsorientierte Gemeinsamkeiten. Der Erhalt des Unternehmens ist zum Beispiel ein Interesse, das die Betriebsräte und die Manager verbindet. Die Interessen können ähnlich wie bei den Hypothesen als Vermutungen angesprochen oder erfragt werden. Das kann so manche Gesprächssituation entschärfen und ermöglicht dann einen konstruktiven Neuaufsatz.

»Welche Interessen verfolgen Sie mit Ihren Argumenten, was möchten Sie damit im tieferen Sinne erreichen?«
»Welche Interessen vermuten Sie, verfolgen die Betriebsräte mit ihrem ›Nein‹ zu Ihrem Vorschlag? Und was vermutet ihr, welche Interessen die Arbeitgeberseite mit ihrem Vorgehen verfolgt?«

Zusammenfassungen bringen auf den Punkt

Manchmal geht der rote Faden oder die Übersicht verloren. An solch einem Punkt hilft es, wesentliche Aussagen zusammenzufassen und sie sich von den Teilnehmenden bestätigen zu lassen.

»Zusammengefasst heißt das also ...«
»Habe ich Sie also richtig verstanden, dass ...«
»Also denken Sie über drei Alternativen nach: Erstens: ... Zweitens: ... Und drittens: ...?«
»Aus Ihrer Sicht gibt es also keine andere Möglichkeit als ... und der Vorschlag der Betriebsräte ist für Sie nicht relevant, weil ...?«

Gefährlich aber wirkungsvoll: Die Provokation

Provokationen sollte man als Moderator nur anwenden, wenn eine tragfähige Beziehung vorhanden ist, sonst entsteht schnell ein Schlagabtausch zwischen Führungskraft und Moderator. Eine Provokation ist eine Überzeichnung, eine Art Karikatur der Aussagen. Und es sollte immer eine gute Portion Humor in der Provokation mitschwingen. Sie bringt förderliche Überraschungen in die Gespräche.

> *»Unter uns: Das darf man zwar hier nicht öffentlich sagen, aber die Gedanken sind da: Wie einfach wäre die Arbeit für die Manager ohne Betriebsräte?«*
> *»Ja, ja als Betriebsräte habt ihr immer zwei Möglichkeiten auf die Vorschläge des Arbeitgebers zu reagieren: Sie abzulehnen oder* (kurze Pause) *sie abzulehnen!«*

Standpunkte einnehmen schafft Klarheit

Eine ganz andere Aussagekraft ist durch die Einnahme von Standpunkten auf dem Podium möglich. Statt alle Antworten vom gleichen Standpunkt aus zu beantworten, können sich der Moderator, die Führungskraft oder die Betriebsräte auf bestimmte Plätze stellen, denen eine besondere Bedeutung zugewiesen wird. Die Mitarbeiter werden es danken, weil sie die Aussagen mit den Standpunkten als visuelle Information besser verarbeiten und behalten können.

> *»Ich darf Sie einmal einladen, an diesem Platz das zu schildern, was nach heutigem Stand die verbindliche Sachlage ist. Auf dieser Position bitte ich Sie zu erläutern, worüber Sie in Ihrem Führungskreis nachdenken, abwägen, aber noch nicht entschieden haben. Und an diesem Ort, was aus Ihrer Sicht eher in das Reich der Gerüchte gehört.«*

Es gibt immer eine Möglichkeit mehr, als Morderator zu agieren. Die praktischen Tipps regen hoffentlich zum eigenen Experimentieren an. Genauso wie die ausgewählten Praxisbeispiele für Betriebsversammlungen im nächsten Abschnitt.

World Café

Kurzbeschreibung
Die Mitarbeiter sitzen in der Betriebsversammlung an kleinen Tischen zusammen und diskutieren in drei unterschiedlichen Phasen eigenständig die aktuellen Themen.

Ziel
- Den aktiven Austausch über ein Thema ermöglichen. Die Hemmschwelle senken, das auszusprechen was ist.
- Erzeugen einer hohen Betroffenheit bei dem Arbeitgeber zu den jeweiligen Themenstellungen.
- Informelle Vernetzung und miteinander Denken ermöglichen.
- Die Übernahme von persönlicher Verantwortung erleichtern.

Situation
Es stehen wichtige Themen im Unternehmen an, zu denen die Meinungen und die Erfahrungen der Mitarbeiter konstruktiv genutzt werden sollen.

Nutzen für den Arbeitgeber
Der Arbeitgeber erhält einen ungeschminkten Spiegel der Situation in seinem Unternehmen. Und er kann sich mit der Lösungskompetenz seiner Mitarbeiter verbinden.

Vorprozess im Betriebsratsgremium
Als erstes muss das Thema geklärt werden: Was ist aktuell so wichtig und emotional, dass es an den Tischen selbst gesteuert diskutiert werden soll und auch kann.

Das Thema ist dann kurz und prägnant für den Anstoß der Diskussionen an den Tischen zu formulieren. Ebenso die Fragestellung in der dritten Phase.
Die Diskussionen werden wesentlich fokussierter verlaufen, wenn zu der Fragestellung das Thema durch eine Skizze visuell aufbereitet wird. Welche Zusammenhänge sollten verbildlicht werden, um möglichst viele Aspekte des Themas vernetzt darzustellen?

Notwendige Abstimmungen
Der Arbeitgeber ist natürlich über die Veranstaltungsform zu informieren. Die Bereitschaft, mit einem Betriebsratsmitglied die Rolle eines stillen Beobachters an Tischen einzunehmen, ist abzustimmen.

Folgende Absprachen müssen dann noch getroffen werden:
- Wie setzen sich die Paare der Beobachter zusammen?
- Wie können von der Arbeitgeberseite verbindliche Aussagen auf der Podiumsdiskussion getroffen werden?
- Wann ist der Termin der Nachverhandlung?
- Wer nimmt daran teil?
- Sollen Mitarbeiter daran teilnehmen und eine aktive Rolle bei der Umsetzung erhalten?

Vorprozess im Unternehmen
Die bildlichen Darstellungen können von Mitarbeitern mit zeichnerischen Fähigkeiten erstellt werden. Dazu bedarf es natürlich der Zustimmung des Arbeitgebers.

Gestaltung des Raumes
Der Raum ist gefüllt mit runden Tischen, an denen jeweils maximal zehn Mitarbeiter Platz nehmen können. Jeder Tisch ist mit einer beschreibbaren Papierdecke versehen. Genügend Stifte zum Schreiben liegen in verschiedenen Farben bereit. In der Mitte jeden Tisches sind das Arbeitsblatt (s. S. 147), die bildliche Darstellung und das Ergebnisblatt platziert. Die Getränke befinden sich ebenfalls auf dem Tisch.

Material
- Tische in ausreichender Zahl.
- Papiertischdecken.
- Arbeitsblätter.
- Stifte in mehreren Farben.

Gruppengröße
An jedem Tisch sollten nicht mehr als zehn Mitarbeiter sitzen. Darüber wird kaum mehr ein Austausch am gesamten Tisch möglich sein. Die Zahl der Tische, die im Raum arrangiert werden können, ist der begrenzende Faktor für die Größe der Veranstaltung.

Dauer
Die drei Diskussionsphasen dauern jeweils 20 Minuten. Für das Ausarbeiten der Lösung sollten noch einmal 20 Minuten eingeplant werden. 30 Minuten sind in der Regel für die erste Zwischenbilanz der Ergebnisse erforderlich. Die Plenumsdiskussion kann gut eine Stunde Zeit in Anspruch nehmen. Es sollte also unbedingt genügend Zeit eingeplant werden.

Inszenierung der Leitidee
Durch die Anordnung der Tische wird sofort eine Gesprächsatmosphäre des Austausches hergestellt. Indem die Gruppen sich halbieren und mehrfach neu mischen, ist die Netzwerkbildung auch gut dargestellt.

Arbeitsblatt

Erste Phase

Tauschen Sie sich an Ihrem Tisch über das Thema aus:

- Was ist Ihnen wichtig mitzuteilen?
- Welche Erfahrungen haben Sie gesammelt?
- Was sollte verändert werden?
- Wo gibt es Probleme?

Nutzen Sie dazu das Bild und die Möglichkeit, auf der Papierdecke Notizen anzufertigen.

Zweite Phase

Die Hälfte der Mitarbeiter an Ihrem Tisch wechselt zu einem anderen Tisch. Dadurch kommen auch neue Kollegen und Kolleginnen zu Ihnen an den Tisch. Tauschen Sie sich bitte dann darüber aus, wie die Diskussionen an den Tischen unterschiedlich gelaufen sind. Was ist gleich, was ist unterschiedlich, welche neuen Themen entstehen dann? Nutzen Sie wieder das Bild und die Möglichkeit, Notizen anzufertigen.

Dritte Phase

Noch einmal findet ein Wechsel statt. Die Gruppe, die neu an Ihren Tisch gekommen ist, sucht sich einen neuen Tisch und eine andere Gruppe, mit neuen Diskussionserfahrungen, kommt wieder zu Ihnen an den Tisch. Tauschen Sie sich über die unterschiedlichen Erfahrungen aus.

Vierte Phase

Nachdem Sie sich so intensiv über das Thema austauschen konnten, bitten wir Sie nun, folgende konkrete Frage zu beantworten ...
(Fragestellung je nach Thema, zum Beispiel: »Welche konkreten Verbesserungsvorschläge möchten Sie zum Thema aufgrund Ihrer Erfahrungen als Mitarbeiter an das Management richten?«)

Schreiben Sie Ihre Anregungen bitte auf das gesonderte Blatt auf. Wenn möglich notieren Sie dazu einen Ansprechpartner aus Ihrer Gruppe, damit wir als Betriebsräte eventuell nachfragen können.

Vielen Dank und viel Spaß beim Austausch

Ihr Betriebsrat

Ablauf

Anmoderation

»Es bewegen uns wieder einige wichtige Themen. Als Ihre Betriebsräte brauchen wir Ihre Erfahrungen und Anregungen, damit wir uns ein genaues Bild von Ihrer Situation vor Ort machen können. Und damit wir handeln können. Daher bitten wir Sie, so offen und schonungslos wie möglich das Thema an Ihrem Tisch zu diskutieren. Nur so kommen wir einen wirklichen Schritt weiter.
An einigen Tischen sind jeweils ein Kollege von uns und ein Manager als Gäste mit dabei. Ihre Aufgabe ist zuzuhören, die Stimmung aufzunehmen und nicht mitzudiskutieren. Wozu machen wir das? Unser Ziel ist es, so ungeschminkt wie möglich ein Bild zu erhalten, wie es bei Ihnen in der Arbeit aussieht. Vor allem unseren Managern wollen wir dadurch eine neue Sichtweise ermöglichen. Manchmal, bisweilen zu häufig, handeln sie unserer Meinung nach nur aus ihrem Blickwinkel heraus, ohne die Erfahrungen ihrer Mitarbeiter genügend einzubauen. Das wollen wir damit heute gezielt verändern.
Insgesamt haben Sie Zeit sich dreimal an Ihren Tischen auszutauschen. In der ersten Runde können Sie sich warm-, vielleicht auch heiß-reden. Die Kernfrage mit einem Bild der Situation ist auf jedem Tische platziert. Auf der Tischdecke haben Sie ausreichend Platz Ihre Notizen anzubringen.
Nach 20 Minuten bitten wir Sie dann, die Hälfte Ihrer Kollegen am Tisch zu einem anderen Tisch zu senden. So mischen sich alle Tische neu. Wieder haben Sie 20 Minuten Zeit über das Thema zu diskutieren. Wie wurde in den beiden Gruppen, die sich neu am Tisch gefunden haben, das Thema jeweils beleuchtet?
In der dritten Runde bitten wir Sie wieder, sich erneut zu mischen. Wieder geht eine Hälfte auf die Reise. Die Frage wird dann sein, welche Wünsche Sie an das Management und an uns als Ihre Betriebsräte richten wollen. Das Motto dabei ist ›Wenn es nur nach uns ginge …‹
Abschließend findet hier auf dem Podium ein Austausch über die Erfahrungen statt. An einigen Tischen waren das Management und wir mit dabei. Wir werden unseren Arbeitgeber fragen, was ihm durch Ihre Diskussionen klar geworden ist, wie er das bewertet und welche Konsequenzen er ziehen wird. Vielleicht fallen heute sogar einige Entscheidungen.«

Erste Austauschrunde

Da das Thema zusammen mit der bildhaften Darstellung bereits auf den Tischen liegt, können die Gruppen sofort beginnen zu diskutieren. Es ist keinerlei Moderation erforderlich. Alles geschieht selbstgesteuert. Wenn das Thema »heiß« genug ist, wird der Austausch wahrscheinlich schon vor dem offiziellen Start begonnen haben.

Zur Unterstützung kann auf dem Tisch ein Arbeitsblatt liegen, auf dem die drei Phasen erklärt sind.

Die Zweierteams »Betriebsräte und Führungskräfte« teilen sich nach dem Zufallsprinzip auf die Tische auf. Es sollte nachgefragt werden, ob das Miterleben der Diskussion für die Mitarbeiter an dem Tisch okay ist. Damit keine Missverständnisse entstehen, wird die Rolle noch einmal geklärt. Ebenso die Tatsache, dass die Gäste sich inhaltliche Notizen anfertigen.

Zweite Diskussionsrunde

Die Mitarbeiter am Tisch stimmen sich ab, welche Hälfte zu einem anderen Tisch wechselt. Alle Unterlagen und Notizen verbleiben am Originaltisch. Die Aufgabe für die zweite Diskussion ist ähnlich wie in der ersten Runde. Allerdings tauschen sich an jedem Tisch die Mitarbeiter über den Stand ihrer bisherigen Diskussion aus. Das erzeugt Neugierde, ob andere das Thema ebenso oder anders sehen. Neue Aspekte, Ideen und Sichtweisen öffnen sich. Die Notizen auf der Tischdecke füllen sich. Das Beobachterteam bleibt an dem Tisch und verfolgt die Diskussion weiter.

Dritte Diskussionsrunde

Wieder wechselt die Wandergruppe zu einem neuen Tisch. Und noch einmal geht es um den Austausch, was anders oder bereits ähnlich besprochen wurde.

Nach zirka 20 Minuten offener Diskussion gibt der Moderator ein Signal für die letzte Aufgabe. So wie die Gruppen gerade zusammensitzen geht es jetzt darum, einige konkrete Ergebnisse zu formulieren. Je nach Thema kann das folgendermaßen formuliert werden:

- Wenn es nur nach uns hier am Tisch ginge …
- Das Dringendste, das umgesetzt werden sollte …
- Wenn alles so weitergeht, dann …
- Wir könnten Folgendes beitragen …
- Als Manager würden wir …
- Unsere Lösungsidee ist …
- Das größte Risiko ist …
- Unsere Botschaft an das Management ist …

Für die Antworten liegt auf den Tischen ein extra vorbereitetes Blatt bereit. Wer möchte, kann seinen Namen auf dem Papier notieren, um für Nachfragen zur Verfügung zu stehen. Nach einer angemessenen Zeit werden die Zettel eingesammelt.

Pause

Während der Pause haben die Betriebsräte Zeit die Antworten zu sondieren und vorzusortieren. Welche Antworten häufen sich, welche sind eher ungewöhnlich, wo gibt es Besonderes? Die Beobachter werden nach ihren ersten Eindrücken befragt, um die anschließende Podiumsdiskussion vorzubereiten.

Podiumsdiskussion

Zuerst werden die Beobachterteams nach ihren Eindrücken gefragt. Die erste Frage sollte sich auf die wahrgenommenen Stimmungen und Prozesse an den Tischen beziehen. Erst dann werden die Ideen auf dem Podium diskutiert. Die Betriebsräte und die Manager nehmen zu den Anregungen abwechselnd Stellung. Zwischendurch werden immer wieder die Tische einbezogen. Sie sollen kurz über die Antworten diskutieren und Zusatzfragen stellen. So kommt ein lebendiger Austausch zustande.

Absprachen
Nach Möglichkeit sollte die Betriebsversammlung mit konkreten Absprachen abgeschlossen werden, wie es mit den Themen weitergeht. Am besten natürlich mit inhaltlichen Vorpriorisierungen.

Nacharbeit und praktische Hinweise

Nachprozess
Die eingesammelten Ergebnisse werden als Kopie komplett dem Arbeitgeber zur Verfügung gestellt. Beide Seiten werten die Blätter getrennt aus und leiten daraus Maßnahmen ab.

In einer Zusammenkunft zwischen Betriebsrat und Arbeitgeber werden die Vorschläge gemeinsam durchgearbeitet, bewertet und abgesprochen, wie weiter vorgegangen wird.

Für die Diskussion kann der Nachprozess wie bei der Open-Space-Methode als Modell dienen.

Varianten
- Diese Form kann ebenso für das Finden von **Lösungsideen** genutzt werden.
- Das **Thema** an den Tischen kann vollkommen **offen** sein: »Was bewegt Sie zurzeit in unserem Unternehmen? Was möchten Sie an den Arbeitgeber signalisieren? Was an Ihren Betriebsrat?«
- Die Aufteilung der Mitarbeiter auf die Tische kann auch gesteuert werden. So können **Mix-Gruppen** organisiert werden, die die wesentlichen Bereiche des Unternehmens repräsentieren oder Tische mit Besetzungen nach Bereichen.
- Die Fragestellungen oder **Themen** können von Tisch zu Tisch **variieren**.
- Zu Beginn kann an jedem Tisch eine kurze **Vorstellungsrunde** stattfinden. Das fördert zwar den Kontakt, braucht aber erfahrungsgemäß sehr viel Zeit. Je nach Thema kann sie aber durchaus sinnvoll investiert sein.
- An den Tischen kann nach dem Abschluss der Podiumsdiskussion eine vierte Runde gestartet werden, mit dem Ziel, die Bereitschaft der Mitarbeiter zu überprüfen, an der **Verhandlung** bei dem Arbeitgeber und der Umsetzung der dann getroffenen Vereinbarungen **mitzuwirken**.

Schwierigkeiten
Diese Form ist sehr sicher. Probleme werden kaum auftreten. Wenn das Thema allerdings keinen emotionalen Anschluss bei den Mitarbeitern findet, werden die Diskussionen nur schleppend vorangehen.

Bemerkungen
Es kann laut werden. Der Raum sollte daher eine gedämpfte Akustik besitzen.

Tipps für die Moderation
Der Moderator sollte an den Tischen präsent sein, indem er von Tisch zu Tisch geht. Werden auf dem Tischtuch keine Notizen geschrieben, kann er auf diese Möglichkeit hinweisen.

Bei der Podiumsdiskussion geht es wieder um die Klarheit der Aussagen und Antworten. Die Mitarbeiter haben während der drei Diskussionsrunden viel Zeit und Energie investiert. Die Erwartungshaltung nach konkreten Antworten wird daher sehr groß sein. Der Moderator hat also die Aufgabe, gezielt nachzufragen, um konkrete Antworten zu erhalten.

Praktische Erfahrungen
Selbstgesteuerte Prozesse aktivieren. Diese Erfahrung mache ich immer wieder. Je kleiner die Tische, desto effektvoller ist diese Form. Am besten sind runde Bistrotische für vier bis sechs Teilnehmer.

Quelle
Das »World Café« ist aus einer Not heraus geboren worden. Die Teilnehmer einer Veranstaltung konnten wegen des schlechten Wetters nicht pünktlich anreisen. So ließ man die, die schon da waren, an Tischen Platz nehmen und sich bereits über das Thema der Veranstaltung austauschen. Schnell kam die Idee auf, auf den Papierdecken Notizen zu machen. Und ebenso schnell kam das Bedürfnis auf, zu erfahren, was an den anderen Tischen besprochen worden ist. Eine einfache Idee, die einen großen Namen bekommen hat.

Zirkeldiskussion

Kurzbeschreibung
Die Mitarbeiter werden in mehrere kleine Gruppen aufgeteilt. Jede Gruppe rolliert im Uhrzeigersinn an verschiedenen bedeutenden Themen vorbei und diskutiert die eigene Sichtweise auf diese Themen.

Ziel
Jeder Mitarbeiter soll die Gelegenheit erhalten, sich mit den ausgewählten Themen intensiv auseinanderzusetzen. Die Betriebsräte erhalten eine differenzierte Sichtweise über die unterschiedlichen Meinungen der Mitarbeiter.

Situation
Einige wichtige Themen stehen zur Bearbeitung und Meinungsbildung an. Das Stimmungsbild aller Mitarbeiter soll eingeholt werden.

Nutzen für den Arbeitgeber
Da dem Arbeitgeber ebenfalls eine Tafel innerhalb des Zirkels zur Verfügung gestellt werden kann, kann er in der Betriebsversammlung gezielt seine Fragestellungen bearbeiten.

Zudem bekommt der Arbeitgeber die Stimmung und die Kultur in seinem Unternehmen aus erster Hand zu spüren, viel deutlicher als dies durch ein »Management by going around« möglich wäre.

Inszenierung der Leitidee
Die Themen für die Zirkeldiskussion müssen im Vorfeld definiert und vorstrukturiert werden. Es muss sichergestellt sein, dass für jede Tafel, an der ein Thema diskutiert wird, ein Betreuer (Betriebsratsmitglieder oder ein betriebsratsnaher Mitarbeiter) zur Verfügung steht. Die Tafeln sind inhaltlich vorzustrukturieren, wo immer es Sinn macht. Die Auseinandersetzung an den Pinnwänden kann dadurch erhöht werden, indem die Aussagen pointiert beziehungsweise überdeutlich wiedergegeben werden.

Statt zu formulieren »*Die Mitarbeitergespräche werden auch für Beurteilungsgespräche fremdgenutzt*«,

bietet sich eher die Aussage an »*Die Mitarbeitergespräche werden als Beurteilungsgespräche missbraucht*«.

Diese Überspitzung muss auf der Veranstaltung angesprochen und die Mitarbeiter aufgefordert werden, die Aussagen so umzuformulieren, wie sie aus ihrer Sicht passen. Das Streichen und Umschreiben gibt dieser Methode die besondere Aufmerksamkeit und Energie. Der professionellen inhaltlichen Bearbeitung der Tafeln kommt ein hoher Stellenwert zu. Für die Notizen, die während der Bearbeitung auf der Versammlung hinzugefügt werden, ist möglichst viel Platz zu lassen.

Notwendige Abstimmungen

Der Arbeitgeber sollte über die Themen, die im Zirkelworkshop diskutiert werden sollen, unbedingt vorab informiert werden. Die Art und Weise, wie die aufgeworfenen Fragen und Themen im Anschluss an den Zirkel öffentlich diskutiert werden, ist ebenfalls abzustimmen. Zudem ist zu klären, inwieweit in der öffentlichen Diskussion schon verbindliche Aussagen getroffen werden.

Es bietet sich an, die Führungskräfte des Unternehmens in einem eigenen Zirkel diskutieren zu lassen. Das sollte vorher klar kommuniziert und mit dem Arbeitgeber abgestimmt werden. Es ist möglich, dass die Führungskräfte andere Themen als die Mitarbeiter bewegt. Das kann und sollte in einem Vortreffen mit den betroffenen Führungskräften herausgearbeitet werden.

Auch die Arbeitgeberseite kann eine Tafel im Zirkel gestalten, um mit den Mitarbeiterinnen und Mitarbeitern zu diskutieren. Wenn das von den Betriebsräten gewollt ist, muss das natürlich klar vereinbart und die Kriterien dafür festgelegt werden.

Vorprozess im Unternehmen

Je nach den Inhalten, die bearbeitet werden sollen, empfiehlt es sich, dass jedes Betriebsratsmitglied vor der Veranstaltung einige zufällig ausgewählte Mitarbeiterinnen und Mitarbeiter zur Relevanz und den Erfahrungen mit den Themen befragt. So können auf den Tafeln Erfahrungen und Thesen aus der Praxis vordefiniert werden.

Gestaltung des Raumes

Im Raum sind die Zirkel durch große Fahnen oder Ähnliches markiert. Innerhalb der Zirkel sind entsprechend der Anzahl der Themen kreisförmig die Sitzgruppen angeordnet. Diese Sitzgruppen wiederum sind ausgerichtet auf eine Pinnwand, auf der das Thema, das diskutiert werden soll, so groß angeschrieben ist, dass es für alle sichtbar und gut lesbar ist.

Eventuell kann auf den Pinnwänden schon eine erste, zum Nachdenken und Diskutieren anregende Frage formuliert sein: »Vielleicht sind Sie neugierig auf die Erfahrungen Ihrer Nachbarin zum Thema …?«

Material

Für jeden Zirkel bedarf es einer großen Fahne mit einem charakteristischen Symbol zur eindeutigen Zuordnung.

Für die Mitarbeiter sollten Karten mit verschiedenen Symbolen zur Verfügung stehen, um sie auf die Zirkel nach dem Zufallsprinzip aufzuteilen.

Pro Themengruppe bedarf es zwei bespannter Pinnwände, eine für die Aufbereitung der Themen, eine andere für die Notizen während der Diskussion.

Gruppengröße
Maximal 500 (in jedem Zirkel können vier bis fünf Themen bearbeitet werden). Pro Thema können maximal 15 Mitarbeiter diskutieren. Das ergibt 75 Mitarbeiter pro Zirkel. Diese Zirkel können in Abhängigkeit von den zur Verfügung stehenden betriebsnahen Mitarbeitern mehrfach gebildet werden.

Dauer
Für jede Themenbearbeitung werden ungefähr 15 bis 30 Minuten benötigt. Bei fünf Themen ergeben sich also maximal zweieinhalb Stunden. Einschließlich Einstimmung und Ausklang sollte daher ein maximaler Zeitbedarf von vier Stunden eingeplant werden.

Inszenierung der Leitidee
Durch die kleinen Sitzgruppen ist im Raum sofort symbolisch klar, worum es geht: um den intensiven Austausch mit jedem Mitarbeiter. Das wird dadurch verstärkt, dass für jedes Thema ein Betreuer zur Verfügung steht und jeder sich zudem durch das Rollieren an jedem Thema beteiligen kann.

Ablauf

Aufbereitung der Themen
Der Schlüsselfaktor für den Erfolg dieses Ablaufs liegt in der professionellen Aufbereitung der Themen. Die Themen sollten für die Mitarbeiter eine möglichst hohe emotionale Bedeutung besitzen und daher entsprechend aufbereitet sein. Die Tafeln können zum Beispiel folgendermaßen strukturiert sein:

- Eine zündende Überschrift.
- Die wichtigsten Fakten kurz und bündig dargestellt.
- Die Konsequenzen für die Betroffenen prägnant herausgeschält.
- Eventuell einige Veränderungen, die bereits zum Thema eingetroffen sind, benannt.
- Einige Aussagen, Hypothesen aus der Praxis zur Erfahrung mit dem Thema.
- Die Schlüsselfragestellung.

Natürlich sind auch andere Varianten denkbar. So können sie nur Fragen beinhalten, die aus Betriebsratssicht für die Mitarbeiter geklärt werden sollen. Oder es bilden Fragen an das Management oder an die Gewerkschaft den Schwerpunkt.

Eine Tafel kann auch thematisch offen gelassen werden. Die Überschrift lautet dann, »Was uns wichtig ist, an die Betriebsräte zu richten – Ideen, Fragen, Kritisches«.

Insgesamt müssen die Themen aus Mitarbeitersicht einen relevanten Unterschied darstellen. Sie können thematisch zusammenhängend sein oder für sich stehen. Auf den Unterschied kommt es an. Natürlich lässt sich nicht sicherstellen, dass die Themen in einer bestimmten Reihenfolge bearbeitet werden. Das muss berücksichtigt werden.

Einlass
Beim Betreten des Raumes erhält jeder Mitarbeiter eine kleine Karte mit dem Symbol, in welchem Zirkel er sich befinden wird. Das sollte eher nach dem Zufallsprinzip geschehen. Alle Symbole können so zum Beispiel durchmischt sein und werden dann den Mitarbeitern der Reihe nach ausgehändigt. In den Zirkeln stehen die Betreuer der Tafeln bereits zur Verfügung und teilen die Mitarbeiter auf die Thementafeln weiter auf. Die eingeladenen Führungskräfte erhalten die Zuordnungskarten gezielt, wenn beabsichtigt ist, sie in einer extra Gruppe rollieren zu lassen.

Anmoderation
Nach der üblichen Begrüßung wird der Ablauf der Betriebsversammlung vorgestellt:

> *»Wir wollen auf unserer heutigen Betriebsversammlung in einen sehr intensiven Austausch mit Ihnen treten. Das haben Sie wahrscheinlich durch die Anordnung der Stühle bereits geahnt. Und die Themen, die uns bewegen, haben Sie sicher schon auf den Tafeln durchgelesen. Wir haben unser Ohr in unser Unternehmen hineingehalten und das sind in der augenblicklichen Situation die relevanten Themen.«* (Themen kurz ansprechen.)

> *»Wir haben mehrere Kreise mit den fünf Themeninseln aufgebaut. In jedem Kreis haben Sie die Gelegenheit jedes Thema 30 Minuten lang zu diskutieren. Unsere Themenbetreuer weisen Sie bei jedem Thema kurz ein. Dann haben Sie Zeit, das Thema aus Ihrer Sicht zu diskutieren. Die wichtigen Punkte halten wir fest. Es geht nicht um eine gemeinsame Lösung, sondern um einen intensiven Kontakt mit Ihnen, wie Sie zu den Themen und den Fragestellungen dazu stehen. Sind die Meinungen kontrovers, dann halten wir auch das fest.*
> *Nach 30 Minuten gebe ich Ihnen ein Signal und dann wechseln Sie in Ihren Zirkeln im Uhrzeigersinn zum nächs-*

ten Thema und so geht es weiter, bis alle Themen durchgesprochen wurden. So haben wir die Möglichkeit mit jedem von Ihnen in Kontakt zu kommen und zu hören, wie die Stimmung zu den Themen in unserem Unternehmen ist.
Im Anschluss daran werden wir dann alle Themenbetreuer auf das Plenum bitten und zusammenfassen, was in den Zirkeln herausgekommen ist. Zusammen mit dem Management werden wir vielleicht schon heute einige Konsequenzen daraus ableiten können. Wir freuen uns über den intensiven Austausch mit Ihnen.«

Zirkeldiskussion
An jeder Tafel steht ein Themenbetreuer. Jeder Themenbetreuer stellt das Thema an der Tafel kurz und prägnant vor (etwa fünf Minuten). Zum Abschluss wird die vorbereitete Schlüsselfrage als Beginnsignal für die Diskussion gestellt. Hauptsächlich geht es darum, die Signale der Gruppe aufzunehmen, Fragen, Wünsche und Anforderungen, auch Kritisches auf der freien Tafel zu notieren. Antworten, inhaltliche Positionierungen sollten nach Möglichkeit nicht gegeben werden. Es geht darum herauszuhören, wie die Mitarbeiter die Themen sehen und was sie bewegt. Es brauchen keine einheitlichen Lösungen erarbeitet zu werden. Werden manche Dinge kontrovers gesehen, so sind sie auch so auf der freien Tafel zu dokumentieren.

Nach 30 Minuten erschallt das erste Zeitsignal und die Gruppen wechseln im Uhrzeigersinn ihren Platz. Die Themenbetreuer bleiben an ihren Tafeln. Dadurch erhalten sie das Stimmungsbild aller Mitarbeiter zu einem Thema. Die nächste Gruppe wird wieder kurz inhaltlich eingestimmt, zusätzlich werden die bisherigen Diskussionsergebnisse angerissen. Dann darf erneut diskutiert werden. Ist diese Gruppe bei einigen Themen anderer Meinung, kann das durch Streichen (aber lesbar) der Aussagen aus der ersten Gruppe dargestellt werden. Ist sie der gleichen Meinung, wird ein Haken gesetzt.

Ergänzungen werden ebenso aufgenommen. Es gibt kein richtig oder falsch, es gibt nur Unterschiede, Bestätigungen oder Ergänzungen. Das Streichen ist eine sehr wichtige Option der Darstellung. Durch das Streichen wird die Diskussion angefacht. Natürlich kann die nächste Gruppe eine durchgestrichene Aussage wieder reaktivieren und somit die Streichung rückgängig machen. So wird sehr schnell erkenntlich, zu welchen Aussagen eine gemeinsam getragene Meinung vorherrscht und welche Themen sehr unterschiedlich gesehen werden. Das schafft Klarheit.

Zum Abschluss der Zirkeldiskussion gelangen alle Gruppen wieder zu ihrer Ursprungstafel zurück. In dieser letzten Phase wird nur noch einmal vom Betreuer dargestellt, wie die Gruppen auf die Themen reagiert haben. Veränderungen sind jetzt nicht mehr erlaubt. Das befriedigt die Neugier, was aus der eigenen Vorlage geworden ist, mit der die Zirkeldiskussion begann.

Pause und Abgleich
Während die Mitarbeiter zur Pause gebeten werden, treffen sich alle Themenbetreuer zu einer ersten Auswertung. Pro Thema wird abgeglichen, wohin die Diskussionen gegangen sind und was auf dem Plenum nach der Pause dargestellt werden soll. Die

Fokussierung liegt darauf, welche zentralen Botschaften die Mitarbeiter in den Diskussionen im Kern definiert haben. Wie können diese Botschaften zusammengefasst werden? Wenn sich daraus bereits einige Aufgaben ableiten lassen, denen sich der Betriebsrat annehmen will, umso besser. Je nachdem wie die Absprachen mit der Arbeitgeberseite gelaufen sind, können einige Themen auch öffentlich mit den anwesenden Managern verhandelt werden. Dann sollten diese zu diesem informellen Austausch mit hinzugezogen werden.

Präsentation der Ergebnisse
Pro Thementafel versammeln sich alle Betreuer der Tafeln auf dem Podium. Zuerst werden einige nach der Stimmung während der Diskussionen zu ihrem Thema befragt. Anschließend werden die Botschaften, die aufgekommen sind und die Themen, die das Gremium für sich daraus eventuell abgeleitet hat, präsentiert.

Je nach Thema wird der Arbeitgeber dann gebeten zu den Botschaften Stellung zu beziehen. Das weitere Vorgehen zwischen Arbeitgeber und Betriebsrat wird möglichst öffentlich verhandelt. So konkret wie möglich. Es sollte nichts vereinbart werden, was nicht realistisch umgesetzt werden kann. Sollten die Positionen weit auseinanderliegen, ist dieser Zustand »einfach« festzuhalten.

Thema um Thema wird nach diesem Muster präsentiert und wo möglich verhandelt.

Nacharbeit und praktische Hinweise

Nachprozess
Die Mitarbeiter werden durch diese Art einer Betriebsversammlung maximal aktiviert. Sie erwarten daher konkrete Rückmeldungen, was mit den aufgeworfenen Fragen, Ideen und Problemstellungen geworden ist. Diese sollten verdichtet und gezielt mit dem Arbeitgeber erörtert und verhandelt werden. Darüber braucht es eine gezielte Information an die Mitarbeiter.

Varianten
- Auch der **Arbeitgeber** kann **eine Tafel** in jedem Zirkel für die Diskussion erhalten. Entweder gibt der Betriebsrat die Themen vor oder er kann sie aufgrund der anderen Themen frei gestalten. Das bringt eine besondere Spannung in die Kreise. An jeder Tafel muss dann natürlich ein Betreuer der Arbeitgeberseite zur Verfügung stehen. Es bietet sich an, dass ein Betriebsratsmitglied als Beobachter an diesen Zirkeln teilnimmt.
- Die Zirkeldiskussion kann auch dafür genutzt werden, die Position, Strategie oder Entscheidungen des Betriebsrates den Mitarbeitern zu vermitteln. Der Zirkel dient bei dieser Variante **eher zur Information**. Dann braucht es allerdings eine hohe inhaltliche Kompetenz der Themenbetreuer.

- Der Zirkelworkshop eignet sich auch für eine Art »**Auftragsklärung**« der Mitarbeiter an den Betriebsrat. Dann können die Tafeln Themen wie »Zentrale Themen, die der Betriebsrat aufgreifen soll, sind …«, »Die Ausrichtung, die wir von unserem Betriebsrat erwarten ist …«, »Der Betriebsrat sollte sich gegenüber dem Arbeitgeber grundsätzlich … verhalten«, »Wir Mitarbeiter wollen in folgender Art in die Betriebsratsarbeit integriert werden: …«.
- Die Gruppe der **Führungskräfte** kann sich als Variante lediglich **passiv** an dem Zirkelworkshop **beteiligen.** Das kann folgendermaßen organisiert werden: Bei der Aufteilung der Mitarbeiter auf die Tafeln, wird eine Pinnwand nicht besetzt und dadurch erst in der zweiten Bearbeitungsphase diskutiert. In der zweiten Bearbeitungsphase ist durch diesen Kunstgriff eine bereits überarbeitete Tafel frei. Zu dieser Tafel wird die Führungsgruppe zugeordnet. (Die Führungskräfte haben in der ersten Phase also eine Pause.)

  Das Management hat ab der zweiten Bearbeitungsphase die Möglichkeit, die veränderten Inhalte der Tafeln wahrzunehmen und für sich selbst zu diskutieren. Ein Eingreifen in die Tafel ist ihnen nicht erlaubt. Ziel dieser Art der passiven Einbindung ist es, die Führungskräfte aus Sicht der Mitarbeiter Betroffenheit erleben zu lassen. Hinter jeder Themenwand kann auch eine leere Tafel hervorgezogen werden, auf der die Führungskräfte eigene Kommentare, Ideen usw. notieren können, die dann aber bei dem Wechsel zur nächsten Tafel, wieder verdeckt wird. Die Sicht der Mitarbeiter soll unabhängig von den Führungskräften erfolgen. So »laufen« die Führungskräfte also im Kreis immer den Mitarbeitern hinterher und können sich mit deren Sicht auseinandersetzen.
- Die **Aufarbeitung der Ergebnisse** im Anschluss an die Betriebsversammlung kann im gleichen Setting wie die Betriebsversammlung selbst ablaufen. Es werden die bearbeiteten Originaltafeln in die Verhandlungsrunde mit dem Management integriert. Die Führungskräfte rollieren dann an allen Themen vorbei. Wichtig ist, dass jede Tafel vom Betriebsrat und vielleicht auch einem Mitarbeiter aus der Betriebsversammlung kommentiert wird. Und es sollte unbedingt die Stimmung wiedergegeben werden, die in den Diskussionen geherrscht hat.
- Werden mehrere **Teilbetriebsversammlungen** durchgeführt, so können die Originaltafeln aus der ersten Veranstaltung als Input in die Zirkeldiskussion gegeben

werden. Dann verbinden sich die Ergebnisse aus der ersten mit der zweiten Veranstaltung. Bei besonders wichtigen Themen können Mitarbeiter aus der ersten Veranstaltung mit zur zweiten eingeladen werden und an den Tafeln einen kurzen Input über die Bedeutung aus der ersten Veranstaltung geben.

- An einer Tafel wird die Aufgabe gestellt, ein symbolisches **Stimmungsbild** zu einem bestimmten Thema zu zeichnen. Jede Gruppe erhält dann ein neues leeres Blatt und sieht die bisherigen Bilder nicht. So kann am Ende der Versammlung eine Bildergalerie im Raum aufgedeckt werden. Das bleibt als letzter Eindruck besonders haften.
- Ist die Zahl der Mitarbeiter auf der Betriebsversammlung nicht allzu groß (maximal 100), so kann **ein Zirkelkreis** mit bis zu acht verschiedenen Themen geplant werden. Allerdings ist dann nach vier Themen eine Pause einzuplanen. Acht Tafeln sind kaum ohne Unterbrechung nacheinander zu bearbeiten.
- Eine Abwandlung kann die Gestaltung als **Marktplätze** sein. Dann werden die Themen nicht gezielt und in einer zwingenden Reihenfolge bearbeitet, sondern offen diskutiert. Die Mitarbeiter haben die Möglichkeit herumzugehen und für sich zu entscheiden, welche Themen sie anziehen.

Schwierigkeiten

Zu Beginn scheint für die Teilnehmer die Form komplex zu sein, obwohl sie im Prinzip einfach ist. Das liegt an der Parallelität der Zirkel. Stimmen die formalen Voraussetzungen laufen die Zirkeldiskussionen problemlos.

Das größte Problem liegt jedoch in der Akustik. Hallt es zu sehr im Raum, können die Kreise sich gegenseitig stören. Daher kann der Raum nicht groß genug sein, um die Abstände zwischen den Zirkeln möglichst groß gestalten zu können.

Bemerkungen

Diese Form der Veranstaltung bringt die Sicht der Dinge sehr unverblümt auf den Tisch. Der Betriebsrat sollte sich darüber im Klaren sein. Wenn die Ergebnisse auf dem Plenum vorgestellt werden, darf es keine Tabus geben, selbst wenn der Betriebsrat kritisiert wird. Die größte Herausforderung ist allerdings die hohe Anzahl von Themenbetreuern zur Verfügung zu stellen. Das geht in der Regel über die Mitglieder des Gremiums hinaus.

Tipps für die Moderation

Eine klare bildhafte Sprache ist sehr förderlich, um die Zirkeldiskussion zu erklären. Es kann durchaus Sinn machen, in die Zirkel hineinzugehen und es dort im Herumgehen zu erklären. Das kann einige Male wiederholt oder von den Themenbetreuern parallel übernommen werden.

Die Moderation an den Tafeln selbst kann entweder von den Themenbetreuern wahrgenommen, aber auch komplett an die Mitarbeiter abgegeben werden. Dann können die Mitarbeiter noch unbeeinflusster ihre Sicht der Dinge äußern.

Praktische Erfahrungen
Ich kann diese Form bei den richtigen Themen und einer entsprechenden Größe des Raumes nur empfehlen. Es entstehen intensive Diskussionen mit hoher emotionaler Beteiligung. Die Rückmeldungen gehen fast immer in die Richtung, dass die Zeit zu knapp war. Und der Vorteil, dass man über die Themenbetreuer das Stimmungsbild von allen Mitarbeitern eingefangen hat und sie als Betriebsrat auch emotional spürt, weil direkt erlebt, ist ebenfalls ein nicht zu unterschätzender Wirkfaktor dieser Veranstaltungsform. Man kommt nicht umhin zu spüren, welche Bedeutung die Themen für die Mitarbeiter haben. Auf einer Veranstaltung waren die Führungskräfte derart förderlich betroffen, dass sie wichtige Zusagen noch auf der Betriebsversammlung ausgesprochen haben.

Quelle
Die Idee zum Prinzip des Zirkelworkshops kam mir auf einem Vortrag über das Thema Veränderungsmanagement von Professor Dr. Peter Kruse. Die Metapher, dass Märchen oft erst durch das Weitererzählen ihre magische Kraft erhalten, hat mich angeregt, dieses alte Spiel der »Stillen Post« professionell umzuformen.

Perspektivwechsel

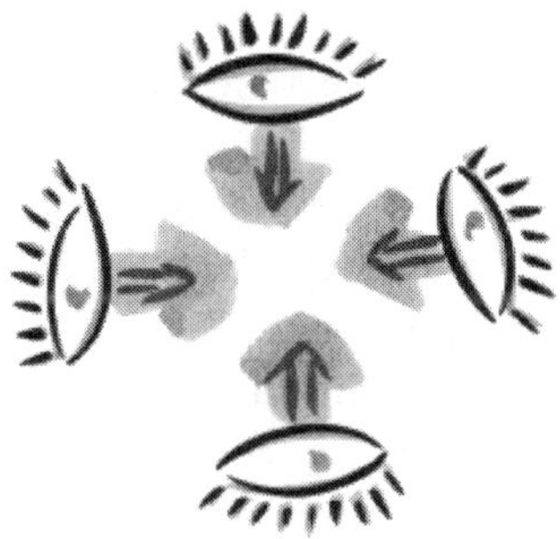

Kurzbeschreibung
Die verschiedenen Seiten des Raumes werden für verschiedene Blickwinkel auf eine Problemstellung genutzt.

Ziel
Eine Themenstellung soll ganzheitlich beleuchtet werden. Der Einsatz dieser Methode soll deeskalierend wirken, Verständnis ermöglichen, Versachlichung bringen und neue Spielräume für eine Verhandlung schaffen.

Situation
Es sollen Themen besprochen werden, die sehr unterschiedlich gesehen beziehungsweise bewertet werden können.

Nutzen für den Arbeitgeber
Die Themen werden versachlicht. Der Perspektive des Arbeitgebers wird neben den anderen Sichtweisen eine objektive Darstellung ermöglicht.

Vorprozess im Betriebsratsgremium
Für das ausgewählte Thema, das auf der Betriebsversammlung bearbeitet werden soll, sind die verschiedenen Interessengruppen beziehungsweise Perspektiven zu definieren, aus denen heraus es betrachtet werden kann:

- Arbeitgeber
- Betriebsrat
- Mitarbeiter
- Gewerkschaften
- Kunde/Markt

Die eigene Position und die Interessen dahinter sind wie im Ablauf beschrieben genau auszuloten, um in der Betriebsversammlung glaubwürdig auftreten zu können. Was der wichtige Unterschied zwischen Position und Interessen ist, ist in der Rubrik »Bemerkungen« genau erläutert.

Es ist zu klären, welche Perspektiven beziehungsweise Blickwinkel von wem dargestellt werden.

Notwendige Abstimmungen
Der Arbeitgeber wird durch die Darstellung der verschiedenen Blickwinkel auf der Betriebsversammlung aufgefordert sich deutlich und klar zu positionieren. Vor allem in der zweiten Phase der Zusammenführungen ist die Bereitschaft erforderlich, offen auf die Ideen und Vorschläge zu reagieren. Das ist naturgemäß nicht ganz unproblematisch. Verdeckte Strategien der Verhandlungsführung sind dadurch kaum aufrechtzuerhalten. Allerdings gilt dies ebenso für die Betriebsratsseite. Der Punkt, dass auf der Versammlung keine Vereinbarungen, sondern nur Möglichkeiten abgewogen werden, ist noch einmal deutlich zu markieren. Diese Bereitschaft muss ausgelotet werden. Ist sie vorhanden, geht es im nächsten Schritt um die Klarheit zwischen Position und Interesse. Damit alle Perspektiven in der Veranstaltung die gleiche Sprache sprechen.

Vorprozess im Unternehmen
Soll die Mitarbeiterperspektive eingeführt werden, sind dafür Mitarbeiter zu suchen, die diese Rolle einnehmen wollen. Es sollten mindestens drei Personen sein, damit sie symbolisch eine Vielfalt abbilden und sich gegenseitig unterstützen können.

Die Mitarbeiter sind über das Thema und die Wirk-Zusammenhänge zu informieren. Die Unterschiede zwischen Position und Interesse sind zu klären. Der genaue Ablauf und die Anforderungen an ihre Rolle sind offen zu legen. Ihnen muss Gelegenheit gegeben werden, sich mit weiteren Kollegen abzustimmen, um wirklich als Vertreter der Mitarbeiter auftreten zu können.

Der Betriebsrat ist zwar das gewählte Vertretungsorgan der Mitarbeiter, kann aber durchaus andere Positionen und Interessen vertreten. Auch das sollte geklärt werden, ob es dort relevante Unterschiede gibt. Sind sie nicht vorhanden, macht die Mitarbeiterperspektive keinen Sinn.

Gestaltung des Raumes
Jede Wand im Raum steht für eine Sichtweise, die mit einer großen Fahne oder einem Schild klar gekennzeichnet ist. Auf jedem dieser Podien ist jeweils ein kleines weiteres Podest aufgebaut. (Eventuell kann das auch ein besonders markierter Platz sein.) Das Podest steht für die Position oder für das Ziel, das in der jeweiligen Perspektive erreicht werden soll. Die Fläche um das Podest herum steht symbolisch für die Interessen, die guten Absichten beziehungsweise Bedürfnisse hinter der Position. Auf jedem Podium sind drei Pinnwände positioniert, eine für Notizen zur Position, die andere für Notizen zu den Interessen und die dritte für die Kernbotschaft. Die Überschriften dazu sind bereits angebracht.

In der Mitte des Raumes ist ein freier Platz markiert, der frei von Stühlen ist. An diesem Ort werden die Perspektiven am Ende zusammengefasst. Ein Bistrotisch weist bereits auf die Gespräche hin, die in diesem Zentrum stattfinden werden.

Die Stühle sind zu Beginn der Veranstaltung alle auf die Position des Betriebsrates ausgerichtet. Die Stühle sind nicht miteinander verbunden und lassen sich leicht bewegen.

Material

Je Perspektive:

- Eine große Fahne beziehungsweise ein Schild.
- Drei bespannte Pinnwände.
- Bistrotisch für die Mitte.
- Eventuell ein dickes Seil, um die Skalen optisch besser darzustellen.

Gruppengröße

Für bis zu 500 Teilnehmer ist diese Form gut zu inszenieren, darüber hinaus bedarf es besonderer Überlegungen, wie der Raum gestaltet wird, damit der Prozess gut ablaufen kann.

Dauer

Die Darstellung der Perspektiven sollte 15 Minuten nicht überschreiten, damit die Aufmerksamkeit aufrechterhalten bleibt. Der anschließende Austausch kann durchaus ein bis zwei Stunden Zeit in Anspruch nehmen.

Inszenierung der leitidee

Durch die vier Orte im Raum, das Umsetzen und die Bewertungen auf den Skalen, die Darstellung der Mitte als symbolischer Lösungsraum ist die Idee der Veranstaltung sehr gut dargestellt.

Ablauf

Anmoderation

> *»Ein Thema steht für uns Betriebsräte auf unserer Versammlung heute im Mittelpunkt: ... Dieses Thema wird sehr unterschiedlich, ja kontrovers in unserem Unternehmen diskutiert und bewertet. Natürlich haben wir als Betriebsräte unsere eigene Position zum Sachverhalt. Wir möchten den heutigen Tag nutzen, mit Ihnen aus ver-*

schiedenen Blickwinkeln auf die Situation zu schauen. Welches Ziel verfolgen wir damit? Wir wollen mit dem Management offen über eine Lösung weiter verhandeln und die Fronten, die sich mittlerweile gebildet haben, wieder aufweichen. Wir brauchen Lösungen. Und wir wissen, dass auch in Ihrer Sicht als Mitarbeiter Lösungen schlummern.
Vier Wände, vier Sichtweisen. Das passt bei unserem Thema 100-prozentig. Da ist natürlich einmal die Sicht aus der Arbeitgeberseite. Das stellen wir an dieser Wand dar. Dann Ihre Perspektive als Mitarbeiter. Die haben wir hier abgebildet. Dann die Haltung der Gewerkschaften dazu. Die wird durch diese Wand repräsentiert. Und schließlich unser Standpunkt dazu, der hier, wo ich jetzt stehe, dargestellt ist. Am Ende treffen wir uns in der Mitte und sprechen über die Erfahrungen, die wir aus den vier Perspektiven gewonnen haben.
Ich schlage vor, dass wir mit der Perspektive des Arbeitgebers beginnen.«

Erste Perspektive
Alle Mitarbeiter werden aufgefordert, ihren Stuhl umzupositionieren, sodass sie zur Perspektive des Arbeitgebers hin ausgerichtet sind.

Die Arbeitgebervertreter nehmen den Platz auf dem kleinen Podest ein und beginnen ihre Position darzustellen. Wesentliche Aussagen werden von einem Protokollanten auf einer Pinnwand stichwortartig festgehalten. Der Moderator fragt nach, sodass die Position klar und nachvollziehbar ausgesprochen ist. Verständnisfragen aus dem Plenum sind möglich.

Dann bittet der Moderator die Führungskräfte vom Podest hinunter in die Ebene der Interessen zu wechseln. Hier schildern die Manager ihre Interessen, die sie bewegt haben, die Position einzunehmen. Was beabsichtigen sie damit? Was wollen sie im tieferen Sinne erreichen? Auch hier sind Verständnisfragen möglich.

Aufkommende inhaltliche Diskussionen sind bewusst zu unterbrechen. In dieser ersten Phase geht es um das Verstehen, das Zuhören und Wissenwollen, warum dies und jenes so verfolgt wird. Es geht allein um die Neugierde, den anderen verstehen zu wollen. Verstehen ist nicht gleich einverstanden sein.

Die Interessen werden auf der zweiten Pinnwand stichwortartig festgehalten. Abschließend formulieren die Arbeitgeber ihre Kernbotschaft, die ihnen wichtig ist zu vermitteln, an die Mitarbeiter zu ihren vorgestellten Themen.

Die Mitarbeiter werden aufgefordert sich erneut umzusetzen, um sich auf die nächste Sichtweise auszurichten. Der Ablauf ist der gleiche wie bei der ersten Perspektive. So wird Sichtweise um Sichtweise dargestellt. Geschickterweise erfolgt die Position des Betriebsrates am Ende.

Zweite und weitere Perspektiven
Alle Mitarbeiter nehmen sich ihren Stuhl und richten sich auf die Mitte hin aus. Zu den Wänden der vier Perspektiven wird jeweils ein Gang freigehalten. Diese Gänge stellen Skalen dar, auf denen sich die Vertreter der Perspektiven positionieren können.

Die Mitte stellt in dieser zweiten Inszenierungsphase eine mögliche gemeinsame Lösung dar, wie unter Berücksichtigung aller Perspektiven sinnvoll vorgegangen werden kann. Sie symbolisiert keinen »faulen« Kompromiss, sondern die Möglichkeit einer gesunden abgewogenen Balance zwischen den verschiedenen Interessen.

Die Skalen haben je nach Fragestellung unterschiedliche Bedeutung. Der Moderator gibt den Skalen die Bedeutung, indem er auf einer Skala entlang schreitet und währenddessen die Bewertungen ausspricht.

Dann werden die Vertreter der Perspektiven gebeten, sich zu positionieren. Die erste Fragestellung ist:

»So wie Sie die vier verschiedenen Sichtweisen wahrgenommen haben: Wie stark decken sich die Interessen der vier Perspektiven? ›Die Interessen decken sich überhaupt nicht‹ wäre die Position außerhalb des Kreises. Die Position ›Die Interessen sind eigentlich identisch‹ befindet sich hier in der Mitte.«

Die Vertreter der Perspektiven positionieren sich auf ihrer Skala. Sie können und sollten sich untereinander kurz austauschen, wie sie ihre Meinung auf der Skala darstellen wollen. Der Moderator geht nach dieser ersten Bewertung zu den Vertretern jeder Skala und fragt nach dem Grund der Positionierung. Wahrscheinlich werden viele Interessen von allen Perspektiven geteilt, einige wenige nicht. Das schafft die Basis für die nächste Bewertung:

»Nun bitte ich Sie, sich auf die Positionen der drei anderen Perspektiven zu beziehen. Die Skala erhält dafür eine neue Bedeutung: Das Ende außerhalb des Kreises steht für ›Die Position der Perspektive ist vollkommen anders, als meine eigene‹. Der Ort hier in der Mitte steht dann logischerweise für ›Die Position der Perspektive deckt sich mit meiner‹. Ich bitte Sie in diesem Sinne sich auf jede der drei Perspektiven kurz zu beziehen. So erhalten wir schnell einen Überblick, wo Gemeinsamkeiten und wo Unterschiede sind.«

Durch diese Bewertung werden die Komplexität und die emotionale Bedeutung der Unterschiedlichkeiten schnell sichtbar. Auch hier gilt die Regel: Es geht um das Verstehen und nicht um das inhaltliche Diskutieren.

Nachdem jede Perspektive sich so im Bezug zu den anderen dargestellt hat, ist die Zeit reif für eine dritte Bewertungsfrage:

> *»Wie schätzen Sie die Möglichkeit ein, aufgrund der vielen ausgetauschten Argumente, eine gemeinsame Lösung zu finden? Wie gesagt, nur die Möglichkeit, Ihre Vermutung sie zu finden, ohne zu wissen, wie sie aussehen wird. Ich könnte auch sagen: ›Die Möglichkeit sich anzunähern‹. Die Mitte des Kreises stellt eine hohe Annäherungsmöglichkeit dar, außerhalb des Kreises hat die Skala die Bedeutung, dass es keine Annäherungsmöglichkeit gibt.«*

Wieder fragt der Moderator jede Position nach dem Grund ihres Standpunktes auf der Skala.

Erstes Zusammenführen der Perspektiven
Aufgrund der erweiterten Kenntnisse der Zusammenhänge sind jetzt andere Fragen als vorher möglich:

> *»Wenn Sie alle Argumente gehört und abgewogen haben, welche Veränderung ist dann für Sie eventuell möglich? Wo kann es ein Entgegenkommen geben, ohne dass wir es hier sofort verbindlich festzurren? Wir wollen hier Chancen und Möglichkeiten ausloten.«*

Die Rollenvertreter auf den Skalen erhalten jeweils das Wort und damit die Gelegenheit ihre eigenen Ideen auszusprechen, um sich einer gemeinsamen Perspektive zu nähern.

Zweites Zusammenführen der Perspektiven
Nach dieser ersten Veränderungsphase diskutieren die Mitarbeiter wieder in kleinen Gruppen, welche Angebote sie den Perspektiven als Vorschläge unterbreiten können, damit Bewegung in die Positionen kommen. Nach fünf bis zehn Minuten Beratungszeit treten Delegierte der Spontangruppen in die Mitte und veröffentlichen ihre Ideen. Nicht jeder Vorschlag muss realistisch sein, gerade die außergewöhnlichen Ideen erweitern in der Regel den Horizont und relativieren die Positionen. Vorschlag um Vorschlag wird präsentiert beziehungsweise den verschiedenen Perspektiven angeboten. Nach fünf bis zehn Ideen werden die Vertreter auf den Skalen befragt, welche der Ideen sie bedenkenswert empfinden und signalisieren die mögliche Wirkung mit einer veränderten Positionierung auf der Skala.

Die einzelnen Vorschläge und auch die ersten Bewertungen werden wieder mitprotokolliert.

Kommentarrunde und Abschluss
Zum Abschluss erhalten die Mitarbeiter die Möglichkeit, allgemeine Kommentare, Botschaften und Wünsche an die Perspektiven zu richten. Sie bleiben unkommentiert als Ausdruck der Mitarbeiter im Raum stehen. Ganz zum Abschluss geben die Vertreter jeder Perspektive einen Schlusskommentar ab. Was hat sich durch den Austausch in ihrer Haltung verändert? Was haben sie mitgenommen? Welche neue Betrachtungsweise hat sich aufgetan? Wo sind sie nachdenklich geworden?

Nacharbeit und praktische Hinweise

Nachprozess
Die aufgearbeiteten mitprotokollierten Aussagen über die Positionen, Interessen, Botschaften der vier Perspektiven sowie die Ideen für neue Handlungsmöglichkeiten aus den beiden Phasen der Zusammenführung werden dem Arbeitgeber ebenfalls zur Verfügung gestellt.

Beide Seiten sind aufgefordert, ihre eigene Position aufgrund der Argumente zu überdenken und eventuell neu zu formulieren. Mit dieser veränderten Ausgangslage können die Verhandlungen neu aufgenommen werden.

Varianten

- Die Perspektiven können auch verschiedene **Verhandlungsmöglichkeiten** darstellen, die der Betriebsrat bei einem bestimmten Thema verfolgen kann. Wenn das reflektiert wird, sollte sich das Gremium darüber im Klaren sein, ob der Arbeitgeber an dieser Phase der Betriebsversammlung teilnehmen kann oder nicht.
- Die Sichtweisen verschiedener **Organisationseinheiten** können mit dieser Form ebenso gut ins Bild gebracht werden.
- Die Perspektiven können bestimmte **Zukunftsszenarien** des Unternehmens darstellen. Dann ist klar herauszuarbeiten, mit welchen Fragestellungen die Szenarien bearbeitet beziehungsweise reflektiert werden sollen.
- Überraschende oder **außergewöhnliche Perspektiven** erweitern oft das Denken. Der (verstorbene) Unternehmensgründer, der Kunde oder die Familien der Mitarbeiter können so eine Stimme erhalten.
- Natürlich geht es auch **ohne** die **Bewertungsskalen.** Es kann schon genügend Bewegung in die Positionen kommen, wenn lediglich die Perspektiven wie beschrieben dargestellt werden und anschließend auf dem Podium über mögliche Konsequenzen diskutiert wird.
- Ist der **Arbeitgeber nicht bereit**, sich auf den Skalen zu positionieren, so kann seine wahrscheinliche Reaktion auch von anderen Betriebsratsmitgliedern wahrgenommen werden. Dann bedarf es allerdings einer wirklichen Auseinandersetzung, welche innere Position er aus seiner Sicht glaubwürdig einnimmt. Diese Form darf nicht »missbraucht« werden, um die Meinung beziehungsweise Vorurteile der Betriebsräte darzustellen.

Schwierigkeiten

Die ersten Phasen dieser Betriebsversammlung sind recht sicher durchzuführen, bei den Positionierungen auf den Skalen wird es schon »wärmer« im Raum. Wie viel Konfliktkultur ist vorhanden, damit diese Offenheit überhaupt möglich ist? Und in den beschriebenen letzten Schritten kann es erst richtig »heiß« werden. Ist diese Art von öffentlicher Mediation überhaupt realistisch? Es ist also wesentlich sinnvoller weniger Mediationsschritte vorzunehmen als zu viel auf einmal erreichen zu wollen. Wie gesagt, allein die ersten Phasen sind als Form bereits außergewöhnlich und bewegend genug.

Deswegen ist die Absprache mit dem Arbeitgeber vor der Veranstaltung besonders wichtig. Jede Position, auch wenn sie aus Betriebsratssicht kritisch ist, muss in dieser Form eine Würdigung erfahren.

Bemerkungen

Die symbolischen Inszenierungen (Position und Interessen/Bewertungen auf den Skalen) bleiben nachhaltig als innere Bilder erhalten. Es verlangsamt die Kommunikation und fördert das Zuhören. Die Positionierungen auf den Skalen bewirken zudem eine Verdeutlichung der Argumente. Sie werden greifbarer.

Prinzipiell ist der Unterschied zwischen Position und Interesse sehr einfach. Da diese Differenzierung in der Alltagssprache nur selten vorkommt, ist ein Beispiel dazu zur Erklärung angebracht. Am Thema »Einführung eines Skillmanagement-Systems« in einem Unternehmen mit etwa 500 Mitarbeitern kann das als Beispiel folgendermaßen aussehen:

- **Position des Arbeitgebers:** Einführung eines Skillmanagement-Systems. Dabei sollen folgende Daten von jedem Mitarbeiter erfasst werden: Name, Alter, bisherige Einsatzfelder, aktuelles Einsatzfeld jeweils nach vorgegebenen Clustern, besuchte Schulungen, Sprachenkenntnisse und besonderes Expertenwissen. Alle Projektleiter und Führungskräfte haben Zugang zu den Daten.
- **Interessen des Arbeitgebers:** Vernetzung der Kompetenzen, Abbau von extern eingekauften Kompetenzen, 100-prozentige Nutzung der Potenziale im Unternehmen, schnell handlungsfähig sein.
- **Position der Mitarbeiter:** Das Erfassen von persönlichen Daten ist grundsätzlich okay. Allerdings sollen die Eingaben nur von jedem Mitarbeiter persönlich vorgenommen werden.
- **Interesse der Mitarbeiter:** Zeigen der eigenen Kompetenzen, als wichtig wahrgenommen werden, Bereitschaft Leistung zu zeigen, Wahrnehmung der Eigenverantwortung, Kontrolle haben, Arbeitsplatzsicherung.
- **Position der Betriebsräte:** Keine elektronische Erfassung der persönlichen Daten. Der Austausch über die Kompetenzen soll über einen regelmäßigen Austausch der Führungskräfte stattfinden.
- **Interessen der Betriebsräte:** Schutz der Mitarbeiter vor Datenmissbrauch, Kenntnisse der Führungskräfte über ihre Mitarbeiter erhöhen, Austausch zwischen den

Mitarbeitern und den Führungskräften intensivieren, Wissen über die vernetzten Zusammenhänge im Unternehmen bei den Führungskräften erhöhen.

- Mögliche Angebote in der Zusammenführungsphase
  - Verhandlung über die Konsequenzen bei einem Missbrauch der Daten durch den Arbeitgeber führen.
  - Über eine Rundmail bei Bedarf gezielt die erforderlichen Kompetenzen bei den Mitarbeitern abfragen.
  - Die Datenbank wird aus dem Unternehmen ausgelagert, sodass keine Führungskräfte auf die Informationen Zugriff haben. Alle Anfragen werden von dieser neutralen dritten Stelle bearbeitet und lediglich die Ergebnisse der Recherchen werden den Führungskräften mitgeteilt.
  - Die Datenbank wird von Mitarbeitern selbst betrieben. Anfragen gehen also an eine zu installierende Mitarbeitergruppe.

Tipps für die Moderation

Vom Moderator ist die Fähigkeit zur Allparteilichkeit erforderlich. Was heißt das? Man kann sich innerlich in jede Position hineinversetzen und aus ihr heraus argumentieren. Es wird keinerlei Bewertung vorgenommen, sondern lediglich versucht, nachzuvollziehen, was die Interessen und Beweggründe der jeweiligen Positionen sind.

Praktische Erfahrungen

Die Positionierungen auf den Skalen erzeugen eine hohe Transparenz und Aufmerksamkeit. Die Konzentration steigt. Die Inszenierung wirkt auch als ein Symbol der Offenheit, des Mutes, die Dinge klar anzusprechen. Durch diese Art der Transparenz werden auch kritische Entscheidungen eher akzeptiert, weil sie nachvollziehbar sind. Das sind meine Erfahrungen aus dem Einsatz in vielfältigen Situationen. Einzelne Skalierungen habe ich bereits auch auf Betriebsversammlungen mit Erfolg erprobt, allerdings noch nicht eingebettet in diesen gesamten Ablauf.

Open Space: Methode, Grundsätze, Tipps

Aus: Zielgerichtet moderieren

Martin Hartmann, Michael Rieger, Rüdiger Funk

- Einsatz der Moderation in kleinen und großen Gruppen

Aus: Open Space: Effektiv arbeiten mit großen Gruppen

Carole Maleh

- Moderation einer Open Space-Veranstaltung
- Was ist so anders und erfolgreich an Open Space
- Was wird mit Open Space erreicht?
- Open Space im Einsatz: Wo, wann und zu welchen Anlässen
- Die Häufigkeit des Open Space-Einsatzes
- Erfolgsvoraussetzungen und Grenzen
- Das Open Space-Regelwerk
- Die Aufgaben des Moderators im Open Space
- Details einer Open Space-Veranstaltung
- Open Space – Weniger als drei Tage
- Qualitätsmerkmale in der Praxis

Einsatz der Moderation in kleinen und großen Gruppen

Das Aufkommen einer neuen Methode führt immer wieder dazu, dass ihr in der öffentlichen Debatte Zauberkräfte zugeschrieben werden: »Endlich das Werkzeug, mit dem man alle offenen Probleme wirkungsvoll behandeln kann.« So ergeht es gelegentlich auch immer noch der Moderationsmethode. Plötzlich muss alles moderiert werden, jede Besprechung, jede Konferenz. Statt Besprechungsleiter sollen in manchen Unternehmen jetzt Moderatoren ausgebildet werden. Es gibt Moderatoren-Workshops, und es gab sogar eine richtig große Moderationsmesse, auf der die »Moderationspäpste der ersten und zweiten Stunde« ihre Erkenntnisse und Erfahrungen zum Besten gaben. Dass eine pfiffige Industrie für alles die passende Hardware anbietet – vom Klebepunkt mit Herzchen bis zur vollständigen Ausstattung einer Konferenzzone –, versteht sich dabei von selbst (ist gelegentlich recht teuer, kann aber das Moderatorenleben enorm erleichtern).

Für die Entscheidung, ob eine Sitzung moderiert werden soll oder nicht, lässt sich eine Reihe von Kriterien diskutieren.

Gestaltungs- und Entscheidungsspielraum. Das Thema, das moderiert werden soll, muss prinzipiell offen sein für neue, im Vorfeld nicht schon festgelegte oder bereits entschiedene Meinungen und Lösungen.

Soll das (heimliche) Ziel einer Arbeitssitzung dagegen darin bestehen, einer schon vorher getroffenen Entscheidung den »letzten demokratischen Anstrich« durch die Behandlung in einer Arbeitsgruppe zu geben, ist die moderierte Sitzung in jedem Fall das falsche Mittel. Denn mit ihr können ja gerade neue, bisher noch nicht überlegte und dennoch Erfolg versprechende Ideen, Lösungsansätze oder Alternativen erarbeitet werden. Das Ergebnis einer moderierten Arbeitssitzung lässt sich inhaltlich nicht eindeutig vorherbestimmen, moderierte Arbeitsgruppen besitzen eine eigene Dynamik. Sie können nicht nur den Zeitrahmen sprengen, sondern auch schon einmal zu ganz neuen Ufern aufbrechen.

Zeit. Eine moderierte Arbeitssitzung benötigt einen gewissen zeitlichen Spielraum. Sie lässt sich nicht in 15 Minuten durchführen. Erfahrungsgemäß benötigen Sitzungen, in denen viele Teilnehmer aktiv mitarbeiten und sich entsprechend austauschen, mehr Zeit als Besprechungen, bei denen nur wenige reden und beispielsweise nach kurzen Informationsphasen mit Handzeichen abgestimmt wird.

Die zur Verfügung gestellte Zeit für eine moderierte Sitzung muss dem Thema, dem Ziel und der Gruppengröße angemessen sein.

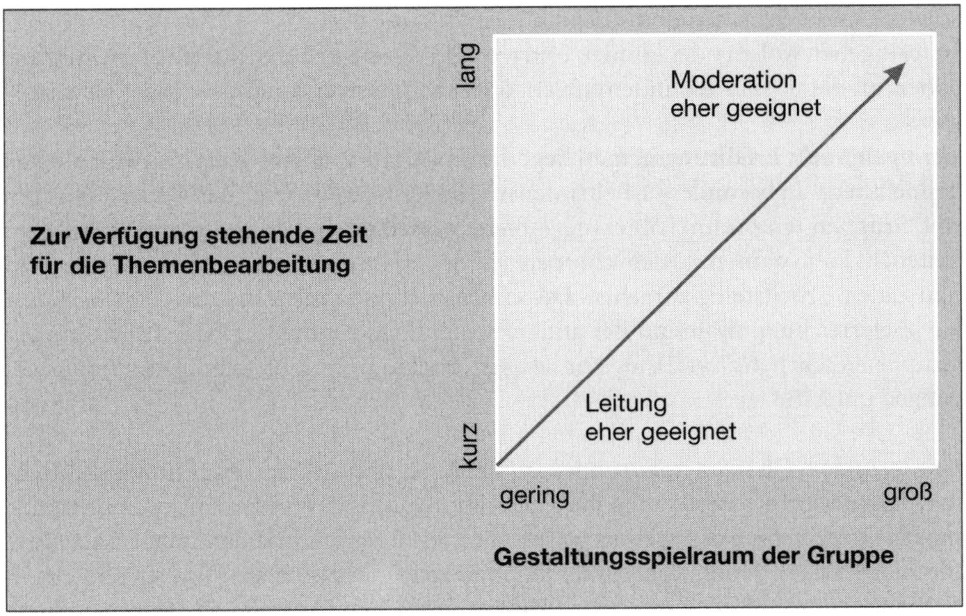

Die eingeladenen Teilnehmer. Es ist schon schwer, eine Besprechung mit Teilnehmern durchzuführen, die nichts sagen oder nichts sagen wollen (auch wenn dies für manche Chefs eine Traumsituation darstellen mag). Eine moderierte Arbeitssitzung ist so jedoch unmöglich. Bei großen Veränderungsprojekten in Organisationen kann es schon einmal vorkommen, dass Mitarbeiter zu Workshops »verdonnert« werden, in denen sie engagiert und kreativ mitarbeiten sollen, obwohl sie das weder wollen, noch so richtig können. Wenn dann noch der Moderator ein jungdynamischer externer Consultant im blauen Anzug ist und die Teilnehmer ältere Beamte einer staatlichen Behörde, kommt alles zusammen, was zu einer »Traumsituation« gehört. Und so etwas kommt vor! Die Konsequenz: Bei der Planung einer moderierten Sitzung sollte auch darauf geachtet werden, dass bei den Teilnehmern ein Mindestmaß an Mitarbeitbereitschaft herrscht, anders geht es nicht. Das muss vor allem bei »kritischen« Projekten in den Vorgesprächen zwischen Moderator, Auftraggeber und vielleicht auch den späteren Teilnehmern angesprochen werden. Dass der junge Consultant in manchen Fällen auch dann noch eine Menge Überzeugungsarbeit leisten muss, um die Sitzung zu einem dynamischen Arbeitsereignis werden zu lassen, ist dann ein ganz anderes Thema.

Gleiche unter Gleichen. In einer moderierten Sitzung sind – idealerweise – alle am Arbeitsprozess Beteiligten gleichwertig und gleichberechtigt. Dafür steht der Moderator und dazu dienen auch die Regeln der verschiedenen Moderationsverfahren. Wenn Vorgesetzte teilnehmen, sollten sie daher die Bereitschaft aufbringen, als grundsätzlich Gleiche unter Gleichen aufzutreten. Sie sollten zumindest »mit offenen Karten spielen« und beispielsweise zu Beginn einer Sitzung klar zum Ausdruck bringen, wie weit sie gehen wollen oder können und wo ihre Verantwortung, ihre Position, die Vorgaben, an die sie sich gebunden fühlen, oder ihr Selbstverständnis Grenzen setzen.

Gruppengröße. Erfahrungsgemäß liegt die günstigste Zahl bei sechs bis zwölf aktiven Teilnehmern. In besonders arbeitsintensiven oder in konfliktreichen Veranstaltungen mit Gruppen über zehn Teilnehmern bietet es sich an, mit zwei Moderatoren zu arbeiten. Es kann dann mit Kleingruppen gearbeitet werden, und die Moderatoren können zudem arbeitsteilig vorgehen. Der eine achtet dann mehr auf den Arbeitsprozess zur Zielerreichung, während der andere seinen Schwerpunkt auf die Begleitung des Gruppengeschehens legt. Beide können sich zudem bei der Erstellung von Visualisierungen unterstützen.

Großgruppen. Ob sich Großgruppen mit mehr als dreißig oder sogar fünfzig Teilnehmern moderieren lassen, haben die Moderationsprofis der ersten und zweiten Stunde natürlich versucht. Das Ergebnis waren viele, viele Karten und damit auch viele gute Ideen. Aber ein lebendiger, argumentationsreicher Austausch aller mit allen in einem Raum und über einen längeren Zeitraum ist in solchen Großveranstaltungen äußerst schwierig.

Open Space – das Großgruppenarbeitstreffen mit hundert Teilnehmern. Seit Mitte der 1990er-Jahre führen auch im deutschsprachigen Raum Unternehmen, soziale Einrichtungen sowie Organisationen aus den unterschiedlichsten Bereichen diese Großgruppeninterventionsmethode durch, die immer mehr an Popularität gewinnt und als entfernte Verwandte der moderierten Großgruppenveranstaltung kurz vorgestellt werden soll.

Bei Open Space wird die Idee der »ungezwungenen und nicht organisierten Kaffeepause« zum Veranstaltungsprinzip erhoben. Zu Beginn einer meist zwei- bis dreitägigen Veranstaltung wird ein Leitthema vorgestellt. Das Leitthema sollte komplex sein, der Anlass für die Veranstaltung in einem dringenden Handlungsbedarf bestehen, die eingeladenen Mitarbeiterinnen und Mitarbeiter sollten von der Thematik persönlich betroffen sein, und es sollte Offenheit in der Organisationsleitung für die zu erarbeitenden Ideen und Vorschläge bestehen. Beispielsweise wurden folgende Themen in Open-Space-Veranstaltungen bearbeitet:

- Schwierigkeiten bei der Fusion zweier Unternehmen,
- der dramatische Verlust von Marktanteilen und die Frage, wie das Unternehmen überleben wird,
- Steigerung der Leistungsfähigkeit einer Organisation,
- die Verbesserung der Zusammenarbeit zwischen verschiedenen Kooperationspartnern,
- Entwicklung neuer Produkte und Dienstleistungen.

Open Space ist eine Methode, mit der in relativ kurzer Zeit mit sehr vielen Personen Lösungsmöglichkeiten für eine zu verändernde Situation erarbeitet werden können.

Nach der Vorstellung des Leitthemas haben die Anwesenden die Möglichkeit, im Plenum Einzelthemen für Arbeitsgruppen vorzuschlagen. Wer vorschlägt, übernimmt für die Dauer des ein- bis zweistündigen Workshops die Verantwortung. Jeweils am Vormittag und am Nachmittag gibt es zwei Zeitfenster, in denen parallel verschiedene Workshops stattfinden. Morgens und abends trifft sich das gesamte Plenum zu etwa einstündigen Verständigungsrunden.

Pro Workshop-Zeitfenster, beispielsweise 9–11 Uhr, finden so viele Arbeitssitzungen statt, wie sich Themenverantwortliche und Interessierte gefunden haben. Wurde auf diese Weise das Programm zu Beginn der Veranstaltung einmal festgelegt, hat jeder der Anwesenden die Möglichkeit, an dem Workshop mitzuarbeiten, der ihn am meisten anspricht. Es gibt keine Anwesenheitspflicht, keinen Zwang zum Bleiben und auch keine Verpflichtung, irgendeine besondere Leistung zu erbringen.

Ein Workshop, zu dem sich kein Mitmacher findet, wird aufgelöst. Total überlaufene und arbeitsunfähige Workshops können sich teilen und mit kleinerer Besatzung und/oder veränderter Themenstellung weitermachen. Am Ende einer Sitzung gibt es ein Protokoll, das über die erreichten Ergebnisse berichtet. Verantwortlich für das Zustandekommen des Protokolls ist der Workshop-Verantwortliche. Ob dieser seine Sitzung streng leitet oder moderiert, bleibt ihm überlassen. Je nach Vorbildung erlebt man in der Praxis eine Mischung aus beidem. Denkbar ist aber auch, dass professionelle Moderatoren für die einzelnen Workshops zur Verfügung stehen und diese moderierend begleiten. Verständlich, dass diese Moderationen ohne große Vorbereitungszeit erfolgen. Eine spannende Herausforderung, weiß man doch nicht, wie intensiv und emotional engagiert der Teilnehmerkreis arbeiten wird. Die Protokolle werden am Ende der gesamten Veranstaltung zusammengeführt.

Während der Open-Space-Begleiter mit seinem Team für die Logistik, die Moderation der Plenumstreffen sowie für den reibungslosen Ablauf der Gesamtveranstaltung verantwortlich ist, sind es ausschließlich die anwesenden Organisationsmitglieder, ungeachtet ihrer Stellung in der Organisation oder ihrer konkreten Tätigkeit, die inhaltlich arbeiten.

Moderation einer Open Space-Veranstaltung

Die Moderation ist ein zentrales Element der Methodendurchführung. Für etwa 20 bis 30 Minuten tritt die Moderatorin bzw. der Moderator zu Beginn der Open Space-Veranstaltung ins Zentrum der Aufmerksamkeit. Das Leitthema wird beschrieben und die Open Space-Methode erläutert. Nach der Moderation werden von den Teilnehmenden die Workshop-Themen vorgeschlagen. Daraufhin wird der »Marktplatz« eröffnet. Das heißt, die Teilnehmenden tragen sich in die Workshops ein und gehen dann in ihre Gruppen.

Um die Teilnehmer für die Themensammlung und die Arbeit in den Gruppen in »Schwung« zu bringen, sollte die Moderation 30 Minuten nicht überschreiten. Die Teilnehmenden sollen sozusagen auf den Sprung gebracht werden. Das Gefühl, »es geht gleich los«, sollte entstehen. Die Moderation ist dennoch so ausführlich, dass die Methode anschaulich und verständlich erläutert wird. Die Teilnehmer sollen Sicherheit im Verständnis der Methode gewinnen.

Mehrmals wird die Verantwortung der Teilnehmenden für die Veranstaltung und die Bewältigung der Situation betont. Ihnen soll »fühlbar« gemacht werden, dass sie jetzt ihre Zukunft in die eigenen Hände nehmen können. Vertrauen in die Kompetenz der Anwesenden wird vermittelt. Jede Person in diesem Raum ist bedeutend für den Verlauf der Veranstaltung und für die Bewältigung der Situation. Jede Person ist kompetent. Jeder ist ein Experte auf seinem Gebiet. Alle Workshops sind wertvoll. Es wird die Bereitschaft gefördert, Eigenverantwortung zu übernehmen. Erwartungen bezüglich vieler Ergebnisse und einer gelungenen Veranstaltung werden aufgebaut.

Die Moderation erfolgt aus der Mitte des Kreises. Die Moderatorin bzw. der Moderator strahlt Ruhe aus. Das Gesagte wird mit Körpersprache und Plakaten unterstützt. Die Sprache ist der Zielgruppe angemessen.

Spannung entsteht durch das Neue an der Methode: die weitgehende Selbstbestimmung aller Teilnehmenden. Die Übertragung der Verantwortung am Gelingen des Open Space auf die Teilnehmerschaft. Die Spannung wird aufgebaut, indem beispielsweise die Lautstärke der Stimme variiert, gezielte Sprechpausen eingesetzt und Wörter und Sätze abwechslungsreich betont werden. Dieses wird auch eingesetzt, um die Aufmerksamkeit der Teilnehmenden zu bündeln.

Die Moderatorin schafft eine Atmosphäre der Zusammengehörigkeit. Scherze, Blickkontakt oder direkte Ansprache wirken hierbei unterstützend. Es wird ein geschützter Rahmen geschaffen, in dem die Teilnehmenden ihre Workshop-Themen vorschlagen können.

Verständnisfragen, die sich schnell zur Methodendiskussion entwickeln können, werden in der Regel nicht zugelassen. Wenn die Teilnehmenden Punkte der Moderation nicht vollständig verstanden haben, können sie von anderen Teilnehmenden »abgucken«. Zum einen soll es schnell losgehen und zum anderen wird damit das eigenverantwortliche Handeln der Betroffenen gefördert.

Die Moderation lässt sich in folgende Phasen gliedern:

Begrüßung der Teilnehmenden durch den Auftraggeber. Der Auftraggeber eröffnet die Veranstaltung mit einer kurzen Begrüßung. Er dankt den Anwesenden für ihr Erscheinen und ihre Bereitschaft, an der Situation mitzuwirken. In wenigen Worten werden die Entwicklung der Veranstaltung und das Ziel derselben dargestellt. Die Rede sollte kurz, motivierend und positiv sein. Sie sollte den Glauben in die Kompetenz der Teilnehmenden herausstellen. Vorzugsweise ist die Rede frei gehalten und im Vorfeld mit der Moderatorin abgestimmt.

Gegenseitige Wahrnehmung der Teilnehmenden. Diese Phase dient dazu, die Aufmerksamkeit der Teilnehmenden zu bündeln, sich gegenseitig wahrzunehmen und sich in dieser Zusammensetzung zu würdigen. Es kommt Ruhe in den Raum. Spannung wird langsam aufgebaut. Die Teilnehmenden werden willkommen geheißen. Die Moderatorin stellt sich vor. Die Kompetenzen und Erfahrungen der Anwesenden werden gewürdigt. Langsam schreitet die Moderatorin den Kreis ab. Sie nimmt mit den Teilnehmenden Blickkontakt auf. Die Gruppe wird gebeten, in die Runde zu schauen, sich dabei die Anwesenheit der anderen bewusst zu machen und den Raum mit ihrer Aufmerksamkeit zu füllen.

Beschreibung des Leitthemas. Das Leitthema wird so beschrieben, dass es bei den Teilnehmern ein gemischtes Gefühl auslöst: Einerseits das Gefühl der Unruhe, ob sie wirklich zu ihrer Situation etwas beitragen können und wie sie das machen werden. Andererseits das Verlangen, den beschriebenen Zielzustand aus eigener Kraft zu erreichen. Kurz und bündig sowie je nach Situation auch provokativ wird das Leitthema erläutert. Erwartungen an viele Ergebnisse und an deren Umsetzung in das Unternehmen bzw. in die Organisation werden von der Moderatorin initiiert. Das Potenzial der Anwesenden wird wieder gewürdigt und die Verbindlichkeit der Ergebnisse betont.

Beschreibung der Zeit- und Raumtafel. Die Zeit- und Raumtafel wird beschrieben. Dabei wird deutlich gemacht, dass sie »nur« von den Teilnehmenden selbst gefüllt werden wird. Die Verantwortung für den Verlauf und die Inhalte der Veranstaltung wird an die Teilnehmenden abgegeben. Gleichzeitig wird ihre Erwartung in Bezug auf die Zeit- und Raumtafel gesteigert, indem ihnen vertrauenswürdig vermittelt wird, dass sie das Wissen haben, diese Tafel mit eigenen Anliegen zu füllen. Hier wird Spannung und Entspannung erzeugt. Die Teilnehmenden sehen die leere Zeit- und Raumtafel und geraten in eine Spannung. Die Entspannung erfolgt durch die Versicherung, dass sie die Tafel in wenigen Minuten gefüllt haben werden (wie Hunderte von anderen Organisationen vor ihnen). Vertrauen in die eigene Kompetenz soll initiiert sowie Sicherheit in das Gelingen der Veranstaltung impliziert werden.

Genauestens wird erläutert, was an diese Zeit- und Raumtafel angebracht wird: Anliegen, die einem wirklich wichtig sind, für die die Workshop- Einberufer Verantwortung übernehmen möchten, für die sie Leidenschaft haben usw. Kurze Beispiele, was das für Anliegen sein könnten, helfen den Teilnehmenden, eine Vorstellung von ihren eigenen Themen zu bekommen. Was an die Tafel kommt, liegt in den Händen der Teilnehmenden. Wenn sie während der Veranstaltung ein wichtiges Thema vermissen, dann liegt es in ihrer Verantwortung, dazu einen Workshop einzuberufen.

Langsam und deutlich wird das »Ritual« der Themennennung vorgestellt und zum besseren Verständnis auch vorgeführt. Das »Ritual«: kurzen Titel ausdenken, in die Mitte des Kreises kommen, Titel auf ein vorbereitetes Blatt schreiben, sich und den Workshop vorstellen und ein Feld auf der Zeit- und Raumtafel auswählen. Jeder darf so viele Anliegen vorschlagen, wie er möchte. Reicht die Zeit- und Raumtafel nicht aus, werden die für diesen Fall vorbereiteten freien Matrixfelder belegt.

Ist das »Ritual« erklärt und vorgemacht, wird erläutert, wie es nach der Themensammlung weitergeht: Eintragen in die Workshops nach Interesse und Engagement, Sammeln in Gruppen. Es wird darauf hingewiesen, dass sich das Material bereits in den Räumen befindet. Auch auf die freie Pausengestaltung, die Zusammenkünfte, das Essen und den Redaktionsschluss wird eingegangen.

Bevor die Nachrichtenwand beschrieben wird, wird noch einmal Spannung in Bezug auf die Themensammlung erzeugt. Es wird in Betracht gezogen, was passiert, wenn keine Themen benannt werden. In einer Sprechpause wird in die Runde geschaut. Stille. Die Entspannung kommt, wenn den Teilnehmenden versichert wird, dass sie ja alle zu dieser Veranstaltung gekommen sind, um zur Situation etwas zu bewegen. Gerade deshalb wird sich die Tafel auch mit ihren Anliegen füllen. Sie brauchen nur Ruhe zu bewahren und abzuwarten. Der Hinweis auf den Dokumentationsband, den sie mit nach Hause nehmen, fördert die Erwartung an die Ergebnisse und schafft zum wiederholten Male Sicherheit im Gelingen der Methode.

Darstellung der Nachrichtenwand und Erläuterung der Dokumentation. Die Nachrichtenwand wird vorgestellt. Da auch diese leer ist, wird wie bei der Zeit- und Raumtafel auch hier mit der Vorstellung einer vollen Nachrichtenwand gearbeitet. Es folgen Hinweise, wie die Workshop-Inhalte protokolliert werden: Protokollformular, Notebooks, Dokumentationsband. Zum besseren Verständnis werden die Protokollvorlage und das Deckblatt des Dokumentationsbandes gezeigt. Die Teilnehmenden erhalten den Hinweis, wer für die Protokolle verantwortlich ist und wann Redaktionsschluss ist. Besonderer Wert wird darauf gelegt, die Gründe zur Erstellung der Dokumentation zu erläutern. Die Teilnehmenden sollen erkennen, dass sie ihre Ergebnisse zu ihrem eigenen Nutzen protokollieren.

Erklärung der Leitlinien. Die Leitlinien werden anhand der im Plenumsraum aufgehängten Plakate erläutert. Für die meisten Teilnehmenden sind die Leitlinien neu. Da sie das effektive Arbeiten fördern und für eine lockere Arbeitsatmosphäre sorgen, sollten sie ausführlich beschrieben werden.

»Wer kommt, ist die richtige Person.«
»Offenheit für das, was passiert.«
»Es beginnt, wenn die Zeit reif ist.«
»Vorbei ist vorbei.«

Erläuterung des »Gesetzes der zwei Füße«. Auf die klare Erläuterung des Gesetzes sollte große Bedeutung gelegt werden. Das »Gesetz der zwei Füße« muss deutlich als Gesetz hervorgehoben werden. Es ist für die meisten Teilnehmenden ungewohnt und schwer nachzuvollziehen. Deshalb müssen sie sozusagen von der Moderatorin die »Erlaubnis« erhalten, sich nach dem Gesetz richten zu dürfen. Die Phänomene »Hummeln« und »Schmetterlinge« werden ausführlich erläutert und mit Hilfe der Plakate untermauert. Der Hinweis, dass auch Workshop-Einberufer »hummeln« dürfen, ist sinnvoll, damit die Einberufer auch den Freiraum haben, ihren eigenen Workshop zu verlassen.

Schließlich wird darauf hingewiesen, dass Vielredner, Egoisten und Besserwisser aufgrund des Gesetzes möglicherweise irgendwann alleine in ihrem Workshop sein werden.

Einladung zur Themennennung. Zur Wiederholung wird das »Ritual« noch einmal erklärt – sowie vorgemacht. Nun kann es losgehen. Die Teilnehmenden werden dazu eingeladen, ihre Anliegen zu benennen und die Zeit- und Raumtafel zu füllen. Während die Anwesenden ihre Workshop-Themen vorschlagen, sitzt die Moderatorin vorzugsweise auf der gegenüberliegenden Seite der Zeit- und Raumtafel oder gibt Hilfestellung an der Zeit- und Raumtafel. Ebbt die Themennennung ab, kann die Moderatorin die Teilnehmenden dazu ermuntern, die jetzige Chance wahrzunehmen, um ihre Themen vorzubringen. Besteht kein Bedarf mehr, Themen vorzustellen, entsteht ein Stimmengewirr und die Teilnehmenden schauen verstärkt auf die Zeit- und Raumtafel. Dann ist die Zeit gekommen, die Themensammlung zu schließen.

Eröffnung des »Marktplatzes«. Die Teilnehmenden werden gebeten, sich nach ihrem Engagement in die Workshops einzutragen. Mehrfacheintragungen sind möglich (»Hummel«). Im Verlauf der Veranstaltung können weitere Workshop-Themen vorgeschlagen werden. Sind die Gruppen sehr groß, sollte eine Teilung vorgenommen werden. Das Workshop-Thema wird dann von zwei Gruppen bearbeitet. Workshops können auf Wunsch von Teilnehmenden zeitlich verlegt werden. ¾hnliche Workshop-Themen sollten getrennt behandelt werden, damit sie aus verschiedenen Perspektiven bearbeitet werden und die Gruppen kleiner bleiben. Kleine Gruppen arbeiten effektiver als große Gruppen.

Phasen der Moderation

1. Begrüßung der Teilnehmenden durch den Auftraggeber.
2. Gegenseitige Wahrnehmung der Teilnehmenden.
3. Beschreibung des Leitthemas.
4. Beschreibung der Zeit- und Raumtafel.
5. Darstellung der Nachrichtenwand und Erläuterung der Dokumentation.
6. Erklärung der Leitlinien.
7. Erläuterung des »Gesetzes der zwei Füße«.
8. Einladung zur Themensammlung.
9. Eröffnung des »Marktplatzes«.

Was ist so anders und erfolgreich an Open Space

Open Space unterscheidet sich ganz offensichtlich vom traditionellen Konferenzmodell, wo zwar viele Personen teilnehmen, aber nur wenige reden. Lange vor dem ersten Veranstaltungstag ist das Programm geschrieben. Die Redner – als so genannte Experten – sind eingeladen und in der Regel auf einem höher stehenden Podest vor den vielen hintereinander aufgebauten Reihen platziert. Vorne, etwas höher, wird geredet und hinten, unten, wird zugehört.

Es ist kein Geheimnis: Viele Teilnehmer im Plenum langweilen sich oft. Das liegt nicht unbedingt am Inhalt der Vorträge. Eher ist es die erzwungene passive Haltung, die den Zuhörer nicht selten ins Reich der Träume schwinden lässt. Für anregende Gespräche und Diskussionen bleibt kaum Zeit, wollen sich die Redner oben auf dem Podest doch lieber selber reden hören. Außerdem sind die Pausen zu kurz und die Warteschlangen vor dem Kaffeeausschank zu lang, um mit anderen Zuhörern in ein interessantes Gespräch zu kommen.

Der Einsatz von Open Space ist besonders deshalb ein Erfolg, weil die Teilnehmenden die ganze Konferenz über Zeit haben, mit anderen nach ihrem Engagement zu ihren Themen zu arbeiten, Ideen zu entwickeln und auch zu planen, wie sie diese umsetzen möchten. Kein Teilnehmender muss sich etwas anhören, woran er nicht interessiert ist. Jede Person trägt an den Tagen der Konferenz das bei, was ihr am Herzen liegt und was sie bewegen möchte.

Getragen und unterstützt wird das individuelle Engagement der teilnehmenden Personen durch ein Regelwerk, bestehend aus vier Leitlinien und einem Gesetz.

Vier Leitlinien ...

- Wer kommt, ist die richtige Person.
- Offenheit für das, was passiert.
- Es beginnt, wenn die Zeit reif ist.
- Vorbei ist vorbei.

... und ein Gesetz.

- „Gesetz der zwei Füße."

Die besonderen Aspekte von Open Space werden im Folgenden in Anknüpfung an das Regelwerk dargestellt.

- **Jede Person wird als Experte anerkannt:** »*Wer kommt, ist die richtige Person*«. Zu einer Open Space-Veranstaltung werden alle Personen eingeladen, die in irgendeiner Weise mit dem Problem zu tun haben. Hierzu zählen auch die Personen, die von den Auswirkungen möglicher Lösungen betroffen sein werden. Das können organisationsintern der Hauptabteilungsleiter oder Hausmeister sein, organisationsextern die Kunden, Lieferanten oder Geldgeber.
  Bei Open Space besteht die Annahme, dass die Personen kommen werden, die zu der Situation etwas beitragen wollen. Deren Wissen ist ausreichend, um zur Problematik etwas beizusteuern.
- **Form der Zusammenarbeit:** »*Offenheit für das, was passiert*«, »*Es beginnt, wenn die Zeit reif ist*«, »*Vorbei ist vorbei*«, »*Gesetz der zwei Füße*«. Die Teilnehmer arbeiten selbst bestimmt und selbst organisiert. Sie bestimmen, welche Workshops angeboten werden und in welche sie gehen wollen. Sie arbeiten in vielen verschiedenen Gruppen, in jeder mit anderen Menschen. Die Arbeit beginnt und dauert so lange, wie es die Gruppenmitglieder für notwendig erachten.
  Haben die Teilnehmenden nach einiger Zeit kein Interesse mehr an dem gewählten Workshop, verlassen sie diesen. Sie können in einen anderen gehen oder Pause machen. Das »Gesetz der zwei Füße« erlaubt es ihnen. Es besagt, dass die Teilnehmer einen Workshop verlassen dürfen, wenn sie nichts mehr lernen oder beitragen. Ist das der Fall, ehren sie die Gruppe mit ihrer Abwesenheit.
  Die Teilnehmenden moderieren ihre Workshops selbst, dokumentieren deren Ergebnisse und setzen diese später um.
- **Schnelle Bearbeitung des Problems:** »*Gesetz der zwei Füße*«. Alle Anwesenden organisieren sich nach ihrem Engagement für die vorgeschlagenen Themen. Verschwendete Zeit und Energie gibt es nicht. Sie arbeiten schnell und intensiv, denn sie sind alle freiwillig zu dieser Veranstaltung erschienen. Der Freiraum für individuelle Kreativität spornt sie an, ebenso wie die Verantwortung für das Geschehen.
- **Größe spielt (kaum) eine Rolle.** Acht bis zu 1.000 Personen können zur gleichen Zeit teilnehmen. Jede Person kann trotz der Größe der Gruppen im gleichen Maße aktiv sein.

Was wird mit Open Space erreicht?

Was entfaltet Open Space beim Einzelnen?

Im Folgenden wird dargelegt, was die Teilnehmenden während einer Open Space-Veranstaltung an sich selbst beobachten und schildern, sowie was bei den Teilnehmenden bemerkt werden kann.

- **Mut und Vertrauen in die eigenen Fähigkeiten.** Während die Methode erläutert wird und die Teilnehmenden von der Moderatorin erfahren, dass es auf dieser Veranstaltung auf sie ankommt, verraten die meisten Blicke Unsicherheit und Skepsis. »Was, das soll funktionieren? Wir bestimmen die Themen, zu denen wir die nächsten zwei Tage arbeiten werden? Dort in den großen Kreis soll ich gehen, wenn ich ein Thema vorschlagen möchte? Vor allen Anwesenden soll ich mein Thema vorstellen?« Viele haben ein mulmiges Gefühl. Sie können nicht glauben, dass es ihnen gelingen wird, selbst das Veranstaltungsprogramm zu bestimmen.
  Mut zeigt besonders die erste Person, die in die Mitte des Kreises geht. Doch auch die folgenden Workshop-Einberufer überwinden eine große Hemmschwelle. Bei diesem »Ritual« wird viel von den Teilnehmenden abverlangt. In die Mitte des Kreises zu gehen und vor allen Anwesenden zu sprechen zeigt viel Verantwortung für das Thema und einen starken Drang, nach möglichen Lösungsstrategien suchen zu wollen.
  Nach wenigen Minuten zeigt sich, dass die Teilnehmerinnen und Teilnehmer geschafft haben, was sie vorher für kaum möglich hielten: Die Zeit- und Raumtafel ist gefüllt.
  Im Verlauf der Veranstaltung erkennen die Teilnehmenden ihre Fähigkeit, Lösungen zu entwickeln und Umsetzungsschritte dafür festzulegen. Nicht selten äußern sich die Teilnehmer dahingehend, dass sie erstaunt sind, zu so guten Ergebnissen gekommen zu sein.
- **Moderationsfähigkeit.** In der Regel leitet jeder Workshop-Einberufer seine Arbeitsgruppe. Auch Menschen, die in ihren Lebzeiten noch nie moderiert haben, entdecken ihre Fähigkeit dazu. Sie leiten die Diskussion, führen Protokoll und stellen die Ergebnisse dar. Die entdeckten Führungspotenziale machen den Teilnehmenden die Wichtigkeit ihrer eigenen Person deutlich und fördern damit ihr Selbstbewusstsein.
- **Kommunikationsbereitschaft und -fähigkeit.** Das bloße Erscheinen der Betroffenen bei dieser Veranstaltung signalisiert ihre Bereitschaft, gemeinsam mit anderen an der Problematik arbeiten zu wollen. Denn sie sind alle freiwillig erschienen.

Darüber hinaus ist zu erkennen, wie redselig die Anwesenden sind. Ein ständiges Stimmengewirr erfüllt die Arbeitsräume. Jeder kommt zum Reden. Vorgesetzte haben keine Sonderstellung. Vorerst schüchterne Personen trauen sich, ihre Meinung zu äußern, manchmal nicht nur in der kleinen Arbeitsgruppe, sondern vor der gesamten Gruppe. »Ich habe erkannt, dass wir nur etwas bewirken können, wenn wir miteinander reden«, ist eine häufig geäußerte Meinung.

- **Arbeiten ohne Anleitung.** Ohne Anleitung, zu arbeiten kennen die wenigsten Teilnehmenden. Es erstaunt sie oft selbst, dass sie hierzu in der Lage sind. Die Arbeit mit Open Space erleben viele als befreiend und kreativ.

Später, wenn die Teilnehmenden wieder in ihrer Organisation sind, werden sie die Erfahrungen und Beobachtungen aus dem Open Space im Gedächtnis behalten. Sie werden mutiger sein, ihre Themen zur Sprache zu bringen, und sich gemeinsam mit Kolleginnen und Kollegen um die Lösung ihres Problems bemühen. Sie werden ihr Vertrauen in ihre Fähigkeiten ausbauen. Das Management muss Ihnen den Spielraum (Open Space) geben, über den Horizont hinaus denken und handeln zu dürfen.

Welche Wirkung kann Open Space in der Organisation haben?

Sind alle Erfolgsvoraussetzungen aus dem zweiten Kapitel berücksichtigt, kann Open Space folgende Wirkungen im Unternehmen bzw. in der Organisation haben:

- **Schnelle Reaktion auf die Veränderung.** *Beispiel:* In einer Schule melden immer mehr Eltern ihre Kinder ab. Es ist abzusehen, dass dieser Trend sich fortsetzt. Einige Gründe für diese Abmeldungen sind wenigen Lehrern und der Schulleitung bekannt. Doch was sie dagegen machen können und was sonst noch für Gründe bestehen, weiß keiner. Die Schulleitung und die Elternvertretung entschließen sich zu einer Open Space-Veranstaltung. Es sind alle Betroffenen eingeladen: die Schulleitung, Eltern, Schüler, Lehrer, ehemalige Lehrer, das Reinigungs- und Verwaltungspersonal. Alle beraten zu diesem Problem und bringen eine Menge Begründungen für die Austrittswelle, die intensiv diskutiert werden. Es werden Veränderungsziele definiert, Ideen entwickelt und Lösungsansätze in drei Tagen zu Papier gebracht. Das Beispiel zeigt, dass Veränderungsmaßnahmen oftmals nicht mehr von einer oder nur wenigen Personen bewältigt werden können. Durch das Zusammenkommen vieler betroffener Menschen beim Open Space werden das Wissen und die Intelligenz in der Organisation erschlossen und gebündelt eingesetzt. Dadurch werden in kurzer Zeit neue Perspektiven entworfen und neue Handlungsansätze entdeckt.
- **Gleichzeitiger Wandel.** *Beispiel:* Ein Unternehmen ruft zu einer Open Space-Veranstaltung. Ein Qualitätsverbesserungsverfahren, das mehrere Abteilungen betrifft, wird nicht effektiv umgesetzt. Widerstand der Belegschaft hat sich aufgetan. Es fehlt an einer Kommunikation der verschiedenen Bereiche. Jede Abteilung tüf-

telt vor sich hin. Auf der Open Space-Veranstaltung wird daran gearbeitet, wie man dieses Verfahren besser anwenden und wie der Informationsfluss zwischen den Abteilungen verbessert werden könnte. Die erarbeiteten Handlungsansätze werden gleichzeitig in den verschiedenen Abteilungen sofort nach der Veranstaltung umgesetzt.

- **Nachhaltige Wirksamkeit der Veränderung.** Die Teilnehmer arbeiten an ihren Unterthemen zum vorgegebenen Leitthema. Sie bestimmen die Inhalte ihrer Workshops und schließlich setzen sie ihre Ziele, die sie mit eigens formulierten Maßnahmen erreichen möchten. Sie sind die einzigen Personen, die Impulse für die Veränderung geben. Es ist »ihre« Veränderung, eine Veränderung von »innen«. Niemand zwingt ihnen in diesem Prozess Maßnahmen auf. Sie handeln auch nach der Open Space-Veranstaltung freiwillig und nach ihren Interessen. Sie sind der Veränderung gegenüber motiviert und tragen ihr Engagement als Multiplikatoren an Personen weiter, die nicht teilgenommen haben.
- **Kommunikation in großen Gruppen ist effektiv.** Viele parallel laufende Arbeitsgruppen machen die Kommunikation vieler Menschen zur gleichen Zeit möglich. Vertreter verschiedener Funktionen und Hierarchien informieren einander und erhalten hierdurch zur gleichen Zeit denselben Wissensstand. Darüber hinaus entwickeln sie ein gegenseitiges Verständnis. Beides schafft die Grundlage für eine effektivere Zusammenarbeit. Begünstigt wird dieses durch die gute Arbeitsatmosphäre und das entstehende Gemeinschaftsgefühl.

Bei der Frage, was mit dem Einsatz von Open Space erreicht wird, muss natürlich auch erwähnt werden, dass sich das Führungskräfte-Mitarbeiter-Verhältnis unweigerlich ändern wird. Oft erzeugt Open Space ein größeres gegenseitiges Vertrauen. Einerseits der Mitarbeiter gegenüber der Führung, dass diese die von den Mitarbeitern erarbeiteten Lösungsvorschläge annimmt und die Umsetzung zulässt. Und andererseits Vertrauen der Führung gegenüber den Mitarbeitern, dass diese die Kompetenz und Motivation besitzen, die Situation im Sinne der Organisation zu verändern.

Was wird mit Open Space erreicht?	
Beim Einzelnen	In der Organisation
• Mut und Vertrauen in die eigenen Fähigkeiten. • Moderationsfähigkeit. • Kommunikationsbereitschaft und -fähigkeit. • Arbeiten ohne Anleitung.	• Schnelle Reaktion auf die Veränderung. • Gleichzeitiger Wandel. • Nachhaltige Wirksamkeit der Veränderung. • Kommunikation in großen Gruppen ist effektiv.

Open Space im Einsatz: Wo, wann und zu welchen Anlässen

Open Space ist überall dort einsetzbar, wo viele Menschen gemeinsam in Organisationen wirken. Das kann unter anderem in Unternehmen, sozialen Einrichtungen, in der öffentlichen Verwaltung, in Gemeinden, Städten und Krankenhäusern, Schulen, Kirchen oder Vereinen sein. Aber auch dort, wo Menschen aus verschiedenen Organisationen, Institutionen oder Netzwerken miteinander kooperieren, ist der Einsatz der Methode möglich und sogar bereits erprobt. Die Art der Organisation oder des Systems ist nicht entscheidend für den Einsatz von Open Space. Vielmehr sind dafür drei Überlegungen von Bedeutung:

- **Persönliche Betroffenheit.** Beim Anlass der Veranstaltung sollte es sich um eine Situation handeln, die bei den Eingeladenen Leidensdruck bzw. Betroffenheit hervorruft.
- **Dringender Handlungsbedarf.** Darüber hinaus sollte die Situation so dringlich sein, dass schnellstmöglich gehandelt werden müsste.
- **Heterogene Zusammensetzung.** Zur Bewältigung anstehender Veränderungen ist es sinnvoll, Menschen aus unterschiedlichen Funktionen, verschiedenen Hierarchieebenen und unterschiedlicher Nationalität, Herkunft, Altersgruppe etc. zusammenzubringen.

Sind diese Voraussetzungen zutreffend, kann unter anderem von folgenden Wirkungen ausgegangen werden:

- Personen, die zur Veranstaltung kommen, wollen zur Veränderung etwas beitragen und die Umsetzung selbst in die Hand nehmen. Der eingeleitete Veränderungsprozess bewirkt eine nachhaltige Wirkung.
- Die unterschiedlichen Menschen entwickeln aufgrund ihrer voneinander abweichenden Denkweisen und Erfahrungen vielfältige Workshop- Themen sowie eine Fülle an kreativen Ideen und Lösungsansätzen zur Veränderung.
- Der bestehende hohe Veränderungsdruck motiviert die Teilnehmenden, schneller und zielorientierter zu arbeiten.

Open Space ist ein Instrument mit vielfältigen Möglichkeiten und kann daher bei einer großen Anzahl von Anlässen eingesetzt werden. Im Folgenden finden Sie einige Anwendungsbeispiele von Open Space. Unter dem Punkt »Die Open Space-Praxis – Ergebnisse einer Umfrage«, Seite 133, finden Sie weitere im deutschsprachigen Raum praktizierte Open Space-Veranstaltungen. Open Space kann eingesetzt werden, um

- Veränderungsprozesse in Gang zu bringen.
- Fusionen von Unternehmen mit Unterstützung der Mitarbeiter zu planen und umzusetzen.
- einem Umsatzrückgang entgegenzusteuern.
- die Leistungsfähigkeit im Unternehmen zu steigern oder auszubauen.
- die Neuausrichtung des Unternehmens bzw. der Organisation, einer Abteilung oder Filiale anzusteuern.
- den Kundenservice zu verbessern.
- auf Bugdetkürzungen im öffentlichen Haushalt zu reagieren.
- Umweltschutzmaßnahmen einzuleiten.
- auf Gesetzesänderungen zu reagieren und sie optimal in vorhandene Abläufe einzubinden.
- die Zusammenarbeit zwischen Kooperationspartnern, Abteilungen, Mitarbeitern etc. zu verbessern.
- Ideen für neue Projekte, Produkte, Prozesse usw. zu entwickeln.
- die Qualität der Leistungen zu verbessern und zu sichern.
- städteplanerische Maßnahmen mit Bürgern zu entwickeln.
- Probleme früh zu erkennen und ihnen entgegenzuwirken.
- Jahresveranstaltungen oder monatliche Besprechungen mit der Abteilung oder der Projektgruppe zu gestalten.

Die Häufigkeit des Open Space-Einsatzes

Die Anwendungshäufigkeit von Open Space ist von der Komplexität des Anlasses abhängig. So kann Open Space einmalig, wiederholt oder periodisch durchgeführt werden.

Einmaliger Einsatz

Soll beispielsweise die Leistungsfähigkeit gesteigert werden, um einem sinkenden Marktanteil entgegenzusteuern, oder wird von der Unternehmensführung eine Produktinnovation angestrebt, so kann zur Lösung dieser Probleme bzw. Fragestellungen eine einmalige Open Space-Veranstaltung ausreichen. Einmalige Veranstaltungen eignen sich auch hervorragend, um Veränderungsprozesse mit einer Auftaktveranstaltung einzuleiten.

Beispielsweise soll ein Verein neu strukturiert werden. Dieses wird als Leitthema auf der Veranstaltung bearbeitet. Nach der Veranstaltung kümmern sich die entstandenen Umsetzungsgruppen um die Neugestaltung einzelner Bereiche, wie zum Beispiel Finanzierung, Mitgliederverwaltung oder Werbung. Eine andere mögliche Variante ist der Einsatz von Open Space als Tagungsmethode.

Wiederholter Einsatz

Ist die Situation von Beginn an sehr komplex, ist es ratsam, mehrere Open Space-Veranstaltungen zu planen. Die Situation wird dabei in Themenbereiche gegliedert und zu jedem findet eine eigene Open Space-Veranstaltung statt. Das Potenzial der Betroffenen wird hier für jeweils einen Themenbereich gebündelt.

Diese Anwendungsvariante soll am Beispiel eines Zusammenschlusses von Unternehmen verdeutlicht werden: Wenn Unternehmen fusionieren, tritt in verschiedenen Bereichen unterschiedlicher Veränderungsbedarf auf. Die Produktion wird möglicherweise aufeinander abgestimmt. Es werden Produkte aufgegeben oder vom Fusionspartner übernommen. Arbeitsabläufe im Einkauf und Verkauf der beiden Unternehmen werden angepasst und vieles mehr. Als besondere Herausforderung wird die Harmonisierung kultureller Unterschiede verstanden.

Open Space kann zu Beginn der Fusion eingesetzt werden, um die notwendigen Handlungsfelder zu lokalisieren. Für diese werden dann jeweils weitere Open Space-Veranstaltungen durchgeführt.

Ziele eines wiederholten Einsatzes von Open Space sind:

- Ein äußerst komplexes Thema wird differenziert und überschaubarer gemacht. Dadurch bleiben die Ergebnisse und Umsetzungsmaßnahmen in einem für die Teilnehmenden übersichtlichen Rahmen. Die Umsetzung der Ergebnisse lässt sich für sie leichter nachvollziehen und in der Organisation verbreiten.
- Die entstandene Motivation zur Veränderung bleibt länger bestehen.
- Die Betroffenen werden schrittweise an die Probleme und deren Bewältigung herangeführt.
- Zu jeder Veranstaltung werden nur die betroffenen Gruppen eingeladen und nicht alle Personen, die mit der Fusion im weitesten Sinne zu tun haben.

Manchmal zeichnet sich nach einer einmalig durchgeführten Open Space- Veranstaltung ab, dass erarbeitete Lösungsansätze äußerst komplex und zur Umsetzung noch viele Informationen einzuholen sind. In diesem Fall ist es sinnvoll, zur Klärung dieser Ergebnisse und zur Mobilisierung weiterer Personen eine zweite Open Space-Veranstaltung durchzuführen.

Eine besonders intensive Form der wiederholten Nutzung von Open Space ist die Einbindung der Methode in die Struktur des Unternehmens oder der Organisation. Dies setzt voraus, dass Open Space als Werkzeug in die Philosophie des Unternehmens oder der Organisation installiert wird. Das bedeutet, dass die Mitarbeiter beim Auftreten von Problemen eigeninitiativ funktions- und hierarchieübergreifende Gruppen einberufen können, um Lösungsstrategien zu entwickeln.

Periodischer Einsatz

Unternehmen beziehungsweise Organisationen, die zum Beispiel ihre Leistungen den sich ständig verändernden Entwicklungen anpassen wollen, können dazu die Open Space-Methode nutzen. In regelmäßigen Zeitabständen angelegte Open Space-Veranstaltungen ermöglichen es, in kurzer Zeit auf Veränderungen des Umfeldes zu reagieren. Ferner ermöglichen wiederkehrende Open Space-Veranstaltungen den Beteiligten, auftretende Probleme frühzeitig zu lokalisieren und vorbeugende Maßnahmen zu treffen. Darüber hinaus ist Open Space bei regelmäßigen Besprechungen anwendbar.

Erfolgsvoraussetzungen und Grenzen

Erfolgsvoraussetzungen

Für den erfolgreichen Einsatz von Open Space sollten bestimmte Voraussetzungen erfüllt sein. Im Vorfeld einer Open Space-Veranstaltung muss die Moderatorin oder der Moderator mit einer Planungsgruppe prüfen, ob die Voraussetzungen für eine Open Space-Anwendung erfüllt sind:

- **Persönliche Betroffenheit der Teilnehmer.**
- **Dringender Handlungsbedarf.**
- **Heterogene Zusammensetzung.**
- **Freiwilligkeit der Teilnahme.** Die Freiwilligkeit der Teilnahme von Betroffenen an der Veranstaltung ist oberstes Gebot. Infolgedessen arbeiten die Teilnehmenden effektiv und motiviert an den Themen. Sie setzen die entwickelten Maßnahmen mit Leidenschaft und Verantwortung um. Akzeptanz gegenüber den Maßnahmen entsteht.
- **Komplexes und konfliktäres Leitthema.** Das Leitthema muss komplex sein. Denn nur so haben die Betroffenen den Spielraum, viele Workshop-Themen vorzuschlagen und darin aus verschiedenen Perspektiven zahlreiche Ideen sowie Lösungsvorschläge zu erarbeiten. Komplex ist beispielsweise die Umstrukturierung eines Unternehmens bzw. einer Organisation, einer Abteilung oder Filiale. Nicht unbedingt komplex ist dagegen die Befragung der Mitarbeiter zur Einführung eines neuen EDV-Systems. Ist das Leitthema zudem konfliktär, ist die Bereitschaft der Betroffenen zur Kommunikation mit anderen Personen, Funktionen oder Abteilungen in der Regel höher.
- **Offenheit der Organisationsleitung.** Die Organisationsleitung sollte Vertrauen in die Kompetenz der Mitarbeiterinnen und Mitarbeiter haben. Sie muss dem Einsatz einer unkonventionellen Methode, unerwarteten Ergebnissen und einer Weiterverfolgung der Ergebnisse gegenüber unbedingt aufgeschlossen sein.
- **Lösungsansätze für die Situation unbekannt.** Die Antwort auf das Problem oder die Fragestellung der Veranstaltung sind nicht bekannt. Weder die Organisationsleitung noch andere haben vor der Veranstaltung bereits Lösungsstrategien erarbeitet, die sie mit in die Veranstaltung bringen.
- **Weiter Diskussionsspielraum durch offene Leitthemen-Formulierung.** Das Leitthema sollte so formuliert werden, dass es einen weiten Diskussionsspielraum bietet. Denn daraus ergibt sich dann auch ein breites Spektrum an Workshop-Themen.

- **Einladung.** Eingeladen werden alle von der Situation betroffenen Personen oder ein repräsentativer Querschnitt. Jede Person, wenn auch nur am Rande von der Situation betroffen, wird gebraucht, um flächendeckend die nachhaltige Veränderung in Gang zu bringen und dafür Akzeptanz zu schaffen.
- **Gute logistische Organisation.** Den Teilnehmenden wird ein logistischer Rahmen geboten. Räume, Material und Verpflegung müssen ausreichend zur Verfügung stehen. Die Teilnehmenden können sich so ihr eigenes individuelles Lernumfeld schaffen.
- **Vorbereitung der Teilnehmenden auf die selbstverantwortliche Rolle.** Die Teilnehmenden sollten die Möglichkeit haben, sich auf diese neue Rolle vorzubereiten. Bereits in der Einladung wird darauf hingewiesen, dass sie das Veranstaltungsprogramm selbst entwickeln und in selbst bestimmten Gruppen eigeninitiativ arbeiten werden. Die Betroffenen werden so aus ihrer eher passiv konsumierenden Haltung herausgeholt.

Ferner gilt für den Prozess:

- **Kontrolle abgeben.** Nach der Einführung in die Methode zieht sich die Moderatorin aus dem Geschehen zurück und gibt die Kontrolle über den Prozess und die Inhalte weitgehend an die Gruppe ab. Interventionen ihrerseits sind nur in Ausnahmefällen angeraten. Die Organisationsleitung legt ihre Hierarchieposition für den Zeitraum der Veranstaltung ab und verhält sich so, als würde sie sich mit den Teilnehmenden auf gleicher Ebene befinden.

Grenzen

Open Space ist für viele Zwecke einsetzbar. Doch wie jede Methode hat auch sie ihre Grenzen. Hier werden einige Grenzen aufgezeigt. Bei deren Überschreitung sollte genau bedacht werden, ob die Open Space-Methode für diesen Einsatz geeignet ist.

- **Keine Realisierunsmöglichkeit der Ergebnisse.** Die Organisationsleitung hat nicht die Absicht, den auf der Open Space-Veranstaltung erarbeiteten Ergebnissen einen Realisierungsrahmen zu geben. Die Ergebnisse der Veranstaltung würden ins Leere führen und könnten zur Frustration bei den Betroffenen führen.
- **Keine vordefinierten Ziele oder Strategieentwürfe.** Open Space ist nicht anwendbar, um die Teilnehmenden für vordefinierte Ziele oder Strategieentwürfe zu begeistern oder diese zur Weiterentwicklung an die Teilnehmenden zu geben.
- **Keine Wissensvermittlung.** Open Space eignet sich nicht, um gezielt Informationen zu vermitteln. Geplante Vorträge, Präsentationen, Diskussionen oder Videoaufführungen zum Leitthema finden nicht statt. Open Space kann nicht ersatzweise für Seminare, Trainings oder Informationsveranstaltungen stattfinden. Die Teilnehmenden sollen von Beginn an Verantwortung für die Inhalte und den Ablauf der Veranstaltung übernehmen.

- **Keine Unterbrechung mit anderen Methoden.** Open Space sollte in seiner Vollständigkeit durchgeführt werden. Es sollte nicht durch andere Methoden unterbrochen werden. Es besteht dabei die Gefahr, dass die Teilnehmenden ihre selbstverantwortliche Rolle verlassen, sich für den Prozess weniger verantwortlich fühlen und wieder in eine konsumierende Haltung zurückkehren.
  Es ist jedoch möglich, Open Space als Baustein in andere Methoden einzubetten. Beispielspielsweise in eine dreitägige Konferenz: Der erste Tag ist traditionell mit Vorträgen, Diskussionen oder Ähnlichem gestaltet. Der zweite und dritte Tag ist ein Open Space. Oder Open Space wird zum Beispiel in eine dreitägige Fortbildung einebettet: Die ersten beiden Tage sind strukturierte Seminartage zur Wissensvermittlung und zum Praxistransfer. Der dritte Tag ist ein Open Space. Fragen können geklärt, eigene Ideen zum Thema eingebracht und Lerngruppen gebildet werden.
- **Keine Konfliktbewältigungsmethode.** Open Space ist geeignet, um konfliktäre Themen zu behandeln. Doch ist diese Methode nicht zur Schlichtung von Konflikten zweckmäßig. Dazu bedarf es mehr Steuerung, als dies bei Open Space möglich ist.

Erfolgsvoraussetzungen	**Grenzen**
• Persönliche Betroffenheit der Teilnehmer • Dringender Handlungsbedarf • Heterogene Zusammensetzung • Freiwilligkeit der Teilnahme • Komplexes und konfliktäres Leitthema • Offenheit der Organisationsleitung • Lösungsansätze für die Situation unbekannt • Weiter Diskussionsspielraum durch offene Leitthemen-Formulierung • Einladung • Gute logistische Organisation • Vorbereitung der Teilnehmenden auf die selbstverantwortliche Rolle Ferner für den Prozess: • Kontrolle abgeben	• Keine Realisierungsmöglichkeit der Ergebnisse • Keine vordefinierten Ziele oder Strategieentwürfe • Keine Wissensvermittlung • Keine Unterbrechung mit anderen Methoden • Keine Konfliktbewältigungsmethode

Der Open Space-Einsatz ist möglich und erprobt für jegliche Form von Organisationen oder Institutionen. Wichtige Überlegungen für den Einsatz sind, ob die persönliche Betroffenheit der Teilnehmenden vorhanden ist, ein dringender Handlungsbedarf besteht und unterschiedliche Personen benötigt werden, um ein vielfältiges Ergebnis zu entwickeln. In Abhängigkeit der Komplexität der Situation kann Open Space einmalig, wiederholt oder periodisch genutzt werden. Die Erfolgsvoraussetzungen und Grenzen von Open Space sollten bei der Entscheidung einer Durchführung berücksichtigt werden.

Das Open Space-Regelwerk

Der erste Eindruck von Open Space mag vielleicht auf den einen oder anderen verwirrend wirken. So erscheint die Methode am Anfang als »Chaos stiftend« und ohne deutliche Spielregeln. Dieser erste Eindruck kann darauf zurückgeführt werden, dass Open Space eine ungewöhnliche Konferenzmethode ist. Die wohl ungewöhnlichsten Punkte daran sind das Fehlen eines Konferenzprogramms sowie die geringe Prozesssteuerung.

Schaut man genauer hin, so lässt sich erkennen, dass Open Space den Teilnehmenden einen klaren Rahmen mit Grenzen und einer Struktur bietet. Da sind die Zeit- und Raumtafel, die Protokollvorlage, die regelmäßigen Abendnachrichten und die Morgenankündigung, die Leitlinien und natürlich das »Gesetz der zwei Füße«, die den Rahmen von Open Space bilden.

Die Leitlinien sowie das »Gesetz der zwei Füße« werden auch als Regelwerk bezeichnet. Es unterstützt das gemeinsame Arbeiten sowie das Voneinander- Lernen und fördert die gelöste Arbeitsstimmung. Ohne das Regelwerk funktioniert keine gute Open Space-Veranstaltung. Daher ist es wert, an dieser Stelle ausführlich behandelt zu werden. Zum Regelwerk gehören vier Leitlinien und ein Gesetz.

Das Regelwerk von Open Space	
Vier Leitlinien	**Ein Gesetz**
1. Wer kommt, ist die richtige Person. 2. Offenheit für das, was geschieht. 3. Es beginnt, wenn die Zeit reif ist. 4. Vorbei ist vorbei.	Das »Gesetz der zwei Füße« mit den Erscheinungsformen • Schmetterlinge • Hummeln

Für die Teilnehmer ist das Regelwerk zu Beginn einer Open Space-Veranstaltung noch unbekannt. Aus diesem Grund wird es in der Moderation genau erläutert. Um die Erläuterungen zu unterstützen, hängen alle vier Leitlinien auf Plakate geschrieben an den Wänden. Gleiches gilt für das »Gesetz der zwei Füße«, das durch die Abbildung von zwei Füßen dargestellt wird. Die Erscheinungsformen »Schmetterling« und »Hummel« befinden sich auf weiteren Plakaten. Dieses Regelwerk hat folgenden Sinn:

- Es gibt dem Geschehen und den Teilnehmenden einen strukturellen Rahmen.
- Die Leitlinien und das Gesetz gelten als Spielregeln und fördern dadurch die gemeinsame Arbeit.

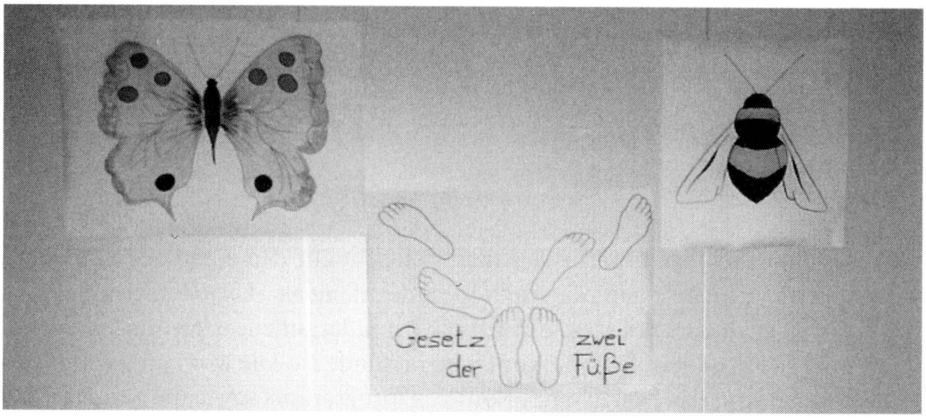

- Das Regelwerk steigert die Akzeptanz für andere Menschen, neue Ideen und andere Meinungen.
- Es erlaubt eine lockere Arbeitsatmosphäre und fördert so die Lernbereitschaft der Teilnehmenden.

Die vier Leitlinien

1. Leitlinie: Wer kommt, ist die richtige Person

Ob 20 oder 500 Personen zu einer Open Space-Veranstaltung kommen, es sind genau die richtigen Teilnehmer. Und zwar die richtigen, um am Leitthema zu arbeiten und die Situation zu verändern.

Gelegentlich äußern Auftraggeber bei der Planung einer Open Space-Veranstaltung den Wunsch, besonders die Teilnahme der Leute aus der xyz-Abteilung oder aus dem xyz-Bereich zu der Open Space-Veranstaltung sicherzustellen. Denn diese Personen würden sich offenbar am besten mit der Problematik auskennen. Das mag vielleicht stimmen. Aber darum geht es nicht bei Open Space.

Wer kommt, ist die richtige Person.

Wichtig ist, die Personen zu versammeln, die zur Veränderung der Situation etwas beitragen wollen. Denn deren gebündeltes Wissen und Motivation ist ausreichend für den anlaufenden Veränderungsprozess.

Auch für die Workshops gilt, jene die kommen, sind genau die richtigen, um am Workshop-Thema zu arbeiten. Sie haben das Interesse und die Motivation, sich mit dem Workshop-Thema intensiv auseinander zu setzen.

Für den Fall, dass ein Einberufer alleine in seinem Workshop sein sollte und sich kein weiterer Teilnehmer dazu einfindet, wird besonders darauf hingewiesen, dass ein Thema auch von nur einer Person bearbeitet werden kann. Dieser Hinweis ist wichtig: Der Einberufer soll in einem solchen Fall nicht persönlich verletzt sein und sich sogar zurückziehen. Das Potenzial dieser Person wird honoriert, indem ihr die Möglichkeit gegeben wird, alleine am eigenen Thema zu arbeiten. Auch ein zunächst »schwach« besetzter Workshop kann durch hinzukommende Personen wachsen.

2. Leitlinie: Offenheit für das, was passiert

Diese Leitlinie soll die Teilnehmenden anspornen, unerwarteten Dingen gegenüber aufgeschlossen zu sein, die sich ihnen bietenden Möglichkeiten anzunehmen und sich von den eigenen Erwartungen etwas zu entfernen. Eine Offenheit gegenüber neuen und unerwarteten Erkenntnissen, Ideen oder Ereignissen macht sie frei für ein Voneinander-Lernen.

3. Leitlinie: Es beginnt, wenn die Zeit reif ist

Ideen, Motivation und gute Anregungen kommen, wenn die Zeit dafür reif ist. Obwohl auf der Zeit- und Raumtafel Zeiteinheiten für die Workshops angegeben sind, sollen die Gruppen die Freiheit haben, erst dann mit der Arbeit zu beginnen, wenn sie sich für produktiv halten. Die angegebenen Zeiten dienen überwiegend für die Bereitstellung der Räumlichkeiten.

Die Verantwortung für das Zeitmanagement wird an die Gruppe abgegeben. Zeiten des Arbeitens und der Pausen werden von den Teilnehmenden bestimmt. Sie sollen ein Gefühl für den Zeitpunkt ihrer Kreativität und Effektivität entwickeln und eigenständig danach handeln.

Bei einer Veranstaltung war zu erleben, dass den Teilnehmenden die erste Mittagspause von 90 Minuten zu lang war. Sie waren an ihre betriebliche 30- Minuten-Mittagspause gewöhnt. Mit 90 Minuten konnten sie nicht viel anfangen und haben alle gemeinsam ihre Workshops um eine Stunde vorverlegt. Auch das geht.

Entscheidungen dieser Art sind beim Open Space häufig und auch gewollt. Jede Gruppe trägt die Verantwortung für die Entscheidung selbst und stärkt damit das Gemeinschaftsgefühl. Mit Open Space wird die Entscheidungsfindung der gesamten Gruppe begünstigt.

4. Leitlinie: Vorbei ist vorbei

Diese Leitlinie ist das Gegenstück zur dritten Leitlinie. So kann es sein, dass ein Workshop nach 20 Minuten vorbei ist. Alle wichtigen Aspekte sind genannt. In diesem Fall ist es nutzlos, im Workshop auszuharren und Energie und Lust zu verlieren, bis die vorab veranschlagte Zeit abgesessen ist und die nächste Workshop-Einheit beginnt. Besser ist es, den Workshop zu schließen und sich anderen Dingen zu widmen, wie zum Beispiel in eine andere Gruppe zu gehen oder eine neue zu gründen.

Ist nach Ablauf der Zeiteinheit das Thema einer Gruppe noch nicht abgeschlossen, kann weitergearbeitet werden, bis das Thema vollständig abgehandelt ist.

Das »Gesetz der zwei Füße«

Jeder kennt es: Wir befinden uns in einem Arbeitskreis oder Vortrag und langweilen uns. Meist der Höflichkeit wegen bleiben wir sitzen, lassen unsere Laune schlecht werden und vergeuden Zeit.

Hier setzt das »Gesetz der zwei Füße« an. Es ist das einzige Gesetz beim Open Space und sollte auch befolgt werden. Es bedeutet: Jede Person, die sich während der Veranstaltung in einer Situation befindet, in der sie weder etwas lernen noch beitragen kann, soll die eigenen zwei Füße benutzen und dort hingehen, wo sie produktiv sein kann. Der Open Space-Moderator Michael M Pannwitz meint dazu, dass jeder, der in einer Situation nichts mehr lernen oder beitragen kann, die Gruppe mit seiner Abwesenheit ehrt.

Was wird mit diesem Gesetz erreicht?

- **Hohe Qualität des individuellen Lernens.** Jeder Teilnehmende trägt Verantwortung für die Qualität des eigenen Lernens. Wenn er sich in einem Workshop langweilt, ist er selbst schuld. Die Anwesenden orientieren sich an ihren Interessen. Daraus resultiert eine hohe Qualität des Arbeitens während der Veranstaltung. Unproduktive Situationen werden vermieden.
- **Die Gruppe wird geehrt.** Gehende Teilnehmer bezeugen mit ihrem Handeln Wertschätzung für die Gruppe, die sie gerade verlassen. Sie überlassen das »Feld« den Personen, die mit Interesse am Thema arbeiten wollen. So wird vermieden, durch gelangweilte Miene, Demotivation oder Wut die Stimmung der Gruppe zu verderben.
- **Vielredner und Besserwisser bleiben alleine.** Vielredner und Besserwisser könnten sich damit konfrontiert sehen, plötzlich alleine in einem Workshop zu sein. Schon die Existenz eines solchen Gesetzes führt oftmals dazu, dass diese Personen zurückhaltender sind und auch anderen Raum geben, am Thema mitzuarbeiten.
- **Konflikte bearbeiten, nur wenn gewollt.** Mögliche Konflikte werden ausgetragen, wenn der Wunsch der betroffenen Personen danach besteht. Ist dieser nicht vorhanden, können sich die Konfliktparteien guten Gewissens trennen.

Als Erscheinungsform des Gesetzes gibt es die »Hummeln« und »Schmetterlinge«. Sie sorgen für eine Dynamik bei der Veranstaltung.

»Hummeln« werden die Personen genannt, welche an vielen Workshops Interesse haben. Sie gehen von einem zum anderen und bringen sich hier und dort ein. Sie bleiben so lange, wie sie zum Thema etwas lernen oder beitragen können. Gerade erworbene Ideen, Gedanken oder Anregungen werden in die neue Gruppe getragen und dort fallen gelassen, aufgenommenes Wissen in die nächste Gruppe gebracht. Manchmal ist es auch nur die pure Anwesenheit einer neu dazugekommenen Person, die der Gruppe einen neuen Schub gibt. Es findet eine gegenseitige Befruchtung statt – eben wie in der Natur: Die Hummel fliegt von Blüte zu Blüte, nimmt Pollen von der einen Blüte auf und setzt sie auf einer anderen wieder ab.

Die »Schmetterlinge« sind anders. Diese Bezeichnung gilt für Personen, die etwas unentschlossen sind, also nicht sofort den Antrieb verspüren, in eine Gruppe zu gehen. Sie halten sich vornehmlich am Büfett oder in einer Sitzecke auf, rauchen eine Zigarette oder lassen sich im Garten nieder.

Auf den ersten Blick wirken die Schmetterlinge nutzlos. Doch sie leisten für die Veranstaltung einen wichtigen Beitrag. Sie markieren eine Stätte des Nichtarbeitens und geben dadurch Ruhe an ihr Umfeld ab. Es ist zu beobachten, dass sich besonders zwischen Schmetterlingen und Vorbeikommenden intensive Gespräche entwickeln. Diese führen entweder dazu, dass die Teilnehmer Anregungen für laufende Arbeitsgruppen erhalten, in diese gehen oder selbst einen neuen, ungeplanten Workshop durchführen. Es handelt sich dabei deshalb um ein Phänomen, weil niemand der Gesprächspartner plant, eine bedeutendes Gespräch zu führen. Es entspringt einfach der Intuition, wahrscheinlich unterstützt durch die Sympathie der Personen füreinander.

Erfahrungsgemäß ist die Einhaltung des »Gesetzes der zwei Füße« schwierig für die Teilnehmer. Müssen sie sich doch erst daran gewöhnen, ihren eigenen Interessen zu folgen, wohl wissend, dass keiner durch ihr Verhalten empört ist. Ausländische Moderatoren berichten, dass sich besonders deutsche Teilnehmer bei der Befolgung des »Gesetzes der zwei Füße« schwer tun.

Die Aufgaben des Moderators im Open Space

Der Open Space-Moderator sorgt für den sicheren Rahmen, in dem sich die Teilnehmenden die Zeit zum freien Arbeiten nehmen können, in dem sie sich frei bewegen und vielleicht auch mal gegen die Norm verhalten dürfen. Ein Raum, in dem alle gleichberechtigt sind und jeder sein Thema ansprechen darf.

Bei Open Space handelt es sich nicht um eine Moderation im klassischen Sinn. Es werden keine verschiedenen Arbeitsmethoden angeboten. Es gibt kein inhaltlich vordefiniertes Ziel, das es zu erreichen gilt. Der Moderator konzentriert die Gruppe nicht auf die Inhalte der Workshops. Er steht darüber hinaus nicht im ununterbrochenen Kontakt zu den Teilnehmern.

Der moderatorische Anteil in den ersten Tagen einer Open Space-Veranstaltung ist äußerst begrenzt. Nur die erste Stunde, die Abendnachrichten und die Morgenankündigungen werden moderiert. Es kann also von einer »rahmengebenden Moderation« gesprochen werden. Erst in der Phase der Ergebnissicherung wird eine Moderation im klassischen Stil angewandt.

Die Persönlichkeit des Moderators ist für den Prozess von besonderer Bedeutung. Er muss die Fähigkeit haben, einerseits als gleichberechtigte Person neben den Teilnehmern und andererseits als Autorität aufzutreten. Als gleichberechtigte Person soll er Atmosphäre schaffen, Zusammengehörigkeit und Eigenverantwortung fördern, die Methode erklären, beschreiben und verständlich vermitteln. Als Autorität sorgt er für Motivation, Vertrauen, sowie für Spannung und Sicherheit. Wie er diese Attribute in der Einführungsphase der Gruppe zu vermitteln vermag, hat entscheidende Auswirkungen auf den Prozess. Deshalb ist ein kompetenter Moderator mit ansprechender Persönlichkeit und hoher Authentizität eine zentrale Voraussetzung bei der Anwendung von Open Space.

Eine Kollegin von Harrison Owen, Angeles Arrien, entwickelte in diesem Zusammenhang vier Richtlinien für den Open Space-Moderator:

1. Zeig dich.
2. Sei präsent.
3. Sei ehrlich.
4. Lass' es laufen.

»Zeig dich« bedeutet, körperlich anwesend zu sein. Der Moderator sollte darüber hinaus erholt auf der Veranstaltung erscheinen und Ruhe ausstrahlen. »Sei präsent« geht einen Schritt weiter. Der Moderator sollte »wirklich« anwesend sein, also auch mit seinen Gedanken. Er soll in sich ruhen und gleichzeitig aufmerksam für das Geschehen sein. Er sollte eine gute Atmosphäre verbreiten und Sicherheit und Wohlbehagen bei den Teilnehmenden auslösen. »Sei ehrlich« bezieht sich auf die Persönlichkeit des Moderators. Dieser sollte sich selbst authentisch zeigen und hinter dem, was er sagt, auch stehen. Schließlich sollte er die Kontrolle für den Open Space-Prozess nach dem Motto »Lass es laufen« an die Teilnehmer abgeben. Diese Richtlinie ist besonders wichtig, um Open Space erfolgreich zu gestalten. Denn Open Space ist eine Methode, in der keine Einzelperson die Kontrolle über den Prozess hat. Der Moderator hat während der Open Space-Veranstaltung zwei Aufgaben. Diese sind:

- »Raum und Zeit zu schaffen« und
- »Raum und Zeit zu sichern«.

»Raum und Zeit zu schaffen« und »zu sichern« bedeutet, den Teilnehmenden die Möglichkeit zu eröffnen, ihre Kompetenzen zur Bewältigung der Situation zu erkennen und weiterzuentwickeln.

»Raum und Zeit schaffen«

In der ersten Stunde der Open Space-Veranstaltung geht der Moderator bei der Einführung der Aufgabe nach, »Raum und Zeit zu schaffen«. Jeder Teilnehmende hat ein anderes Verständnis von Raum und Zeit. Um zusammen an einem Thema zu arbeiten, müssen sie ihre gemeinsamen Vorstellungen von Raum und Zeit kreieren. Sie werden selbst bestimmt und selbst organisiert arbeiten. Dafür erhalten sie den Freiraum. Die Richtlinien und das »Gesetz der zwei Füße« unterstützen die Teilnehmenden darin, sich den notwendigen Raum und die benötigte Zeit zum Arbeiten zu nehmen. Die Teilnehmer sollen von traditionellen Konventionen in Bezug auf Konferenzen und vom Leistungsdruck weitestgehend befreit werden. Sie sollen selbst die Führung für das Geschehen übernehmen. Aufgrund der Tatsache, dass der Moderator vielfältige Räumlichkeiten, Material und Verpflegung zur Verfügung stellt, schafft er im weiteren Sinne Freiraum für die Teilnehmer.

»Raum und Zeit zu schaffen« bedeutet auch, einen zeitlichen Spielraum im Ablauf der Tage einzuplanen. Die Teilnehmenden übernehmen ihre Pausengestaltung selbst. Das eigene Zeitverständnis des Moderators wird ihnen nicht aufgedrängt. Schließlich ist zu bemerken, dass jeder Moderator individuell für sich die Aufgabe »Raum und Zeit zu schaffen« auslegen und ausführen sollte.

»Raum und Zeit sichern«

Die Einführung ist vorbei, der »Marktplatz« eröffnet. Die Teilnehmer befinden sich in ihren Arbeitsgruppen. Jetzt beginnt die Aufgabe des Moderators, »Raum und die Zeit zu sichern«, indem er zwar präsent, gleichzeitig aber »unsichtbar« ist. Wie sieht das aus? Er zieht sich aus dem inhaltlichen Geschehen heraus. Er ist aber trotzdem anwesend, authentisch präsent und für alle Teilnehmer erreichbar. Dieser Aufgabe kann der Moderator besonders gerecht werden, wenn er beispielsweise den Abfall wegräumt und für andere organisatorische Dinge sorgt, die nicht von den Teilnehmern selbst erledigt werden können.

Die Kontrolle über die Durchführung der morgendlichen und abendlichen Sitzungen wird schrittweise an die Teilnehmer abgeben. Hat der Moderator die erste Sitzung einberufen, wird er sich in den folgenden Sitzungen so weit zurückziehen, dass die Teilnehmenden sogar den Beginn der Zusammenkünfte selbst bestimmen.

Verantwortung und Freiheit werden, wenn die Situation es erfordert, den Teilnehmern immer wieder neu in Erinnerung gerufen. Sobald Forderungen seitens der Teilnehmer aufkommen, denen der Moderator unter konventionellen Bedingungen nachkommen würde, die jedoch ohne weiteres auch von der Gruppe erledigt werden können, soll die Gruppe eigenverantwortlich dafür Sorge tragen.

Selbst wenn die Verantwortung des Geschehens weitestgehend an die Anwesenden abgegeben wird, ist es dennoch Aufgabe des Moderators einzugreifen, wenn das Recht der Teilnehmenden auf selbst bestimmtes Handeln eingeschränkt wird. Raum und Zeit zum produktiven Arbeiten sollen gesichert werden. Ein Eingreifen ist in den folgenden Situationen sinnvoll:

- **Missachtung der Leitlinien und des »Gesetzes der zwei Füße«.** »Begrenzte« Workshops zum Beispiel, zugänglich nur für Männer bzw. Frauen oder Workshops mit einer begrenzten Teilnehmerzahl oder einer geforderten Beteiligung von Anfang bis zum Ende untergraben die Leitlinie »Wer kommt, ist die richtige Person« und das »Gesetz der zwei Füße«. Die Wahrung des Regelwerkes ist Aufgabe des Moderators.
- **Bearbeitung individueller Probleme vor der gesamten Gruppe.** Obwohl Open Space von den meisten Teilnehmern positiv im Sinne von anregend und befreiend bezeichnet wird, kann es dennoch Menschen »aus der Balance werfen«. Das Fehlen von Kontrolle, die Selbstbestimmung sowie das schnelle und vertraute Zusammenkommen der Gruppe kann einige Individuen in eine schwer zu bewältigende Situation bringen. So kann es vorkommen, dass Teilnehmer in einer der täglichen Sitzungen ausführlich über ihre privaten Probleme sprechen wollen. Die Sitzungen sind jedoch nicht dafür bestimmt, persönliche Konflikte zu bearbeiten. Hinzu kommt, dass ein solches Verhalten den anderen Teilnehmern peinlich sein kann und sie sich unbehaglich fühlen. Hier ist es Aufgabe des Moderators, das individuelle Interesse der entsprechenden Person zwar zu akzeptieren, aber deutlich zu machen, dass jetzt nicht der richtige Zeitpunkt für die Bearbeitung des Problems ist und dazu ein gesonderter Workshop einberufen werden kann. Er muss den Raum und die Zeit für Ankündigungen sichern und die Teilnehmer aus einer möglicherweise beklemmenden Situation befreien.
- **Kontrollversuche durch Einzelne.** Einzelne Teilnehmer üben Kontrolle über andere aus oder versuchen es zumindest, indem sie zum Beispiel lange Monologe in

den Arbeitsgruppen halten, ihre Meinung als absolut darstellen oder die gesamte Gruppe zu gemeinsamen Aktionen bewegen möchten. Ist zu erkennen, dass sich die unter einem solchen Druck befindlichen Teilnehmer nicht selbst aus der Situation lösen können, der Einfluss und somit auch Egoismus eines einzelnen Teilnehmers zu stark ist, sollte der Moderator die Teilnehmer darauf hinweisen, dass sie das »Gesetz der zwei Füße« anwenden können.

- **Unerwartetes.** Geschieht im Rahmen von Open Space etwas Unkonventionelles oder Unerwartetes, wie etwa, wenn ein Teilnehmer in der Mitte des Kreises zu singen und zu tanzen beginnt, dann ist abzuwägen, inwieweit die Gruppe in ihrem Handeln beengt wird. Ist die Gruppe zu stark einschränkt, ist das Eingreifen des Moderators sinnvoll.

Details einer Open Space-Veranstaltung

Räumlichkeiten

Open Space bedeutet offener Raum – dies ist nicht nur im übertragenen Sinne zu verstehen. Denn für Open Space-Veranstaltungen ist ein großer, heller und freundlicher Raum als Plenumsraum unbedingt notwendig. Mitten in diesem Raum befindet sich ein Stuhlkreis. In der Mitte dieses Kreises liegen auf dem Boden mehrere Stapel DIN-A3-Blätter und eine Anzahl dicker Stifte.

An den Wänden hängen Plakate, auf denen gemalte Schmetterlinge und Hummeln abgebildet sind sowie gezeichnete Füße und einige Sätze. Da steht zum Beispiel »Wer kommt, ist die richtige Person« oder »Es beginnt, wenn die Zeit reif ist«. Ebenfalls an der Wand befindet sich die Zeit- und Raumtafel und an einer anderen Wand ein Schild mit dem Wort »Nachrichtenwand«.

In einer Ecke des Plenumsraumes stehen mehrere Tische mit der Ausstattung für die Dokumentation der Veranstaltungsergebnisse: einige PCs sowie ein Drucker. Auf einem weiteren Tisch an der anderen Seite des Raumes befindet sich das Arbeitsmaterial: Papier, Stifte, Pinnwandkarten usw. Die Verpflegung ist direkt am Eingang im Plenumsraum platziert sowie der Servicetisch mit der Teilnehmerliste und den Namensschildern..

Die Veranstaltungsstätte muss genügend Innen- und Außenräume zum »Ausschwärmen« der Arbeitsgruppen haben. Die Arbeitsgruppen sollen die Wahl haben, sich für eine der Räumlichkeiten zu entscheiden, in der sie produktiv lernen können. Daher ist die Vielfalt der angebotenen »Räume« von großer Bedeutung.

Solche Räumlichkeiten zum Ausschwärmen können sein: separate Zimmer, vorbereitete Arbeitsecken im Plenumsraum bzw. in einem anderen größeren Raum oder im Vorraum. Bei gutem Wetter und schöner Umgebung bietet sich auch ein Platz auf der Wiese an. Alle diese Arbeitsbereiche sind mit Stellwänden und den dazugehörenden Arbeitsmaterialien wie Stiften, Nadeln, DIN-A4-Papier und Pinnwandkarten ausgestattet. Auch hier hängen Plakate mit Schmetterlingen, Hummeln und den Leitlinien.

Zeit- und Raumtafel

Aufbau der Zeit- und Raumtafel

Die Zeit- und Raumtafel ist elementar für eine Open Space-Veranstaltung. Gäbe es sie nicht, wüssten die Teilnehmenden nicht, zu welchen Themen sie wann und wo arbeiten sollten. Sie gleicht einer Matrix. Auf der Horizontalen sind die Arbeitsräume durch Buchstaben gekennzeichnet und auf der Vertikalen die Zeiteinheiten für die Workshops angegeben.

Die Länge und Breite der Zeit- und Raumtafel bemisst sich nach Anzahl der Teilnehmenden und Dauer der Veranstaltung. Bei einer mehrtägigen Veranstaltung gibt es für jeden Tag eine eigene Zeit- und Raumtafel. Nehmen beispielsweise 20 Personen an einer eintägigen Open Space-Veranstaltung teil, wird deren Veranstaltungsprogramm auf der Zeit- und Raumtafel ungefähr drei Meter lang sein. 100 Personen werden dagegen für eine drei Tage dauernde Veranstaltung etwa zwölf Meter für ihre Zeit- und Raumtafel benötigen. Bei einer Open Space-Veranstaltung in Frankreich mit 950 Personen war die Zeit- und Raumtafel über 30 Meter lang.

Manchmal sind die Teilnehmenden bei der Themensammlung äußerst aktiv. Die Kette der Themen scheint kein Ende zu nehmen und die Zeit- und Raumtafel ist gefüllt, bevor alle ihr Thema vorschlagen konnten. Im Vorfeld ist es daher schwierig abzuschätzen, ob die Anzahl der vorbereiteten Gruppenräume ausreicht, denn man

1.Tag

Raum / Zeit	A	B	C	D
9-11				
11-13				
14-16				

2.Tag

Raum / Zeit	A	B	C	D
9-11				
11-13				
14-16				
16-18				

weiß nie, wie viele Themen benannt werden. Wichtig ist, dass jeder die Möglichkeit hat, einen Workshop durchzuführen. Es ist daher sinnvoll, immer einige Matrixfelder in der Zeit- und Raumtafel vorzubereiten, die keinem Raum zugeordnet sind. Wenn mehr Themen vorgeschlagen werden, als die Zeit- und Raumtafel mit den ausgezeichneten Räumen fassen kann, können die Einberufer dieser Themen auf diese freien Matrixfelder ausweichen und einen Raum nach ihrem Belieben benennen. Das kann unter anderem der Speisesaal, das Foyer oder die Gartenanlage der Tagungsstätte sein.

Diese Maßnahme ist bedeutsam, um die Motivation der Teilnehmenden von Anfang an hoch zu halten. Eine Begrenzung der Workshop-Anzahl aufgrund mangelnder Gruppenräume wäre dann vor allem für die nicht zum Zuge gekommenen Teilnehmenden demotivierend. Potenziale gingen hier unnötig verloren.

Die Dauer der einzelnen Workshop-Einheiten bewegt sich zwischen 75 und 120 Minuten. Sie ist abhängig von der Gruppengröße, dem Beginn der Veranstaltung, der Tageszeit und der Dauer der Veranstaltung.

In dieser Zeitspanne haben die Teilnehmenden genügend Zeit, sich in den Gruppen einzufinden, zu arbeiten, ihre Protokolle zu schreiben und Pause zu machen. Bei einer Open Space-Veranstaltung mit einer geringen Teilnehmerzahl von beispielsweise 20 Personen sind 75 Minuten ausreichend. Kleinere Arbeitsgruppen brauchen weniger Zeit, sich in den Gruppen zu sammeln und das Thema des Workshops zu bearbeiten. Ist die gesamte Teilnehmerschaft sehr groß, etwa ab 200 Personen, liegen die Workshop-Einheiten vorzugsweise bei zwei Stunden.

Themen sammeln

An die Zeit- und Raumtafel kommen die Themen zum Leitthema, zu denen die Anwesenden mit einer Gruppe arbeiten möchten. Themen also, für die die Teilnehmenden Verantwortung übernehmen möchten, für die sie Leidenschaft haben und die ihnen am Herzen liegen. Aspekte, die sie schon lange mit anderen besprechen wollten oder zu denen sie sich Rat und Ideen einholen wollen. Auch Themen, zu denen Teilnehmer ihr Wissen an andere weitergeben möchten, sind willkommen. »Alle können etwas zur Verbesserung der Situation beitragen, alle sind wichtig. Denn Sie sind die Experten dieser Veranstaltung.«

Verantwortung zu übernehmen bedeutet, für das Thema eine Zeit und einen Raum zu wählen, den Workshop einzuberufen, das Thema zu bearbeiten und die Dokumentation zu sichern.

Diejenigen, die ein Thema vorbringen möchten, formulieren im Stillen zuerst dazu einen Titel. Dann gehen Sie in die Mitte des Kreises und schreiben diesen Titel sowie den eigenen Namen auf ein dafür bereitliegendes DIN-A3-Themenblatt.

Wenn das getan ist, stellen die Einberufer, noch im Kreis bleibend, den anderen ihr Thema und ihren Namen vor. Daraufhin gehen sie zur Zeit- und Raumtafel, suchen sich eine Zeit und einen Raum für ihren Workshop aus und heften ihr Blatt in

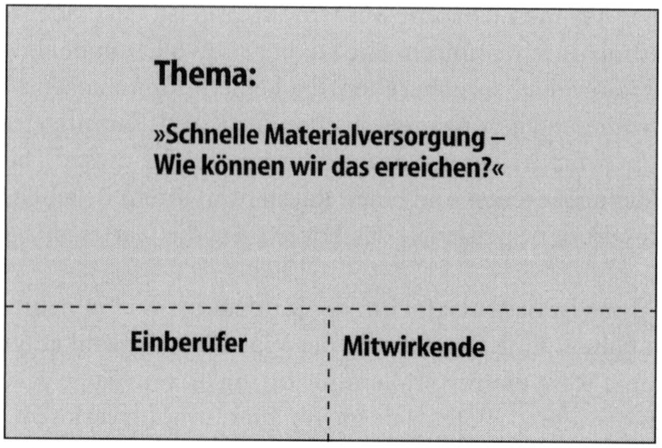

das entsprechende Feld. Jeder Teilnehmende kann so viele Workshop-Themen vorschlagen, wie er oder sie möchte.

Es ist wichtig, dieses »Ritual« der Themennennung genau zu erklären, da es häufig »unvollständig« abläuft. Zum Beispiel nehmen Teilnehmer aus der Mitte des Kreises ein Blatt mit an ihren Platz und beschreiben es dort. Oder sie vergessen, ihren Namen auf das Blatt zu schreiben, obwohl ein Feld dafür vorgesehen ist. Ihnen entfällt, ihr Thema und ihren Namen der gesamten Gruppe vorzustellen. Da die Betroffenen möglicherweise Stress empfinden, wenn sie in das Kreisinnere gehen, erscheint oftmals die an sich einfache Abfolge der Arbeitsschritte kompliziert.

Diese »Strapaze« der Themennennung ist gewollt. So ist Folgendes gewährleistet:

- **Nur wirklich wichtige Themen werden vorgeschlagen.** In die Mitte des Kreises zu gehen kommt fast einer Mutprobe gleich. Nur wer zu seinem Thema steht, wagt sich in die Mitte. Dadurch werden nur Themen behandelt, die den Mitarbeitern in Bezug auf das Leitthema wichtig sind. Nichtrelevante Themen werden nicht vorgeschlagen. Den vorgeschlagenen Themen kommt dadurch eine hohe Akzeptanz der Teilnehmenden zu. Dies gewährleistet die spätere praktische Umsetzung in der Organisation.
- **Die Verbindung zwischen Person und Workshop-Thema wird hergestellt.** Bei der Vorstellung des Themas und Namens werden die Einberufer mit Ihrem Thema in Verbindung gebracht und zeigen sich für die Einberufung ihres Workshops verantwortlich.
- **Die Aufmerksamkeit wird gehalten.** Die Aufmerksamkeit der Teilnehmer bleibt durch die aufeinander folgenden Vorstellungen erhalten.
- **Alle Teilnehmer wissen, welche Themen bereits benannt wurden.** Es werden keine Themen doppelt vorgeschlagen.
- **Die Selbstbestimmung wird angeregt.** Neben der Ernennung eines eigenen Workshop-Themas müssen die Einberufer überdenken, wann und wo sie ihren Workshop durchführen möchten.

Nachrichtenwand

Zu Beginn der Veranstaltung sieht die Nachrichtenwand eher unspektakulär aus. Sie ist leer und nur ein Schild weist darauf hin, dass hier etwas passieren wird. Auf der Nachrichtentafel erscheinen später die Protokolle der einzelnen Arbeitsgruppen. Die Nähe zur Verpflegung hat sich als ein optimaler Standort dafür herausgestellt. Denn dort ist der zentrale Treffpunkt. Hier wird beim Essen über die letzten Workshops geredet. Ein Blick auf die Nachrichtentafel ergibt sich dabei fast automatisch. Fast zeitgleich mit den Workshops wird die Nachrichtenwand gefüllt, Schritt für Schritt mit den frisch hergestellten Protokollen.

Dokumentation

Sie kennen es bestimmt: Sie waren bei einer Veranstaltung, deren Dokumentation erst einige Zeit nach der Veranstaltung per Post an die Teilnehmenden versandt werden soll. Sie warten Tage und Wochen und können schon froh sein, wenn Sie die Veranstaltungsunterlagen erhalten, bevor Sie die Veranstaltung vergessen oder sich die Informationen anderweitig beschafft haben.

Beim Open Space gehört es pflichtgemäß dazu, die Dokumentation der Workshops in Form von Protokollen zeitgleich mit den Workshops zu erstellen. Diese werden zu einem Dokumentationsband zusammengefasst und noch vor Veranstaltungsende an alle Teilnehmenden verteilt.

Bedeutung der Dokumentation

Der Dokumentation kommt eine wichtige Rolle zu:

- Sie ist die **Quelle aller Informationen.** Jeder Teilnehmer kann sich parallel zu den durchgeführten Workshops informieren. Eine gemeinsame Informationsbasis wird geschaffen.
- Wenn die Protokolle bzw. Berichte an der Nachrichtenwand hängen, können **nachträglich Hinweise** oder Empfehlungen eingetragen werden – auch von Personen, die an dem entsprechenden Workshop nicht teilgenommenen haben. Damit wird die Beteiligung aller an jedem Workshop-Thema gefördert.
- Die Teilnehmer erstellen selbst die Dokumentation. Auf diese Weise wird die **Verantwortlichkeit** der Teilnehmenden und die **Akzeptanz** der Ergebnisse begünstigt.
- Wenn am Ende der Veranstaltung die Ergebnisse **gewichtet** werden, benötigen die Teilnehmenden dazu die Dokumentationsbände.
- Die am Ende der Veranstaltung entstehenden Gruppen, die die **Umsetzung** der Ergebnisse im Unternehmen bzw. in der Organisation planen, benötigen die Dokumentation, um fortführende Maßnahmen zu gestalten.

Die Dokumentation ist also elementarer Bestandteil einer Open Space-Veranstaltung. Sie signalisiert Verantwortung und sichert Ergebnisse. Sie ist nicht nur ein Nebenprodukt, sondern ein Ergebnis der Veranstaltung! Um den Stellenwert der Dokumentation zu betonen, befinden sich die zur Erstellung benötigten Computer und Drucker im Plenumsraum. Die Berichte werden somit in den gesamten Prozess eingebunden.

Protokollvorlage

Die Dokumentation sollte einheitlich gegliedert, schnell erfassbar und überschaubar sein. Darüber hinaus soll sie sich als qualitativ gutes Basismaterial für die Umsetzung der Ergebnisse eignen. Mittels einer Protokollvorlage wird versucht, diese Anforderungen zu erfüllen. Auf dieser Vorlage finden sich folgende Gliederungspunkte:

- Thema der Arbeitsgruppe,
- Inhalte des Workshops,
- Ziele oder Wünsche der Gruppe bezüglich ihres Workshop-Themas,
- Maßnahmen oder Empfehlungen zur Erfüllung der Ziele oder Wünsche,
- Einberufer oder Einberuferin,
- Mitwirkende der Arbeitsgruppe.

Das Thema einer Gruppe kann zum Beispiel die Verbesserung des Vorschlagswesens sein. Denkbare Inhalte dieses Workshops wären: wie das Vorschlagswesen zurzeit aufgebaut ist, wer beteiligt ist, welches Belohnungssystem es gibt, was nicht so gut läuft, was verbessert werden sollte und vieles mehr. Ein Ziel könnte in diesem Fall sein, das Vorschlagswesen dezentral pro Abteilung oder Filiale zu organisieren. Mögliche Maßnahmen oder Empfehlungen zur Erreichung dieses Zieles wären beispielsweise »Absprache mit den derzeitigen Zuständigen«, »Ausarbeitung von Für- und Wider-Argumenten eines dezentralen Vorschlagswesens« und »Ausarbeitung eines Konzeptes«.

Die Protokollvorlage soll das Dokumentieren der Workshop-Inhalte erleichtern. Darüber hinaus erhalten die Teilnehmenden eine Orientierung für die Arbeit am Workshop-Thema. Es wird nicht nur über das Thema »geplaudert«, sondern zielgerichtet an Veränderungsvorschlägen gearbeitet.

Ferner soll verhindert werden, dass sich die Teilnehmenden überfordert fühlen. Denn Open Space selbst fordert die Teilnehmer, da es für die meisten eine ungewohnte Methode ist. Ungewohnt ist vor allem, in selbst bestimmten Arbeitsgruppen zu arbeiten, sich nach eigenem Engagement den verschiedenen Gruppen zuzuordnen und so lange in einer Gruppe zu bleiben, wie man etwas beitragen oder lernen möchte. Es bedarf einer gewissen Gewöhnungszeit, mit Open Space selbstbewusst zu arbeiten. Besonders in dieser Phase ist es daher wichtig, den Betroffenen Sicherheit zu bieten, damit sie produktiv arbeiten können.

Bei Open Space-Veranstaltungen, in denen der Informationsaustausch zum Leitthema im Vordergrund steht, die Umsetzung der Ergebnisse aber nachrangig ist, reicht eine verkürzte Version der Protokollvorlage. Die Gliederungspunkte sind hier:

- Thema der Arbeitsgruppe,
- Inhalte/Ziele/Empfehlungen/Vereinbarungen,
- Einberufer oder Einberuferin,
- Mitwirkende der Arbeitsgruppe.

Protokollvorlage für Veränderungsprozesse

Verkürzte Version der Protokollvorlage

Zusammenkünfte dieser Art können zu aktuellen Themen durchgeführt werden. Verschiedene Interessengruppen nehmen teil und tauschen sich über ihre Anliegen zum Leitthema aus. Nach solchen Veranstaltungen, die in der Regel nur einen Tag dauern, gehen die Teilnehmenden wieder ihre eigenen Wege. Die erarbeiteten Ergebnisse können natürlich in die eigene Organisation getragen werden. Es werden jedoch keine Umsetzungsgruppen dafür gebildet. Der Dokumentationsband muss nur bedingt als Arbeitsunterlage für Veränderungsprozesse herhalten. Der Gedankenaustausch ist hier oberstes Ziel.

Dokumentation erstellen

Für die Dokumentation sind in erster Linie die Workshop-Einberufenden zuständig. Sie haben mit der Benennung ihres Themas für ihren Workshop die Verantwortung übernommen und sollen die Ergebnisse auch dokumentieren. Das heißt nicht, dass sie das Protokoll unbedingt selbst schreiben müssen, jedoch sollten sie dafür Sorge tragen, dass jemand aus der Gruppe diese Aufgabe übernimmt. Manchmal erstellen sogar zwei oder drei Personen gemeinsam ein Protokoll.

Zunächst werden die Protokolle in den Workshops handschriftlich geschrieben. Sobald die Workshops beendet sind, übertragen die Protokollanten die Daten in die PCs. Eingabefelder in der Maske vereinfachen die Dateneingabe. Zur Unterstützung bei der PC-Anwendung ist das Dokumentationsteam zur Stelle. Tippen muss jeder Protokollant seinen Bericht selbst. Die Protokolle werden vom Dokumentationsteam auf DIN-A3-Papier vergrößert, mit einer Seitenzahl versehen und an die Nachrichtenwand geheftet. Am Vorabend des letzten Tages der Open Space-Veranstaltung werden die einzelnen Protokolle zu einem Dokumentationsband zusammengefügt und für alle Teilnehmenden vervielfältigt.

Manche Auftraggeber können die Bereitstellung mehrerer Computer nicht gewährleisten. In solchen Fällen müssen die handschriftlichen Unterlagen ausreichen. Wichtig ist dann, darauf hinzuweisen, wie bedeutsam eine leserliche Handschrift für die Qualität der Protokolle ist. Außerdem sollten die Protokolle kekk sein: kurz, einfach, klar und knackig.

Dokumentations- bzw. Logistikteam

Das Dokumentations- beziehungsweise Logistikteam übernimmt, wie der Name schon sagt, alle Aufgaben bezüglich der Dokumentation und Logistik. Diese Personen helfen, die Räumlichkeiten herzurichten und diese am Abend wieder aufzuräumen. Sie achten darauf, dass die Arbeitsgruppen genügend Arbeitsmaterial haben und die Verpflegung bereitsteht. Sie assistieren bei der Eingabe der Dokumentation in die Maske, pflegen die Nachrichtenwand und stellen die Dokumentationsbände zusammen.

Wie viele Teammitglieder für diese Aufgaben benötigt werden, ist von folgenden Faktoren abhängig:

- Größe der gesamten Teilnehmerschaft,
- Dokumentation nur handschriftlich oder per Computer,
- Länge der Veranstaltung,
- Service der Veranstaltungsstätte für die Verpflegung und die Räumlichkeiten.

Je mehr Teilnehmer bei einer Veranstaltung anwesend sind, desto größer ist natürlich der Bedarf an Hilfskräften. Gleiches gilt, wenn die Veranstaltung nur einen Tag dauert und der Dokumentationsband am selben Tag an die Teilnehmer verteilt werden soll. Auch wenn seitens der Veranstaltungsstätte kein oder nur ein minimaler Service angeboten wird, wird ein größeres Logistikteam benötigt.

Nehmen beispielsweise 100 Personen an einer eintägigen Veranstaltung teil, die Dokumentation wird handschriftlich erstellt und es gibt seitens der Veranstaltungsstätte kaum Unterstützung für die Verpflegung und die Räumlichkeiten, werden vier bis fünf Hilfskräfte benötigt. Bei einer Veranstaltung mit gleicher Personenzahl über drei Tage mit computerunterstützter Dokumentation und einem umfangreichen Service der Veranstaltungsstätte sind zwei Personen ausreichend.

Arbeitsmaterial

Das Arbeitsmaterial wird überwiegend für die Gruppenarbeit benötigt. Die Teilnehmenden haben jederzeit die Möglichkeit, ihre Ideen, Beiträge, Anregungen etc. auf einer Stellwand oder einem Flipchart darzustellen. Das Standardmaterial ist minimal. Es besteht aus

- Klebeband,
- Moderationsmarkern beziehungsweise dicken Stiften,
- Stellwänden oder Flipcharts und dazugehöriges Papier.

Es befindet sich bereits in den Arbeitsbereichen, noch bevor die Teilnehmenden mit der Arbeit begonnen haben.

Für den kreativen Teil der Veranstaltung ist es empfehlenswert, die Standardausstattung etwas zu erweitern. Zum bereits erwähnten können beispielsweise noch hinzukommen:

- Pinnwandkarten in verschiedenen Farben, Formen und Größen,
- Nadeln, DIN-A4-Papier in verschiedenen Farben,
- Schreiber.

Open Space – Weniger als drei Tage

In den vorherigen Abschnitten wurde eine dreitägige Open Space-Veranstaltung beschrieben. Dabei haben die Teilnehmenden an zwei vollen Tagen ausreichend Zeit, um in parallelen Arbeitsgruppen ihre Themen zu bearbeiten. Kreativität und innovative Ideen haben Platz, sich zu entwickeln. In der Nacht zum dritten Tag werden die Dokumentationsbände erstellt. Am dritten Tag beginnt die Phase der Ergebnissicherung. Die Ergebnisse werden gewichtet. Dazu werden Umsetzungsgruppen gebildet und erste Umsetzungsschritte geplant. Der Konkretisierungsgrad ist bei einer dreitägigen Open Space-Veranstaltung sehr hoch. Veränderungsprozesse können daher bei dieser Länge der Veranstaltung optimal eingeleitet werden.

Doch nicht immer steht so viel Zeit zur Verfügung. Manchmal sind es die hohen internen Kosten, die den Auftraggeber davor zurückschrecken lassen, vielen Menschen an der Veranstaltung die Teilnahme zu genehmigen. Oder die Teilnehmer kommen aus Institutionen, die nicht bereit sind, Ihre Mitarbeiter für drei Tage freizustellen.

In einzelnen Fällen macht eine dreitägige Veranstaltung auch gar keinen Sinn. Dies trifft zu, wenn Open Space als Besprechungsmethode eingesetzt wird oder als Tagungsform zur Bearbeitung aktueller Themen ohne Veränderungsabsichten.

Open Space: halbtägig als Besprechungsform

Anwendungsanlass für dieses Design könnte zum Beispiel eine monatliche Abteilungsbesprechung, eine wöchentliche Teamsitzung, eine Projekt- oder Krisensitzung sein. Im Vordergrund steht dabei der intensive Informationsaustausch.

Über zweieinhalb bis drei Stunden kommen die Gesprächspartner beispielsweise zum Leitthema »Wie ist der Stand des Projektes?« zusammen. Der logistische Aufwand ist gering. Es gibt eine Zeit- und Raumtafel, die Nachrichtenwand, die Plakate mit den Leitlinien und dem »Gesetz der zwei Füße«. Das Material beschränkt sich auf je ein Flipchart pro Workshop-Raum, mehrere dicke Stifte und Protokollvorlagen. Der Plenumsraum kann den Gruppen auch zur Arbeit dienen. Getränke und ein kleiner Imbiss stehen zur Verfügung. Der Moderator oder die Moderatorin sorgt für die Vervielfältigung der Protokolle.

In zwei Einheiten von 45 bis 60 Minuten Dauer arbeiten die Teilnehmenden zu ihren Themen. Die Dokumentation wird per Hand erstellt und in der Leserunde gesichtet. In der Runde wird geklärt, welche Anliegen sich in den Gruppen gelöst haben und zu welchen noch weiter gearbeitet werden sollte. Es wird entschieden, ob sich jemand

Open Space-Veranstaltungsdesigns im Überblick		
Dauer	**Ablauf**	**Bemerkungen**
Halbtägig	• Einführung • Zwei Workshop-Einheiten à 45–60 Minuten • Leserunde • Abschlussrunde	• Sehr gut einsetzbar für Besprechungen. • Nur mit bis zu 20 Teilnehmern sinnvoll. • Geringer logistischer Aufwand. • Erstellung einer Dokumentation zwar möglich, aber hektisch. • Bei regelmäßiger Anwendung von Open Space kann die Einführung stark verkürzt werden. • Bei einer Methodenvertrautheit kann Open Space auch mit nur einer Workshop-Einheit in 1,5 Stunden durchgeführt werden.
Eintägig	• Einführung • Drei Workshop-Einheiten à 75–90 Minuten • Leserunde (Gewichten der Ergebnisse) • Abschlussrunde	• Besonders geeignet für Veranstaltungen zu aktuellen Themen ohne Veränderungsabsichten. • Mit mehr als 20 Teilnehmenden durchführbar. • Gewichten der Ergebnisse kann beim Veränderungsprozess eingefügt werden. • Keine Zeit, um Umsetzungsgruppen zu bilden und konkrete Maßnahmen zu entwickeln. • Erstellung der Dokumentation zwar • möglich, aber hektisch.
Zweitägig	• Einführung • Fünf Workshop-Einheiten à 90–120 Minuten • Ergebnisse sichern über etwa 2,5 Stunden am zweiten Tag • Abschlussrunde	• Geeignet für Veranstaltungen zu Veränderungsprozessen. • Mit mehr als 20 Teilnehmenden durchführbar. • Es bleibt Zeit für die Ergebnissicherung. • Konkretisierungsgrad der Umsetzung ist hoch. • Zweiter Tag ist sehr anstrengend. • Erstellung der Dokumentation zwar möglich, aber hektisch.

um die ungeklärten Aspekte kümmern wird oder ob sie bei der nächsten Besprechung wieder aufgenommen werden sollen. Eine kurze Abschlussrunde beendet die Besprechung.

Aufgrund der begrenzten Zeit ist Open Space als Besprechungsmethode nur bis zu einer Teilnehmerzahl von 20 Personen sinnvoll. Sind die Gesprächspartner mit der Open Space-Methode vertraut, kann die Einführung verkürzt werden. Open Space kann dann auch mit nur einer Workshop-Einheit über insgesamt eineinhalb Stunden durchgeführt werden.

Open Space: eintägig für Tagungen

Dieses Open Space-Design eignet sich besonders gut, um einen Rahmen für den gezielten Informationsaustausch zum Leitthema zu schaffen, die Kontaktaufnahme unter Vertretern verschiedener Interessengruppen zu ermöglichen oder bestehende Verbindungen auszubauen. Darüber hinaus kann die Tagung lebendig gestaltet werden. Es besteht kein Leidensdruck zum Leitthema bzw. zur Situation, dennoch aber ein großes Interesse. Für eine eintägige Tagung zu einem aktuellen Thema »reicht« dies. Hierin findet sich der Unterschied zum Einsatz von Open Space in Veränderungsprozessen, bei dem die Betroffenheit der Beteiligten eine notwendige Voraussetzung ist.

Es gibt drei Workshop-Einheiten à 75 bis 90 Minuten, eine vormittags und zwei nachmittags. Man kann die Dokumentation machen, das stellt aber große organisatorische Anforderungen und kann zu Hektik führen. Um Zeit zu sparen sollte sie in diesem Fall per Hand geschrieben werden. Eine eintägige Veranstaltung kann mit einer Gruppe bis zu 1.000 Personen stattfinden.

Grundsätzlich ist es möglich, zu einem Veränderungsprozess eine eintägige Open Space-Veranstaltung durchzuführen. Das Ergebnis hat jedoch nicht die Qualität einer dreitägigen Veranstaltung. Am Ende des Tages können die Ergebnisse von den Teilnehmenden gewichtet werden. Jedoch kann die Umsetzung dieser Ergebnisse in Gruppen nicht weiter geplant werden. Dies muss nach der Veranstaltung geschehen. Die Auswertung der Ergebnisse wird in diesem Fall nicht von den Teilnehmenden selbst erledigt. Diese Aufgabe bzw. Verantwortung wird ihnen abgenommen. Die Kreativität und die Vielfalt der Ideen und Lösungsvorschläge der Teilnehmenden ist durch die mangelnde Zeit eines Tages eingeschränkt.

Open Space: zweitägig im Veränderungsprozess

Bereits eine zweitägige Open Space-Veranstaltung ist gut geeignet für die Einleitung und Bewältigung von Veränderungsprozessen mit großen Gruppen. Über eineinhalb Tage arbeiten die Betroffenen in parallelen Arbeitsgruppen in fünf Workshop-Einheiten à 90 bis 120 Minuten. Am zweiten Tag werden nachmittags die Ergebnisse gesichert und die Umsetzungsplanung wird konkretisiert. Dies geschieht, wie bereits in vorangegangenen Abschnitten beschrieben. Der Nachteil ist, dass der zweite Tag für die Teilnehmenden sehr anstrengend ist und die Dokumentationsbände nur unter erhöhtem logistischen Aufwand zu erstellen sind. Die Teilnehmer geraten unter Zeitdruck, was die Kreativität und Ergebnisqualität einschränkt.

Zusammenfassung

Für Open Space sind ein großer Plenumsraum und eine Vielzahl von Räumen für die Arbeitsgruppen erforderlich. Frei nach den Prinzipien der Selbstbestimmung und

Verantwortung verfügen die Teilnehmenden über ihre Workshop-Themen, Arbeitsräume, Arbeitsdauer, Pausen und Dokumentation der Workshop-Ergebnisse. Das »Ritual« der Themensammlung ist wichtig für die Bedeutsamkeit der vorgeschlagenen Themen. Die Protokollvorlage sichert ein einheitliches und vor allem qualitativ gutes Basismaterial für die Umsetzung der Ergebnisse.

Die erste Stunde, in der das Veranstaltungsprogramm entwickelt wird, stellt die Weichen für die gesamte Veranstaltung. Es folgt die Phase parallel laufender Arbeitsgruppen. Die Abendnachrichten am Ende des Tages ermöglichen den Teilnehmenden, das Erlebte zu reflektieren und Verabredungen bezüglich neuer Workshops zu treffen. Lebendiges Arbeiten ist charakteristisch für den zweiten Tag. Die Teilnehmenden haben sich an die Methodenanwendung gewöhnt und arbeiten sehr motiviert. Die Zeit- und Raumtafel wird den neuen Gegebenheiten angepasst. Der dritte Tag ist anders als die vorangegangenen. Strukturiert und gesteuert, verfolgt er klare Ziele: die Workshop-Themen und Maßnahmen zusammenzuführen, die Umsetzung der Ergebnisse in der Organisation anzuregen und Verbindlichkeit seitens der Teilnehmenden herzustellen. Für diesen dritten Tag kann aus verschiedenen Gestaltungsvorschlägen ausgewählt werden. Wichtige Variablen dafür sind die Veranstaltungsdauer, die Teilnehmerzahl, der Grad der Struktur, der für die Gruppe sinnvoll erscheint, und die Workshop-Anzahl. Der Prozess der Veranstaltung kann mit dem »Medicine Wheel« beleuchtet werden. Schließlich erfolgt die Abschlussrunde mit dem »Talking Stick«.

Open Space bietet einen klaren Rahmen mit Grenzen und einer Struktur. Die Zeit- und Raumtafel, die Protokollvorlage, die regelmäßigen Abendnachrichten und Morgenankündigungen, die Leitlinien und das »Gesetz der zwei Füße« bilden den Rahmen von Open Space. Das Regelwerk unterstützt das gemeinsame Arbeiten, das Voneinander-Lernen und fördert die gelöste Arbeitsstimmung.

Bei Open Space kann von einer »rahmengebenden Moderation« gesprochen werden. Nach der Einführung in die Methodenanwendung zieht sich der Moderator aus dem inhaltlichen Geschehen heraus. Er greift nur in den Prozess ein, wenn das Recht der Teilnehmenden auf selbst bestimmtes Handeln eingeschränkt wird. Die Aufgabe des Moderators besteht darin, »Raum und Zeit zu schaffen und zu sichern«. Dies bedeutet, den Teilnehmenden die Möglichkeit zu eröffnen, ihre eigenen Potenziale zur Bewältigung der Situation zu erkennen und weiterzuentwickeln.

Open Space kann über einen halben, einen ganzen Tag, zwei oder drei Tage durchgeführt werden. Entscheidend für die Dauer der Veranstaltung ist die Zielsetzung. Eine halbtägige Veranstaltung eignet sich gut für Besprechungen. Im Vordergrund steht hier der intensive Informationsaustausch der Anwesenden. Mit einer eintägigen Open Space-Veranstaltung lassen sich Tagungen lebendig gestalten, die Kontaktaufnahme unter Vertretern verschiedener Interessengruppen ermöglichen und bestehende Verbindungen ausbauen. Zwei und dreitägige Veranstaltungen dienen der Einleitung und Bewältigung von Veränderungsprozessen.

Qualitätsmerkmale in der Praxis

Die Erfahrung hat gezeigt, dass oftmals wichtige Merkmale für eine erfolgreiche Open Space-Veranstaltung vernachlässigt werden. Daher sind die wichtigsten Punkte hier noch einmal zusammengefasst.

- **Das richtige Thema.** Das Leitthema der Veranstaltung muss bei der angesprochenen Zielgruppe Betroffenheit oder zumindest großes Interesse auslösen. Ansonsten kann es sein, dass nur wenige Teilnehmer zur Veranstaltung kommen. Um sicher zu gehen, dass das Leitthema wirklich Betroffenheit auslöst, ist es wichtig, dieses mit einer Planungsgruppe aus der betroffenen Organisation zu bestimmen.
- **Gute Themenformulierung.** Das Leitthema muss einen weiten Diskussionsrahmen bieten. Es sollte aber nicht zu vage oder unklar beschrieben werden, da die Teilnehmenden sonst die Richtung aus den Augen verlieren könnten. Ein in der Formulierung enthaltener Appell fördert die Identifikation der Eingeladenen mit dem Thema.
- **Freiwillige Teilnahme.** Die Teilnahme an der Veranstaltung muss freiwillig erfolgen. Nur so kann das Prinzip der Selbstbestimmung eingehalten und eine hohe Motivation zur Mitarbeit erwartet werden. Besonders in Organisationen mit einer Mitarbeiterzahl von etwa 20 Personen besteht die Gefahr, dass die Teilnahme aus Gruppenzwang erfolgt. Hier müssen der Moderator und die Organisationsleitung darauf achten, dass auf die eingeladenen Personen kein Druck ausgeübt wird.
- **Vielfältige bzw. heterogene Teilnehmerschaft.** Die Vielfältigkeit der Teilnehmerzusammensetzung ist eine elementare Voraussetzung bei der Durchführung der Methode. Die Vielfältigkeit kann sich aus den Unterschieden bei den Teilnehmenden zum Beispiel in den Bereichen Erziehung, Ethik, Wirtschaft, Politik, Kultur, Alter, Funktion und der sozialen oder hierarchischen Position innerhalb des Systems ergeben. Dem Moderator obliegt die Aufgabe, Kriterien der Vielfalt mitzubestimmen und dementsprechend die Einladungen zu versenden. Der Kreis der Eingeladenen bedingt die Vielfalt und Anzahl der Teilnehmer.
- **Maßgeschneiderte Einladung.** Der Inhalt der Einladung sollte für die Zielgruppe maßgeschneidert werden. Sie sollte auf die Methode und die eigenverantwortliche Rolle der Teilnehmer hinweisen. Dies kann die etwaige Unsicherheit der Teilnehmer bezüglich der Methode mindern, sie motivieren und die Bereitschaft, Eigenverantwortung zu übernehmen, schon im Vorfeld fördern.
- **Unterstützung durch die Führungsebene.** Eine Voraussetzung für den Einsatz von Open Space ist die Verbindlichkeit der Unternehmens- bzw. der Organisati-

onsleitung gegenüber dem Prozess sowie gegenüber den Mitarbeitern. An der Veranstaltung teilnehmende Führungskräfte dürfen keine Kontrolle auf die Mitarbeiter ausüben. Diese sollen ohne Leistungsdruck arbeiten können. Bei der anschließenden Umsetzung der Ergebnisse in das Unternehmen bzw. in die Organisation besteht die Erwartung an das Management, dass dieses die Umsetzung unterstützt und fördert. Der Moderator sollte vor der Durchführung einer Open Space-Veranstaltung die Bereitschaft dazu abklären.

- **Der richtige Raum.** Räumlichkeiten mit ausreichendem Platz für den Sitzkreis und die Arbeitsgruppen sowie die Zeit- und Raumtafel und die Nachrichtenwand gehören zur Grundausstattung bei der Durchführung von Open Space. Je größer die Gruppe, desto mehr Platz muss die Zeit- und Raumtafel bieten. Um das »Hummeln« zu unterstützen, sollten sich die Gruppenräume in unmittelbarer Nähe zueinander und zum Plenumsraum befinden. Für eine eintägige Veranstaltung ist die Vielfalt der Räumlichkeiten und der Umgebung nicht unbedingt bedeutend. Dagegen ist die atmosphärische Gestaltung derselben für das Wohlbefinden der Teilnehmenden und das Ergebnis der Veranstaltung wichtig.
- **Das Essen als Zentrum der Gemeinsamkeit.** Der Verpflegungsbereich und der Arbeitsraum sollten möglichst eine Einheit bilden. Die Arbeits- und Pausenphasen fließen dadurch ineinander über. Das bietet den Teilnehmern verstärkt die Möglichkeit, in den Pausen über das Leitthema der Veranstaltung und die Workshop-Inhalte zu reden und gleichsam das Essen als Zentrum der Gemeinsamkeit wahrzunehmen. Eine vielfältige Verpflegung, die dauerhaft zur Verfügung steht, ist hierbei von Vorteil. Steht die Verpflegung nur phasenweise zur Verfügung, reglementiert dies die Teilnehmer bei der Pausengestaltung.
- **Material für »vielfältige Ergebnisse«.** Das Open Space-Standardangebot an Arbeitsmaterialien (Flipchart, Marker, Klebeband und Papier) ermöglicht nur bedingt kreativen Ausdruck. Es sollte für ein umfangreicheres Angebot gesorgt werden, um die Mitarbeiter vom »Arbeiten mit Papier und Stift« wegzubewegen und ihnen das Gefühl von »Spaß am Prozess« zu vermitteln.
- **Zweieinhalb Tage.** Wünscht der Initiator der Veranstaltung die Erstellung der Dokumentation und die Ergebnissicherung – was für die Verarbeitung der Ergebnisse sinnvoll, wenn nicht sogar notwendig ist –, wird eine Dauer von zweieinhalb Tagen dringend empfohlen.
- **Der richtige Start.** Die Einführung mit der Vorstellung des Leitthemas sowie der Erläuterung der Methode und der Themensammlung ist eine der wichtigsten Aufgaben des Moderators. Die Einführung sollte kurz sein, um die Teilnehmer in »Schwung« zu bringen. Daneben ist zu beachten, dass die Methodenanwendung ausführlich genug erklärt wird. Vor allem die Themensammlung darf nicht zu früh vom Moderator abgebrochen werden. Ein zu früher Abbruch führt zur Motivationsminderung innerhalb der Gruppe. Wichtig ist ein optimales »Timing« seitens des Moderators. Die Bewegung des Moderators im Kreis der Teilnehmer ist wichtig, um Nähe zu den Teilnehmern herzustellen, Dynamik zu erzeugen und Spannung aufzubauen.

- **Toleranz gegenüber Blockaden.** Sollten die Teilnehmenden bei der Themennennung offensichtlich Hemmungen haben, im Kreis ihre Themen anzubieten und es trotz wiederholter Hinweise von ihrem Platz aus bevorzugen, so sollte der Moderator dieses tolerieren.
- **Einhaltung des Regelwerkes.** Die Leitlinien und das »Gesetz der zwei Füße« sollten verständlich und vertrauensbildend vermittelt werden. Besonders das »Gesetz der zwei Füße« muss, damit die Teilnehmer es befolgen, sicher vermittelt werden. Kulturelle Unterschiede sollten ebenso berücksichtigt werden wie die Situation hierarchieübergreifender Teilnahme. Es muss Konsens darüber herrschen, dass Teilnehmer, die einen von einer Führungskraft geleiteten Workshop verlassen, nicht im Anschluss an die Veranstaltung mit Nachteilen zu rechnen haben.
- **Kurze und informative Zusammenkünfte der ganzen Gruppe.** Die Funktion der Zusammenkünfte der ganzen Gruppe muss definiert werden. Die Zusammenkünfte sind relativ kurz und informativ in Bezug auf die organisatorischen Belange und das Erlebte zu gestalten. Lange und belastende gruppendynamische Sitzungen sollten vermieden werden.
- **Zeitlicher Ablauf.** Im Verlauf der gesamten Veranstaltung sollten die Ansprüche der Teilnehmer bezüglich der Zeit berücksichtigt werden. Ein offener Ablaufplan ohne starre Festlegung von Pausen und mit einem relativ offenen Ende der Veranstaltung kommt der Selbstbestimmung der Teilnehmer über den zeitlichen Ablauf der Veranstaltung entgegen.
- **Leserunde und Abschluss.** In Anbetracht der Umsetzung der Workshop-Ergebnisse sollten die Leserunde und das Gewichten der Ergebnisse stattfinden. Die Abschlussrunde mit dem »Talking Stick« ist sinnvoll zur Reflexion der Veranstaltung und deren Ergebnisverwertung im Anschluss an die Veranstaltung.
- **»Raum und Zeit schaffen und sichern«.** Der Moderator sollte einen Rahmen gestalten, in dem die Teilnehmenden effektiv arbeiten können. Er sollte unter anderem eine gute Atmosphäre schaffen und den Teilnehmenden Vertrauen in die eigenen Potenziale vermitteln. Darüber hinaus sollte er authentisch auftreten.
- **Kontrolle des Moderators.** Der Moderator muss in der Lage sein, die Kontrolle an die Gruppe abzugeben. Trotzdem sollte er eingreifen, wenn der Prozess durch Missachtung der Leitlinien und des Gesetzes nachhaltig gestört oder der Freiraum der Teilnehmenden eingeschränkt wird.

Die Autoren

Ralf Besser, Dipl.-Ing., Jg. 1953, Prozessbegleiter in Unternehmen. Über die langjährigen Erfahrungen als Personalentwickler und Coach bei der Deutschen Telekom AG hat er die Problematik von Veränderungsprozessen in Unternehmen aus vielfältiger Perspektive praxisnah erfahren. Seine Spezialgebiete: Begleitung von Unternehmensentwicklungen, Gestaltung von Großveranstaltungen und Train-the-Trainer-Maßnahmen; mit dem Fokus auf Nachhaltigkeit und Betroffenheit. Betreiber eines eigenen Tagungshauses in Bremen und Gründer der »Ralf Besser Stiftung für Lebenswerte«. Kontakt: mail@besser-wie-gut.de.

Hans-Jürgen Frank, Dialogarchitekt®, hat neuartige Werkzeuge und Vorgehensweisen entwickelt, um Prozesse des Dialogs und der Veränderung gemeinschaftlich schneller und effektiver zu gestalten. Seit mehr als 15 Jahren begleitet er Unternehmen, öffentliche Verwaltungen, internationale Organisationen und Ministerien in Entwicklungsprojekten.

Rüdiger Funk, Dipl. Päd., Jg. 1955, Studium der Erwachsenenbildung, Ausbildung zum Trainer in der betrieblichen Weiterbildung und zum Moderator. Zwei Jahre Geschäftsführer der Deutschen Versicherungsakademie GmbH. Bei train als geschäftsführender Gesellschafter. Arbeitschwerpunkte: Personalentwicklung, Beratung, Konzeption und Trainings in den Bereichen: Führung, Moderation. Moderation von Entscheidungs- und Strategieworkshops. Präsentationscoaching. E-Mail: Train.sued@train.de.

Dr. Martin Hartmann, Jg. 1955, Dipl. Päd., Projektleiter in der Medienforschung. Zwei Jahre als Journalist in London tätig. Als Berater und Trainer bei train mit den Schwerpunkten: Präsentation, Moderation, Qualifizierung für Consultants, Pressearbeit, Publikationen sowie Krisenkommunikation. E-Mail: Train.bonn@train.de.

Carole Maleh, Jg. 1967, Industriekauffrau und Wirtschaftswissenschaftlerin, leitet seit 1997 das Beratungsunternehmen cama Institut für Kommunikationsentwicklung. Die Organisationsentwicklerin hat sich mit Ihrem Unternehmen auf Großgruppenverfahren spezialisiert: Open Space, Appreciative Inquiry, Zukunftskonferenz, Real Time Strategic Change-Konferenz. Sie hat zahlreiche Artikel und Fachbücher dazu veröffentlicht. Weitere Informationen unter www.cama-institut.de.

Dr. Michael Rieger, Jg. 1962, Dipl. Päd., Berater und Trainer bei der MR Organisations- und Personalentwicklung in Triftern; Schwerpunkte: Geschäftsprozessoptimierung, Mitarbeiterführung und Moderation von Workshops. E-Mail: info@mr-oepe.de.